The Science of Electric Vehicles

Concepts and Applications

Frank R. Spellman

CRC Press is an imprint of the
Taylor & Francis Group, an **informa** business

전기자동차 개념과 응용

The Science of Electric Vehicles
Concepts and Applications

발행일 2024년 6월 28일 초판 1쇄
지은이 Frank R. Spellman
옮긴이 강석원 박기서 정태욱 최상헌
펴낸이 김준호
펴낸곳 한티미디어 | **주 소** 경기도 고양시 덕양구 청초로 66, 덕은리버워크 B동 1707호
등 록 제15-571호 2006년 5월 15일
전 화 02)332-7993~4 | **팩 스** 02)332-7995
ISBN 978-89-6421-151-9
정 가 23,000원

마케팅 노호근 김택균
관 리 김지영
디자인 디자인드림

이 책에 대한 의견이나 잘못된 내용에 대한 수정 정보는 한티미디어 홈페이지나 이메일로 알려주십시오.
독자님의 의견을 충분히 반영하도록 늘 노력하겠습니다.
홈페이지 www.hanteemedia.co.kr | **이메일** hantee@hanteemedia.co.kr

THE SCIENCE OF ELECTRIC VEHICLES

전기자동차
개념과 응용

Frank R. Spellman | 지음

강석원 박기서 정태욱 최상헌 | 옮김

번역진

강석원 영남대학교 미래자동차공학과   서문, 1장, 2장, 7장, 9장, 10장, 15장, 용어설명

박기서 울산대학교 기계공학부   11장, 12장, 13장, 14장

정태욱 경남대학교 전기공학과   3장, 4장, 8장

최상헌 경북대학교 기계공학부   5장, 6장

역자 서문

이 책은 2023년 CRC Press에서 출간된 『The Science of Electric Vehicles：Concepts and Applications』를 번역한 것으로, 저자는 질문을 제시하고 그 질문에 대해 답하는 대화체 형식을 통해 내용을 전달하며 실제 경험을 바탕으로 한 다양한 주제를 다루고 있다. 전기자동차 관련 기술, 기법뿐 아니라 기반 시설의 구축 및 운영 등에 대해서 폭넓게 논의하며, 물리학, 전기, 화학, 재료 등의 기초 과학을 기반으로 해서 전기자동차 공학의 원리와 개념으로 확장하여 독자가 쉽게 이해할 수 있도록 설명하고 있다. 전기자동차의 설계, 생산, 사용과 관련된 기술적/공학적 내용과 더불어 친환경 교통수단인 전기자동차로의 전환과 관련된 정책 및 경제성에 대해서도 다룬다.

전기자동차 분야는 기계/자동차, 전기/전자, 화학/재료 등 여러 학문 분야의 이해를 요구하지만, 이 책은 고도의 다학제적 지식을 갖춘 전문가가 아니더라도 쉽게 이해할 수 있도록 작성되어 있기 때문에, 전기자동차 분야의 기초를 학습하고자 하는 일반인이나 학생들에게 적합한 교재로 활용될 수 있을 뿐만 아니라, 실무에 종사하는 공학도들에게도 기본 핸드북이나 참고 자료로 활용될 것으로 기대된다.

역자들이 전기자동차의 각 세부 분야에서 보편적으로 사용되고 있는 전문 용어를 기반으로 원서의 의미가 그대로 표현될 수 있도록 노력했지만, 한글 용어가 정립되지 않은 부분이나 언어의 차이에 따른 번역 작업의 한계 등으로 인해 의도치 않게 오류가 발생하지 않았을지 걱정이 앞선다. 독자들이 이러한 부분에 대해 지적과 제안을 해 주시면 소중한 의견을 반영하여 지속적으로 수정 및 보완해 나갈 것을 약속드린다.

끝으로 이 책이 나오기까지 여러 가지로 많은 수고를 해 주신 한티미디어 관계자 여러분에게 고마운 마음을 전한다.

2024년 4월
대표역자 강석원

저자 서문

이 책 「전기자동차 개념과 응용」[1]은 호평을 받았던 「The Science of Rare Earth Elements: Concepts and Applications」, 「The Science of Water」, 「The Science of Air」, 「The Science of Environmental Pollution」, 「The Science of Renewable Energy」, 「The Science of Waste」, 「The Science of Wind Power」에 이은 여덟 번째 출판물로, 모든 책은 매우 성공적으로 21세기에 완벽하게 들어맞으며, '기분 좋은' 과학이 아닌 '좋은' 과학에 근거하여 제작되었다. 특히 이 책은 독자가 전기자동차를 심층적으로 이해할 수 있도록 전기자동차의 원리, 기술, 응용에 대해 설명한다. 이 책 역시 저자 특유의 대화체 설명이 들어 있어서, 전문적인 주제를 풀어내면서도 독자들이 더 쉽게 이해할 수 있도록 도와준다.

이 실용적이고 직설적인 책은 오늘날 전기자동차 관련 기술, 기법과 더불어 기반 시설의 건설과 운영에 대한 내용을 소개한다. 이 책은 일반 독자를 위한 정보 제공 혹은 전기자동차 관련 과학자나 공학자를 위한 강의 목적으로 사용할 수 있으며, 앞에서 말한 것처럼 저자의 특징적인 대화체 문장 사용은 독자들에게 쉽게 다가가기 위해 채택한 방식이다. 이 책은 기본적인 전기의 원리, 물리학, 화학, 희토류 원소(REE)의 사용, 배터리, 충전, 모터 제어기의 작동 등을 모두 이해할 수 있도록 알기 쉬운 평이한 글로 작성되었다. 게다가 이러한 개념을 넘어서 내연기관 자동차에서 전기 자동차로의 전환과 관련된 정책 및 경제성을 포함하여 많은 적용 사례에 대해서도 강조하고 있다. 결국 화석연료를 전기 동력으로 전환하는 것은 현대적 삶의 방식을 유지하는 데 매우 중요하다. 이 책은 다음과 같은 질문─전기자동차란 무엇인가?, 전기자동차의 역사와 용도는 무엇인가?, 전기자동차 공학/과학이란 무엇인가?, 전기자동차가 상용화되는 미래는 어떻게 될 것인가?─에 답하는 데 중점을 두고 있다. 더불어 토론 주제와 관련된 기본적이고 중요한 질문─우리가 전기자동차에 관심을 가져야 하는 이유는 무엇인가?─을 던진다.

이 마지막 질문(그리고 본문에 제공된 답변)은 재생에너지원의 사용과 무공해 환경을 옹호하는 사람들이 특별히 관심을 가져야 하는 사안이다. 환경에 관한 우려와 환경

---

1 원제: 「The Science of Electric Vehicles: Concepts and Applications」

오염의 영향은 화석연료로부터 친환경적이고 재생 가능한 에너지원으로의 전환을 촉구하는 추세(및 필요성)를 일으켰다. 우리는 과거와 현재의 환경 파괴의 많은 부분에 책임이 있다는 것을 점차 깨닫기 시작했다. 게다가 200년간의 산업화와 급격한 인구 증가의 영향은 미래의 화석연료 공급량을 크게 초과했다. 따라서 재생에너지원의 도입이 급증하고 있으며 이에 따라 주요 교통수단으로 전기자동차의 활용도 급증하고 있다.

왜 전기자동차 과학에 관한 글을 읽어야 하는가? 간단히 말해서, 본질적인 과학과의 연결 없이 물리학, 전기, 운동, 재료, 금속, 제품 등을 연구하는 것은 지도나 디지털 장치를 읽을 수 없는 상태에서 미지의 낯선 장소에 도달하고자 시도하는 것과 비슷하다.

우리 중 많은 사람들은 소위 '좋은 삶'이라는 것에 대해 대가(때때로 높은 가격)를 지불해야 된다는 사실을 깨닫게 되었다. 세계의 자원을 사용하고 소비하는 우리 모두는 휘발유, 석탄 같은 기존 에너지원 사용으로 인한 환경오염을 방지해야 할 필요성에 대해 부분적으로 책임이 있다. 오염과 그 영향은 우리가 추구하는 좋은 삶의 불가피한 산물 중 하나이다. 하지만 분명히 오염은 어느 한 개인에 의해 발생하는 것이 아니며, 한 개인이 상황을 완전히 예방하거나 시정할 수도 없다. 오늘날 우리가 듣는 공통된 말은 오염과 그 유해한 영향을 줄이기 위해서는 우리 모두가 정보와 지식이 있는 집단으로서 결집해야 하며, 선출된 의사결정자들에게 현재와 미래의 문제를 해결하도록 압력을 가해야 한다는 것이다. 현재 화석연료를 재생 가능한 에너지원으로 대체하려는 노력이 지속되고 있는데, 이는 재생 가능한 에너지원으로의 전환이 이루어지기 시작하고 풍력과 태양열 기술, 에너지 저장 응용 및 전기자동차의 사용이 중요해지는 시점이다.

이 책 전반에 걸쳐 상식적인 접근 방식과 실제 사례가 제시된다. 다시 강조하자면, 이 책은 과학 교재이기 때문에 과학적 원리, 모델 및 관찰을 고수했다. 하지만 제시된 원리와 개념을 이해하기 위해 과학자일 필요는 없다. 필요한 것은 열린 마음, 정보를 알아 가는 도전에 대한 사랑, 문제를 해독하는 능력, 그리고 제시된 각 주제와 관련된 질문에 답하는 인내심이다. 책의 본문은 비전통적인 형식을 따른다. 즉, 여기에 사용된 형식은 이론적으로 난해한 글보다는 실제 경험을 바탕으로 한다. 실제 상황이 본문 전체를 구성하며, 정보에 근거한 결정을 내리는 데 필요한 이해를 돕기 위해 사실, 지식, 정보를 간단하고 쉬운 언어로 제공한다.

환경 문제는 모든 수준에서 점점 더 많은 관심을 끌고 있다. 이러한 문제의 경우 문제의 모든 단계를 관리하는 데 있어서 관련된 수많은 요소로 인해 복잡해지고 더욱 어려워진다. 환경 문제는 사회의 매우 다양한 영역에 영향을 미치기 때문에, 우리는 과도한 규제와 비용 없이 안전한 환경을 유지하면서 모두를 위한 문제해결 전략을 찾아야 하는 진퇴양난에 놓여 있어서, 이른바 간단히 해결책을 찾을 수 없는 난제 '고르디우스의 매듭(Gordian Knots)'이라 할 수 있다.

　앞선 진술이 이 교재가 필요한 이유의 핵심이다. 현재는 제한된 수의 개인만이 21세기 제품 생산, 사용 및 관련 환경 문제에 대해 정보에 입각한 결정을 내릴 수 있도록 전기자동차 과학과 산업 및 실제 기능, 목적, 용도에 대한 개념과 적용에 대해 충분한 배경지식을 갖추고 있다.

　마지막으로, 이 책은 광범위한 실무자와 학생을 대상으로 하며, 전기자동차 생산 및 유지 관리 같은 업계 종사자 및 기술자에게 기본 핸드북 또는 참고서 역할을 제공하도록 설계되었다.

　결론: 이러한 실제 환경문제를 해결하는 데 있어 가장 중요한 것은 우리 모두가 "사진만 찍고, 발자국만 남기고, 시간 외에는 아무것도 남기지 말고, 깨끗한 물의 흐름으로 우리 자신을 유지해야 한다"라는 옛말을 기억하고 안전하고 재생 가능한 에너지의 흐름(전력의 활용)으로 우리 자신을 유지하는 것이다.

Frank R. Spellman

Norfolk, VA

저자 소개

Frank R. Spellman 박사는 미 해군에서 26년 동안 현역으로 복무한 퇴역 장교이자 버지니아주 노퍽에 있는 올드 도미니언 대학교의 환경보건 전임 겸임 조교수이며, 다양한 주제를 다루는 157권 이상의 책을 집필했다. 그가 저술한 책은 14권으로 구성된 국토 안보 시리즈부터 안전, 산업 위생, 보안 매뉴얼, 동물 사육 시설(CAFO)에 이르기까지 다양한 환경 과학 및 산업 보건을 주제로 다루고 있다. 그의 저서 중 상당수는 아마존닷컴, 반스앤노블에서 온라인으로 쉽게 구할 수 있으며, 일부는 미국, 캐나다, 유럽, 러시아 전역의 주요 대학에서 강의에 사용되고 있는데, 그중 두 권은 해외 시장을 위해 중국어, 일본어, 아랍어, 스페인어로 번역되었다. Spellman 박사는 850개 이상의 출판물에서 인용되었다. 그는 법률 그룹 세 곳에서 전문적인 자문위원으로 활동하고 있으며, 미국 법무부와 북부 버지니아 법률 회사의 사건/사고 조사관 및 보안 전문가로 활동하고 있다. 또한 미국 전역의 수도/하수 처리 시설을 포함한 중요 기반시설에 대한 국토 안보 취약성 평가를 수행하며, 전국에 걸쳐 산업안전보건청(OSHA)/환경보호국(EPA) 사전 감사를 시행하고 있다. Spellman 박사는 여러 과학 분야에서 잘 알려진 전문가들과 공동 집필에 대한 요청을 자주 받는데, 예를 들면 그는 권위 있는 저서인 「The Engineering Handbook」(2판, CRC Press)의 기고자이기도 하다. Spellman 박사는 미국 전역에서 폐수 처리, 수처리, 국토 안보 및 안전 주제에 대해 강의를 진행하고, 버지니아 공대(버지니아주 블랙스버그)에서 수자원/폐수 운영자 단기 교육 과정을 가르치고 있다. 2011~2012년에는 페루 마추픽추의 고대 급수 시스템을 추적하고 문서화했으며, 에콰도르 아마존 코코에서 여러 음용수 자원을 조사했다. Spellman 박사는 또한 갈라파고스 제도에 있는 두 개의 별도 음용수 공급원을 연구 및 조사했고, 갈라파고스에 있는 동안 다윈의 핀치새를 연구했다. Spellman 박사는 공공 행정학 학사, 경영학 학사, 경영학 석사(MBA), 환경공학 석사 및 박사 학위를 취득했다.

독자를 위한 참고사항

독자에게 알릴 중요한 두 가지가 있다. 첫째, 여기서 유체를 다룰 때는 공기를 포함한다. 이는 표준 공학 및 과학과 관련하여 허용되는 관행이다. 둘째, 우리가 바퀴 달린 차량을 언급할 때는 (자동차와 트럭을 포함한) 고속도로를 주행하는 차량을 가리키는 것이다. 오토바이와 기차도 명백하게 바퀴 달린 차량이고 다양한 계산 및 현실적 변수로 포함될 수 있지만, 주된 초점은 고속도로나 거리, 농지 등에서 이동하는 바퀴 달린 차량에 있다.

차례

1 전기자동차

2 전자 흐름 = 교통 흐름

3 전기 기초

4 **배터리 공급 전기**

5 교류 이론

6 기본적인 물리학 개념

7 차량동역학

8 전동기

9 직류/직류 변환 장치

10 인버터

11 전기차의 기화기

12 회생 제동 및 기타

13 배터리 전원 대안

14   경제성과 주행거리

15   전기차의 미래

약어 목록

3D:	three-dimensional
AC:	alternating current
ACB:	active current balancing
AEV:	all-electric vehicle
AGD:	active gate driver
Al:	aluminum
Alnico:	(Al-Ni-Co-Fe, family of iron alloys)
AWG:	American wire gauge
bemf:	back electromotive force
BREM:	beyond rare earth magnets
CAN:	controller area network
CBC:	current balancing controller
CDS:	combined driving schedule
CFD:	computational fluid dynamics
CGD:	convention gate driver
CMOS:	complementary metal-oxide semiconductor
CMR:	common mode reaction
CT:	current transducer
Cu:	copper
CVD:	chemical vapor deposition
DBC:	direct bond copper
DC:	direct current
DCR:	dc resistance
DCT:	differential current transformer
DOE:	US Department of Energy
DSP:	digital signal processing/processor
Dy:	dysprosium
eGaN:	enhancement mode gallium nitride
EM:	electric machine
EMC:	epoxy molding compound
emf:	electromotive force
EMI:	electromagnetic interference
EPA:	Environmental Protection Agency
EPC:	efficient power conversion
ESR:	equivalent series resistance
EV:	electric vehicle
FEA:	finite element analysis
FET:	field-effect transistor
FUL:	fault under load

GaN:	gallium nitride
GIR:	gate impedance regulation
GPM:	gallon per minute
GVC:	gate voltage control
HEMT:	high electron mobility transfer
HEV:	hybrid electric vehicle
HIL:	hardware in loop
HSF:	hard switching unit
HSG:	hybrid starter-generator
HV:	high voltage
HWFET:	Highway Fuel Economy Test
IC:	integrated circuit
IGBT:	insulated gate bipolar transistor
IM:	induction motor/machine
IPM:	interior permanent magnet
IR:	insulation resistance
JBS:	junction barrier Schottky
JFE:	JFE Steel Corporation
JFET:	junction field-effect transistor
K:	thermal conductivity
K:	degrees Kelvin
M/G:	motor generator
MFP:	multiple isolated flux path
MOSFET:	metal-oxide semiconductor field-effect transistor
Nd:	neodymium
NREL:	National Renewable Energy Laboratory (DOE)
OBC:	on-board charger
OD:	outer diameter
OEM:	original equipment manufacturer
ORNL:	Oak Ridge National Laboratory
PCB:	printed circuit board
PCU:	power converter unit
PD:	power density (peak)
PE:	power electronics
PEV:	plug-in electric vehicle
PF:	power factor
PFC:	power factor correction
PM:	permanent magnet
PSAT:	Powertrain Systems Analysis Toolkit
PSIM:	Powersim (circuit simulation software)
PWM:	pulse width modulated/modulation
PwrSoC:	power supply on chip
R&D:	research and development
RC:	resistor-capacitor
RE:	rare earth
RESS:	regenerative energy storage system

RL:	resistor-inductor
rms:	root mean square
SBD:	Schottky barrier diode
SCC:	switched capacitor converter
Si:	silicon
SiC:	silicon carbide
SJT:	super junction transistor
SOC:	state of charge
SOI:	silicon-on-insulator
SP:	specific power
SPM:	surface permanent magnet
SRM:	switched reluctance motor
SSCB:	solid-state circuit breaker
TC:	thermal conductivity
TDS:	traction drive system
THD:	total harmonic distortion
UC:	ultracapacitor (aka supercapacitor)
VAC:	voltage AC
Vce:	voltage across collector and emitter
VDC:	voltage DC
VGD:	variable gate delay
VSI:	voltage source inverter
WBG:	wide bandgap
ZS:	zero sequence

1 전기자동차
Electric Vehicles (EVs)

서론 Introduction

과학적으로 수행한 것은 아니지만, 전기자동차를 전시, 판매하고 있는 여러 자동차 매장을 방문하여 판매원에게 표준 휘발유/디젤 구동 차량 대신 전기자동차를 구매해야 하는 이유에 대해 질문했더니 판매원은 한순간의 주저함 없이 다음과 같이 답했다.

- 전기자동차는 부드럽고 빠르기 때문에 운전하는 것이 즐겁다.
- 결국 우리 모두를 파괴할 유해한 온실가스 발생에 대해 걱정할 필요가 없다.
- 좌우측에 있는 두 모델은 최첨단 제품으로 매우 인기가 높다.
- 전문가들의 연구에 따르면 휘발유와 같은 화석연료의 연소로 인해 온실가스가 발생한다는 사실을 고려해야 한다. 또한 두 분은 환경에 대해 걱정하고 있는 것으로 보이는데, 알다시피 전기자동차는 냄새 나는 연기나 유해한 온실가스를 배출하지 않는다.
- 다른 점을 든다면, 전기자동차는 멋지고 운전하기 재미있으며 매우 혁신적이다.
- 연료를 많이 소모하는 차량 운행에는 연간 수천 달러가 드는 데 비해 전기자동차는 몇 센트밖에 들지 않는다.
- 또 한 가지! 이 아름다운 차를 구입하면 받을 수 있는 세금 감면에 대해 생각해야 한다. 수천 달러에 이르는 혜택을 얻을 수 있다.
- 결론: 매우 현명하고 환경에 관심이 있는 사람들만이 이 훌륭한 자동차를 구매하고 있다.

저자 메모: 위의 전기자동차 매장 방문 이벤트는 저자가 잠재적인 고객으로서 세 곳의 매장을 방문하여 세 번에 걸쳐 진행했는데, 사실상 과학적이지 않은 조사를 수행한 것으로, 실제 구매를 하지는 않았다.

이제 새 전기자동차를 구입하는 것이 왜 현명한지에 대한 몇 가지 판매 홍보를 들은 후 잠재 고객으로서 영업사원도 인정한 질문인 "재충전 전에 얼마나 멀리 운행할 수 있는가?"라는 질문이 가장 자주 묻는 말이었다는 점을 지적해야겠다. 글쎄, 나는 내 질문에 대한 표준적인 대답이 "휴대폰을 사용하십니까? 그렇다면 매일 충전하십니까? 저기요, 새 전기자동차도 마찬가지입니다. 집에서 충전할 수 있습니다. 쉽습니다. 게다가 이 새 전기자동차 중 일부의 주행거리는 재충전이 필요하기 전까지 100 km 이상입니다. 그리고 대부분의 사람들에게는 그 정도면 충분합니다."와 같은 내용인 것을 알게 되었다.

자, 당신은 아마도 새로운 전기자동차에 관해 자주 묻는 또 다른 질문이 무엇인지 궁금할 것이다. 나는 그것이 "전기자동차와 하이브리드 자동차의 차이점은 무엇인가?"라는 것을 알았다. 하이브리드 자동차를 잘 아는 사람에게 이 질문을 하면 대개 다음과 같은 답변이 나온다는 것을 알게 되었다(나는 이들 답변을 일반화했다). "현재 전기자동차에는 세 가지 유형—배터리 전기자동차(battery electric vehicle, BEV), 플러그인 하이브리드 전기자동차(plug-in hybrid electric vehicle, PHEV), 하이브리드 전기자동차(hybrid electric vehicle, HEV)—이 있으며 핵심은 다양한 요구를 충족하는 다양한 가격과 모델이 있다는 점이다.

그리고 이것은 우리가 어떤 방식, 형식, 계획, 판매 홍보 또는 다른 방식으로 듣는 내용이다.

지금까지 언급하지 않은, 내가 물었던 질문 중 하나가 있다. "이들 전기자동차 중에서 어떤 유형이나 브랜드 혹은 모델이든 하나가 실제로 어떻게 작동하는지 말씀해 주시겠습니까?"

아! 이제 우리는 이 책의 핵심, 초점, 메시지와 전기자동차에 대한 모든 것에 도달했다. 그리고 그것은 전기로부터 시작된다. 그럼 시작해 볼까요?

이 논의를 시작하려면 처음부터 시작해야 한다. 전기자동차의 시작은 전기이다. 우리는 다음 장에서 이 논의를 시작한다.

2 전자 흐름 = 교통 흐름
Electron Flow = Traffic Flow

옛날로 돌아가서 Back in the Good Old Days

과거(1828~1835) 미국에서 말과 마차의 탑승자나 운전자가 겪었던 유일한 교통 흐름 문제는 주로 도시 중심부나 주요 도시의 다른 방향으로의 교통 흐름에 관한 것이었다. 마을이나 도시 밖에서는 소위 걱정할 교통량이 거의 없이 말 혹은 마차를 바람을 가르며 탈 수 있었다. 아직 비행기도, 철도도, 자동차도 없었기 때문에 교통은 말이나 노새를 이용하거나 목적지까지 걸어가는 것만 가능했다. 만약 어떤 종류의 교통 흐름이 있는 지역에 있다면 교통 흐름 속에서 말과 마차를 조종하기만 하면 되었다. 즉, 당신이 위치한 곳에 교통량이 있는 경우이다.

2020년 이후로 빠르게 나아가면 오늘날 주요 도로를 달리는 말과 마차 혹은 말과 기수는 고속도로와 미국 전역 도시의 주요 도로에서 그들을 구출하기 위한 지방 또는 주 경찰의 주요 표적이다. 물론, 말과 마차에 대한 예외적인 상황도 있다. 예를 들어 아미쉬(Amish) 국가에서는 말과 마차가 표준 교통수단이다. 또한 퍼레이드 참가자들이 말과 기수, 어떤 구성의 말이 끄는 마차(그리고 의무적으로 따르는 사람들이 수레나 거리 청소부를 조정하는 모습)를 감상하는 축하 행사와 퍼레이드도 있다. 오늘날 퍼레이드 참가자들은 이러한 퍼레이드를 최대한 즐긴다. 왜냐하면 도시에서 말과 마차를 보는 것과 필요한 임무를 수행하는 청소부를 보는 것이 너무나 신기하기 때문이다.

시대가 어떻게 변화했는가 How Times Have Changed

시대가 변해서 지금의 교통 흐름은 모두 승용차, 트럭, 세미 트럭, 배달 차량, 버스에 관한 것이며, 삽을 실은 외바퀴 손수레를 밀고 다니는 사람은 이제 거의 없다.

하지만 그 대신에 흐름이 있다. 만약 고속도로에서 잠시 멈춰서 퇴근 후의 교통 흐름을 잘 관찰할 수 있는 지점에 올라간다면 당신은 놀라면서 자문할지 모른다. "이들은 모두 어디서 오는 거지?", "이들은 다 어디로 가는 걸까?"

이제 당신이 교통 엔지니어라면 아마도 주간고속도로(Interstate Highway) 또는 다른 도로의 교통 흐름을 다르게 볼 것이며 삽과 외바퀴 손수레를 가진 사람에 대해 걱정하지 않을 것이다.

말똥은 문제가 아니다. 현대의 교통 흐름에는 다른 문제들이 있다. 당신이 교통 엔지니어라면 아마도 교통 흐름을 과학적 관점에서 관찰할 것이다. 그리고 이 책은 과학에 관한 것이라고 전제되어 있기 때문에 과학은 이 책에서 중요한 역할을 한다.

어쨌든 공학 및 과학의 관점에서 교통 흐름과 관련된 공학 과학에 대해 살펴보기로 하자.

차량 교통 흐름을 측정하려고 할 때 엔지니어는 정기적으로 차량 교통 흐름과 차량 밀도를 확인하고자 한다.

그렇다면 교통 엔지니어는 교통 흐름과 차량 밀도를 어떻게 결정할까?

그들은 매우 간단한 방식으로 이러한 매개변수나 요인을 파악한다. 차량 교통 흐름을 결정하기 위해 교통 엔지니어는 다음과 같은 방식을 사용한다.

먼저, 우리는 차량의 교통 흐름을 알거나 결정하고 우리의 결정에서 그것이 어떻게 표현될지를 알기를 원한다. 따라서 우리는 차량의 흐름(즉, 시간당 차량 수)을 q를 사용하여 나타낼 수 있다. 그래서 차량 교통 흐름(q)을 알고 싶다면 차량 통과를 위한 시간(t초) 동안 지나가는 차량의 수(n)를 알아야 하며, 이 모든 변수는 식 (2.1)에서 표현된다.

$$q = n \times 3{,}600/t \tag{2.1}$$

모든 수준에서 이해할 수 있도록 이것을 정리하면 다음과 같다.

q = 차량 흐름(시간당 차량 수),

n = t초 안에 통과하는 차량의 수,

t = 차량이 통과하는 시간(초)으로 정의한다.

식 (2.1)을 유도하면, $q = n \times 3{,}600/t$ 이다.

더 명확하게 하기 위해 예제 2.1을 제시한다.

예제 2.1

문제:

2,000대의 차량이 2시간(7,200초) 동안 통과할 때 차량 흐름을 계산하라.

풀이:

$$Q = 2{,}000 \cdot 3{,}600/7{,}200 \text{ (s)}$$

$$= 1{,}000 \text{ vehicles per hour}$$

시간당 1,000대의 차량이 우리가 알아낸 것 중 하나이다. 하지만 여전히 차량 밀도를 결정해야 한다. 차량 밀도를 결정하기 위한 식은 다음과 같이 표현할 수 있다.

$$K = n \times 5,280/l \qquad (2.2)$$

여기서

    K = 차량 밀도(마일당 차량 수)

    n = 도로의 길이(l)를 점유하는 차량 수

    l = 차량이 점유하고 있는 도로의 길이(m)

앞서 제시된 정보와 예제는 차량 흐름과 차량 밀도를 결정하는 데 관심이 있다면 흥미롭고 유익하며 참고가 된다. 그러나 여기서 우리의 관심과 초점은 전기자동차에 있다. 따라서 이전 정보는 괜찮았지만 전기자동차로 넘어갈 필요가 있다.

실제로 여기서 요점은 전기자동차의 과학을 이해하려면 먼저 차량 흐름 및 차량 밀도를 결정하는 데 앞서 표시된 식과 같이 전기 과학, 전기 원리 등을 이해해야 하기 때문에 앞의 정보는 우리가 전기자동차로 이동하도록 설정한다. 오늘날 교통 공학자와 다른 형태의 공학자, 기획자, 발명가와 기타 여러 전문가들은 말하자면 (내연기관 자동차에서 전기자동차로의) 기어를 바꾸는 과정에 있다.

차량의 기어 변속은 자동 작동 혹은 수동 작동이다. 이제 우리는 탄화수소형 연료를 사용하는 내연기관 자동차에서 전기자동차로 기어를 전환하고 있다. 그렇게 함으로써 (이러한 변화를 이루면서) 우리는 전기자동차의 시작으로 돌아갈 수 있다. 앞서 언급한 1828년에서 1835년 사이의, 말과 마차가 주요 교통수단이었던 시대에 헝가리, 네덜란드, 미국의 혁신가들은 자신들의 선구적인 방식으로 최초의 소형 전기자동차를 창조하고 있었다.

기본적으로 우리는 차량 흐름에 집중하는 것에서 전자 흐름에 집중하는 전환이 있었고 지금도 진행되고 있다고 말할 수 있다.

전자의 흐름?

그렇다.

전자 흐름은 전기자동차와 어떤 관련이 있는가?

실제로 전자 흐름은 전기자동차와 밀접한 관련이 있다.

어떻게?

좋은 질문이다. 먼저, 전기자동차는 전기로 구동된다는 점을 인정해야 하며 이는 생각할 필요도 없다. 그러나 공학 및 과학의 관점에서 우리는 전기가 무엇인지 그리고 어떻게 전기가 차량에 전력을 공급하는지 이해하고 이를 교통 흐름과 연관시킬 수 있어야 한다.

둘째, 일반인에게 "전기란 무엇인가?"라고 묻는다면, 그들은 아마도 머리를 긁적이며 여러 가지 답변을 연관시킬 것이다. 대부분은 부정확하거나 불완전하다. 예상되는 답변은 다양하고 많으며 그중 어느 것도 완전히 정확하지 않다.

왜?

전기는 설명하기 쉽지 않다.

또 왜?

간단히 말해서, 전기에 대해 우리가 모르는 것이 무엇인지 모르기 때문에 전기를 절대적으로 명확하게 정의하기는 어렵다.

그러나 우리는 전기를 생산하는 방법을 알고 있다. 우리는 전기를 활용하는 방법을 알고 있다. 우리는 전기의 현재 응용에 대해 잘 알고 있다. 이 책의 목적과 이 책의 논의를 위해 우리는 또한 전기가 전기자동차를 추진하는 데 사용될 수 있고 사용되는 동력원이라는 것을 알고 있다.

다시 전기가 무엇인지에 대한 질문으로 돌아가 보자. 이 질문을 받으면 사람들은 혼란스러운 얼굴 표정이 되었다가 평소의 정상적인 표정으로 바뀌면서 질문에 답하려고 노력하는 가운데 곧 누군가 답변을 시도하거나 적어도 전기가 무엇인지에 대한 생각이 떠올라서, 우리 주변의 전구, 텔레비전, 난로, 가스레인지, 전동 정원 도구, 기타 전동 공구, 세탁기와 건조기, 냉장고, 보안 경보 시스템, 아이폰, 컴퓨터, 전기면도기, 기차와 자동차를 비롯한 전기자동차, 그리고 나열하기에는 너무 많은 기타 품목들 및 가전제품을 활성화시키는 힘 또는 에너지라고 대답할 것이다.

하지만 다시 돌아가서 전기란 무엇인지를 살펴보자. 우리는 명확한 정의가 이루어질 수 있는 정도까지 노력할 것이다. 사실 어떤 형태로든(즉, 어떤 용도로든) 전기를 다루거나 그 주변에서 일하는 공학 및 과학 분야의 전문가들조차도 전기가 무엇인지 정확히 말할 수 없다. 간단히 말해서 우리는 전기에 대해 무엇을 모르는지를 모른다.

하지만 우리가 전기에 대해 아는 것도 많이 있다. 우리는 매일 다양한 용도로 전기를 사용한다. 그러므로 우리는 전기에 대해 뭔가를 알아야 한다.

그리고 우리는 그것에 대해 뭔가를 알고 있다. 이 설명의 목적을 위해 우리는 전기는 전자의 흐름이라고 간단히 말하겠다.

전자의 흐름?

그렇다. 우리는 이에 대해 알아볼 것이다.

지금으로서는, 그리고 더 중요한 것은 전기자동차 과학의 한계에 도달하기 위해서는 전기가 무엇인지, 어떻게 작동하는지, 어떻게 생산되는지, 차량에 동력을 공급하는 데 어떻게 사용되는지를 이해하는 것이 필수적이다. 따라서 다음 장에서는 전기 기초에 대한 논의를 통해 전기가 어떻게 생산되고 어떻게 전기자동차의 추진(및 전구에 불 밝히기 등등)에 사용되는지에 대한 이해를 돕고자 한다.

3 전기 기초[1]
Basic Electricity

서론 Introduction

현대 사회에서 살고 일하는 사람들은 일반적으로 전기 장비를 인식하는 데 거의 어려움이 없다. 전기 장비는 어디에나 있고 (주위 환경에 주의를 기울이면) 쉽게 찾을 수 있다. 그러나 일상 생활에서 전기가 차지하는 중요성에도 불구하고 전기가 없는 삶이 어떨지 생각하는 사람은 거의 없을 것이다. 공기와 물처럼 우리는 전기를 당연하게 여기는 경향이 있다. 그러나 우리는 집의 조명, 냉난방, 그리고 텔레비전과 컴퓨터에 전원을 공급하는 데 이르기까지 매일 우리를 위한 많은 일을 하기 위해 전기를 사용한다. 그리고 사실상 전기 없이 작업을 수행할 수 있는 직장은 있을 수 없다. 예를 들어 일반적인 산업 작업장은 다음과 같은 전기 장비를 갖추고 있다.

- 전기 발전(발전기 또는 비상 발전기)
- 전기 저장(배터리—배터리는 전기 에너지를 저장하고 생성하지 않음)
- 전기를 한 수준(전압 또는 전류)에서 다른 수준(변압기)으로 변경한다.
- 플랜트에서 생성된 전기의 송전과 배전(송배전시스템)
- 전기의 측정(측정기/표시기)
- 전기를 다른 형태의 에너지로 변환(회전축—기계 에너지, 열에너지, 빛에너지, 화학 에너지 또는 무선 에너지)
- 다른 전기 장비 보호(퓨즈, 회로 차단기 또는 릴레이)
- 다른 전기 장비를 동작하고 제어함(모터 컨트롤러)
- 어떤 조건 또는 발생을 전기 신호로 변환(센서)
- 일부 측정 변수를 대표적인 전기 신호로 변환(변환기 또는 송신기)

전기의 성질 Nature of Electricity

전기(electricity)라는 단어는 그리스어 'electron'에서 파생되었다. 'electron'은 '호박'을 뜻하는 그리스어인데, 호박은 반투명한(translucent, semitransparent) 황색의 화석화

---

1 Much of the information in this section is adapted from F.R. Spellman *Electricity* (2001) Boca Raton, FL: CRC Press; F.R. Spellman *The Science of Wind Power* (2022) Boca Raton, FL: CRC Press.

된 광물 수지이다. 고대 그리스인들은 호박을 천으로 문질렀을 때 나타나는 인력과 척력의 신비한 힘을 언급할 때 '전기력'이라는 단어를 사용했다. 그들은 이 힘의 본질을 이해하지 못했다. 그들은 "전기란 무엇인가?"라는 질문에 대답할 수 없었다. 이 질문은 여전히 답이 없다. 오늘날 우리는 종종 힘이 아닌 효과를 설명함으로써 이 질문에 답하려고 한다. 즉, 물리학에서 제시하는 표준 답은 '전기는 전자를 움직이는 힘'이라고 말하는데 이는 돛을 '범선을 움직이는 힘'으로 정의하는 것과 마찬가지이다.

현재로서는 고대 그리스인들이 전기의 근본적인 특성에 대해 알고 있는 것보다 더 알려진 것이 거의 없지만 전기를 활용하고 사용하는 데 있어 엄청난 발전을 이루었다. 다른 많이 알려지지 않은(또는 설명할 수 없는) 현상들과 마찬가지로 전기의 특성과 동작에 관한 정교한 이론들이 발전했으며 명백한 진실과 동작하기 때문에 널리 받아들여지고 있다.

과학자들은 전기가 주어진 상황에서 또는 주어진 조건에 종속될 때 일정하고 예측 가능한 방식으로 동작하는 것 같다고 판단했다. 패러데이, 옴, 렌츠, 키르히호프는 전기와 전류의 예측 가능한 특성을 특정 규칙의 형태로 설명했다. 이러한 규칙을 종종 법칙이라고 한다. 따라서 전기 자체가 명확하게 정의된 적은 없지만 전기의 예측 가능한 특성과 쉽게 사용되는 에너지 형태로 인해 전기는 오늘날 널리 사용되는 에너지원 중 하나가 되었다.

요컨대 규칙 또는 법칙을 배우고 전기의 동작에 적용하고 전기를 생산, 제어 및 사용하는 방법을 이해함으로써 전기에 대해 '배울' 수 있다. 따라서 전기에 대한 이러한 학습은 전기의 근본적인 정체성을 결정하지 않고도 달성할 수 있다.

당신은 아마 머리를 긁적이며 어리둥절할 것이다.

우리는 바로 이 순간에 당신의 머릿속에 떠오르는 주요 궁금증을 이해한다. '이 장은 전기의 물리학에 대한 설명 부분인데, 저자는 전기가 무엇인지 설명을 못 한다는 것인가?'

그렇다. 우리는 설명할 수 없다. 요점은 어느 누구도 전기를 명확하게 정의할 수 없다는 것이다. 전기는 "우리가 그것에 대해 무엇을 모르는지 모른다"라는 옛말이 완벽하게 들어맞는 주제 분야 중 하나이다.

다시 말하지만, 지금까지 광범위한 분석과 오랜 시간(물론 상대적으로 말하면)의 테스트를 견디어 낸 전기에 대한 몇 가지 이론이 있다. 전류 흐름(또는 전기)에 관한 가장 오래되고 가장 일반적으로 받아들여지는 이론 중 하나는 **전자 이론**으로 알려져 있다.

전자 이론은 기본적으로 전기 또는 전류 흐름이 도체에서의 자유전자 흐름의 결과라고 말한다. 따라서 전기는 자유전자의 흐름 또는 단순히 전자의 흐름이다. 그리고 이 책에서 우리는 "전기는 자유전자의 흐름이다"라고 정의한다.

전자는 매우 작은 물질 입자이다. 전자를 이해하고 '전자 흐름'이 정확히 무엇을 의미하는지 이해하려면 물질의 구조에 대해 간단히 논의할 필요가 있다.

물질의 구조

물질은 질량이 있고 공간을 차지하는 모든 것들을 의미한다. 모든 유형의 물질의 기본 구조나 구성을 연구하려면 기본 구성 요소로 축소해야 한다. 모든 물질은 **분자** 또는 **원자**(그리스어: 나눌 수 없음)의 조합으로 이루어져 있으며, 이들은 함께 결합되어 소금, 유리 또는 물과 같은 특정 물질을 생성한다. 예를 들어 물을 점점 더 작은 방울로 계속 나누면 결국 물이었던 가장 작은 입자에 도달하게 된다. 그 입자는 **물질의 특성을 유지하는 물질의 가장 작은 부분**으로 정의되는 분자이다.

물 분자(H_2O)는 산소 원자 한 개와 원자 두 개로 구성된다. 만일 수소의 물 분자가 더 세분화되면 관련 없는 산소 원자와 수소 원자만 남게 되고 물은 더 이상 존재하지 않게 된다. 따라서 분자는 물질이 환원될 수 있고 여전히 같은 이름으로 불릴 수 있는 가장 작은 입자이다. 이것은 고체, 액체, 기체 등 모든 물질에 적용된다.

중요사항: 분자는 특정의 물질을 생성하기 위해 결합된 원자로 구성된다.

원자는 **전자, 양성자, 중성자**의 아원자(subatom) 입자의 다양한 조합으로 구성된다. 이 입자들은 무게(양성자가 전자보다 훨씬 무겁다)와 전하가 각각 다르다. 우리는 이 책에서 입자의 무게에 관심이 없지만 전하는 전기에서 매우 중요하다. 전자는 전기의 기본적인 음전하(−)이다. 전자는 동심 궤도 또는 셀 경로를 따라 원자핵 또는 원자 중심을 중심으로 회전한다. 양성자는 전기의 기본 양(+)전하이며, 핵에서 발견된다. 특정 원자의 핵 내에 있는 양성자의 수는 해당 원자의 원자번호를 지정한다. 예를 들어 헬륨 원자는 핵에 두 개의 양성자를 가지고 있으므로 원자번호는 2이다. 전기의 기본적인 중성 전하인 중성자도 핵에서 발견된다.

원자 무게의 대부분은 핵의 양성자와 중성자에 있다. 핵 주위를 돌고 있는 것은 하나 이상의 음전하를 띤 전자이다. 일반적으로 전체 원자에는 각 전자에 대해 하나의 양성자가 있으므로 핵의 알짜 양전하가 핵 주위를 회전하는 전자의 전체 음전하와 균형을 이룬다(그림 3.1 참조).

중요사항: 대부분의 배터리에는 + 및 − 기호 또는 약어 POS(양극) 및 NEG(음극) 기호가 표시되어 있다. 양극 또는 음극의 개념과 전기에서의 중요성은 뒤에서 자세히 설명할 것이다. 그러나 지금은 전자가 음전하를 띠고 양성자가 양전하를 띤다는 사실은 기억해야 한다.

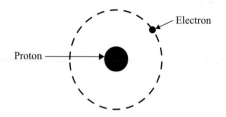

그림 3.1 양성자 한 개와 전자 한 개 = 전기적으로 중성

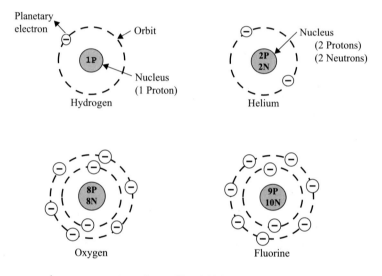

그림 3.2 원소의 원자 구조

우리는 이전에 원자에서 양성자의 수는 일반적으로 전자의 수와 같다는 것을 알았다. 이 관계가 해당 원소의 종류(원자는 원소를 구성하는 가장 작은 입자이며, 원소는 원자로 세분화될 때 그 특성을 유지함)를 결정하기 때문에 이것은 중요한 포인트이다. 그림 3.2는 핵 주위를 도는 전자의 개념에 기초한 여러 물질의 여러 원자를 간략하게 나타낸 것이다. 예를 들어 수소에는 한 개의 양성자로 구성된 핵이 있고 그 주위에 한 개의 전자가 회전한다. 헬륨 원자는 양성자 두 개와 중성자 두 개로 구성된 핵을 가지고 있으며, 그 핵을 둘러싸고 있는 전자 두 개가 있다. 이 두 요소는 동일한 수의 전자와 양성자를 가지고 있기 때문에 모두 전기적으로 중성(또는 균형)이다. 각 전자의 음(−)전하는 각 양성자의 양(+)전하와 크기가 같으므로 두 개의 반대 전하는 상쇄된다.

균형 잡힌(중성 또는 안정) 원자는 일정량의 에너지를 가지며 이는 전자 에너지의

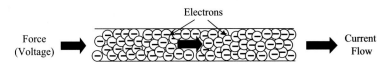

그림 3.3 구리 전선의 전자 흐름

합과 같다. 전자는 차례로 **에너지 준위**(energy level)라고 불리는 다른 에너지를 가진다. 전자의 에너지 준위는 핵으로부터의 거리에 비례한다. 따라서 핵에서 멀리 떨어진 셸(shell)에 있는 전자의 에너지 준위는 핵에서 가까운 셸에 있는 전자의 에너지 준위보다 높다.

구리선과 같은 전도성 매체에 전기력이 가해지면 구리 원자의 외부 궤도에 있는 전자가 궤도에서 벗어나(즉, 전자를 해방하거나) 전선을 따라 밀려난다. 전자를 궤도 밖으로 밀어내는 이 전기력은 다양한 방법으로―자기장을 통해 도체를 이동함으로써; 유리막대를 천(비단)으로 문지르는 것처럼 마찰에 의해; 배터리에서와 같이 화학적 작용에 의해―생성될 수 있다.

전자가 궤도에서 이탈할 때 **자유전자**라고 정의한다. 특정 금속 원자의 전자 중 일부는 핵에 너무 느슨하게 결합되어 있어 상대적으로 원자에서 다른 원자로 자유롭게 이동할 수 있다. 이러한 자유전자는 전기 전도체에서 전류의 흐름을 구성한다.

중요사항: 구리 전선(wire)에 전기력이 가해지면 구리 원자에서 자유전자가 이동하여 전선을 따라 이동하여 그림 3.3과 같이 전류가 생성된다.

원자의 내부 에너지가 정상상태보다 높으면 원자가 **여기되었다**(excited)고 말할 수 있다. 그림 3.3에 표시된 것처럼 전기력에 의해 추진되는 입자와 원자가 충돌하여 여기되어 들뜬 상태가 될 수 있다. 실제로 발생하는 것은 에너지가 전기 소스(source)에서 원자로 전달되는 것이다. 원자에 의해 흡수된 과잉 에너지는 느슨하게 결합된 외부 전자(그림 3.3 참조)를 내부에 홀딩(holding)하는 힘에 대항하여 원자를 떠나도록 만들기에 충분할 수 있다.

중요사항: 하나 이상의 전자를 잃거나 얻은 원자는 **이온화**되었다고 말한다. 원자가 전자를 잃으면 양전하를 띠게 되며 이를 **양이온**이라고 한다. 반대로 원자가 전자를 얻으면 음전하를 띠게 되며 이를 **음이온**이라고 한다.

도체| Conductors

앞에서 언급했듯이 전류가 어떤 물질을 통해서는 쉽게 이동하지만 다른 어떤 물질을 통해서는 더 어렵게 이동한다는 점을 기억하기 바란다. 세 가지 우수한 전기 전도체는 구리, 은, 알루미늄이다. (일반적으로 대부분의 금속이 우수한 전도체라고 할 수 있다.) 현재 구리는 전기 전도체로 광범위하게 사용되는 도전 재료이다. 특수한 조건에서는 특정 가스도 전도체로 사용된다. 예를 들어 네온 가스, 수은 증기, 나트륨 증기는 다양한 종류의 램프에 사용된다.

전선 도체의 기능은 적용된 전압 대부분이 부하 저항에서 전류를 생성할 수 있도록 도체의 최소 IR 전압강하를 사용하여 적용된 전압 소스를 부하 저항에 연결하는 것이다. 이상적으로 도체는 매우 낮은 저항을 가져야 한다[예: 도체(구리)의 일반적인 값은 10 feet당 1 Ω 미만).

모든 전기회로는 한 유형 또는 다른 유형의 도체를 사용하기 때문에 이 장에서는 가장 일반적인 유형의 도체의 기본 기능과 전기적 특성에 관해 설명한다.

또한 도체 접합 및 연결(및 이러한 연결의 절연)도 모든 전기회로의 필수 부분이므로 이에 대해서도 논의하기로 한다.

도체의 단위 크기

도체의 표준(또는 단위 크기)은 한 도체의 저항과 크기를 다른 도체와 비교하기 위해 설정되었다. 직경에 대한 선형 측정 단위는 (전선 종류의 직경과 관련하여) mil(밀, 0.001인치)이다. 종래의 전선 길이의 사용 단위는 feet(피트)이다. 따라서 대부분의 경우 크기의 표준 단위는 mil-feet(밀-피트)이다. (즉, 전선의 직경이 1 mil이고 길이가 1 feet인 경우 전선의 단위 크기가 된다.) 주어진 물질의 단위 도체의 저항(단위: ohm)을 물질의 **저항**(resistivity)[또는 비저항(specific resistance)]이라고 한다.

편의상 게이지 번호는 전선의 직경을 비교할 때 사용된다. 과거에는 B(Brown)와 S(Sharpe) 게이지가 사용되었는데, 현재 가장 일반적으로 사용되는 게이지는 **AWG** (American Wire Gage)이다.

Square Mil

그림 3.4는 **square mil**(제곱밀)을 보여 주는 것으로, 정사각형 또는 직사각형 도체의 편리한 단면적 단위이다. 그림 3.4에서 보듯이 square mil은 한 변이 1 mil인 정사각형의 면적이다. 정사각형 도체의 단면적을 square mil 단위로 구하려면 mil 단위로 측정한 한쪽 면을 제곱한다. 직사각형 도체의 단면적을 square mil 단위로 구하려면 한 변의 길이에 다른 변의 길이를 곱하면 된다. 각 길이는 mil 단위로 표시된다.

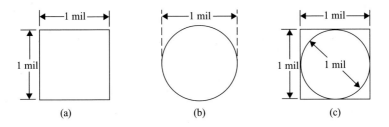

그림 3.4 (a) square mil; (b) circular mil; (c) circular mil과 square mil의 비교

예제 3.1

문제:

두께가 5/8 inch이고 너비가 5 inch인 큰 직사각형 도체의 단면적을 구하라.

풀이:

두께는 0.625 × 1,000 = 625 mils, 폭은 5 × 1,000 = 5,000 mils로 나타낼 수 있다. 단면적은 625 × 5,000 또는 3,125,000 square mils이다.

Circular Mil

circular mil(원형 밀)은 대부분의 전선 테이블에서 사용되는 전선(wire) 단면적의 표준 단위이다. 소수점 이하 자릿수를 사용하지 않으려면(전기를 전도하는 데 사용되는 대부분의 전선은 1 inch의 작은 부분일 수 있기 때문에) 이러한 직경을 mil로 표시하는 것이 편리하다. 예를 들어 전선의 직경은 0.025 inch가 아닌 25 mils로 표시된다. 원형 밀은 그림 3.4b와 같이 직경이 1 mil인 원의 면적이다. 원형 도체의 원형 mil 단위 면적은 mil 단위로 측정된 직경을 제곱하여 구한다. 따라서 직경이 25 mils인 전선은 25^2 또는 625 circular mils의 면적을 가진다. 비교를 통해 원의 면적에 대한 기본 공식은 다음과 같다.

$$A = \pi R^2 \tag{3.1}$$

이 예에서 square inch 단위의 면적은

$$A = \pi R^2 = 3.14(0.0125)^2 = 0.00049 \text{ square inch}$$

만일 D가 전선의 직경(mil)인 경우 square mil 단위 면적은

$$A = \pi(D/2)^2 \tag{3.2}$$

을 이용하여 구해지며, 이는

$$= 3.14/4D^2$$

$$= 0.785D^2 \text{ square mils}$$

로 다시 쓸 수 있다. 따라서 직경이 1 mil인 전선의 면적은

$$A = 0.785 \times 1^2 = 0.785 \text{ square mils}$$

이는 1 circular mil에 해당한다. 따라서 circular mil의 전선 단면적은 다음과 같이 구할 수 있다.

$$A = \frac{0.785D^2}{0.785} = D^2 \text{ circular mils}$$

여기서 D는 직경(단위: mil)이다. 따라서 상수 $\pi/4$는 계산에서 제거된다.

정사각형 및 원형 도체를 비교할 때 circular mil은 square mil보다 작은 면적 단위이므로 특정 영역에서 square mil보다 circular mil이 더 커진다는 점에 주의가 필요하다. 이 비교는 그림 3.4c에 나와 있으며, 1 circular mil의 면적은 square mil의 0.785와 같다.

중요사항: square mil 면적이 주어졌을 때 circular mil 면적을 구하려면 square mil 면적을 0.785로 나누어 준다. 반대로 circular mil 면적이 주어졌을 때 square mil 면적을 구하려면 circular mil 단위의 면적에 0.785를 곱하면 된다.

예제 3.2

문제:

12번 전선의 직경은 80.81 mils이다. (1) circular mil 단위의 면적은 얼마인가? (2) square mil 단위의 면적은 얼마인가?

풀이:

1. $A = D^2 = 80.81^2 = 6,530$ circular mils
2. $A = 0.785 \times 6,530 = 5,126$ square mils

예제 3.3

문제:

직사각형 도체의 폭은 1.5 inch이고 두께가 0.25 inch이다. (1) 면적(square mil 단위)은 얼마인가? (2) 직사각형 막대와 동일한 전류를 전달하기 위해 필요한 원형 도체의 크

기(circular mil 단위)은 얼마인가?

풀이:

1.

$$1.5'' = 1.5 \times 1,000 = 1,500 \text{ mils}$$

$$0.25'' = 0.25 \times 1,000 = 250 \text{ mils}$$

$$A = 1,500 \times 250 = 375,000 \text{ square mils}$$

2. 같은 전류를 흐르게 하려면 사각형 막대의 단면적과 둥근 도체의 단면적이 같아야 한다. 이 영역에는 square mil보다 circular mil이 더 많으므로

$$A = \frac{375,000}{0.785} = 477,700 \text{ circular mils}$$

주: 많은 전기 케이블은 연선(stranded wire)으로 구성되어 있다. 연선(스트랜드)은 일반적으로 케이블의 필요한 단면적을 여러 선으로 함께 꼰 전선을 말한다. circular mil 단위의 총 면적은 연선 한 가닥의 면적(circular mil 단위)에 케이블의 가닥수를 곱하여 결정된다.

Circular-Mil-Foot

그림 3.5에서 볼 수 있듯이 **circular-mil-foot**(원형-밀-피트)는 실제로 부피의 단위이다. 보다 구체적으로는, 길이가 1 feet이고 단면적이 1 circular mil인 도체가 단위 도체(unit conductor)이다. circular-mil-foot는 단위 도체로 간주되기 때문에 서로 다른 금속으로 만들어진 전선을 비교할 때 유용하다. 예를 들어 각 물질의 circular-mil-foot의 저항을 결정함으로써 다양한 물질의 **비저항**(resistivity)을 비교하는 기준이 될 수 있다.

주: 특정 물질로 작업할 때 다른 부피 단위를 사용하는 것이 때때로 더 편리하다. 따라서 단위 체적으로 세제곱센티미터(cm^3)가 활용되기도 한다. 또한 세제곱인치(in^3)를 사용할 수도 있다. 사용된 부피 단위는 비저항 표에 표시되어 있다.

비저항

모든 물질은 원자 구조가 다르므로 특정 물질이 전류 흐름에 저항하는 능력이 다르다.

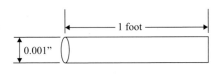

그림 3.5 circular-mil-foot

특정 재료에서 전류의 흐름을 방해하는 측정치를 **비저항**(resistivity 또는 specific resis-tance)이라고 한다. ohm 단위의 저항은 물질의 단위 부피(circular-mil-foot)에서의 전류 흐름에 대한 비저항이다. 비저항은 전도도(즉, 도체에 전류가 잘 흐르는 정도)의 역수이다. 저항률이 높은 물질은 전도율이 낮고, 저항률이 낮은 물질은 전도율이 높은 관계를 가진다.

임의의 도체에 대해 주어진 길이의 저항은 그 재료의 비저항, 전선의 길이, 단면적에 따라 달라진다.

$$R = \rho \frac{L}{A} \tag{3.3}$$

여기서

R = 도체의 저항, Ω

L = 전선의 길이, ft

A = 전선의 단면적, CM

ρ = 비저항, CM × Ω/ft

계수 ρ(그리스 문자 rho, 'roe'로 발음)는 다른 물질의 길이와 면적과 무관하게 저항을 비교할 수 있도록 해 준다. ρ 값이 클수록 더 큰 저항을 의미한다.

핵심: 물질의 비저항은 해당 물질의 단위 부피에 대한 저항이다.

많은 비저항 표는 길이 1 feet, 단면적 1 circular mil의 물질 부피에 대한 저항(ohm)을 기준으로 한다. 저항 측정이 이루어지는 온도도 지정된다. 도체를 구성하는 금속의 종류를 알면 금속의 저항률을 표에서 구할 수 있다. 일부 일반적인 물질의 비저항은 표 3.1에 나와 있다.

주: 은, 구리, 금, 알루미늄은 저항값이 가장 낮으므로 최고의 전도체이다. 텅스텐과 철은 저항이 훨씬 크다.

표 3.1 비저항(저항률)

Substance	Specific Resistance @ 20° (CM ft Ω)
Silver	9.8
Copper (drawn)	10.37
Gold	14.7
Aluminum	17.02
Tungsten	33.2
Brass	42.1
Steel (soft)	95.8
Nichrome	660.0

예제 3.4

문제:

단면적이 10,400 circular mils인 1,000 feet 구리 전선(10번 전선)이 전선 온도가 20℃인 구리 전선의 저항은 얼마인가?

풀이:

표 3.1의 비저항은 10.37이다. 식 (3.3)에 이 비저항을 대입하면 저항 R은 다음과 같이 구해진다.

$$R = \rho \frac{L}{A} = 10.37 \times \frac{1,000}{10,400} = 1\,\Omega,\ \text{approximately}$$

전선의 측정 단위

전선(wire)은 AWG(American wire gage)로 알려진 표에 따라 번호가 매겨진 크기로 제조된다. 표 3.2에는 AWG에 해당하는 표준 전선 크기가 나열되어 있다. 이 게이지 번호는 전선의 직경과 단면적 측면에서 원형 전선의 크기를 지정한다. 아래 내용을 기억해 두기 바란다.

a. 게이지 숫자가 1에서 40으로 증가함에 따라 직경과 원형 면적이 감소한다. 게이지 숫자가 높을수록 전선 크기는 작아진다. 즉, 12번은 4번보다 작은 전선이다.

b. 원형 면적은 세 개의 게이지 크기마다 두 배가 된다. 예를 들어 12번 전선은 15번 전선 면적의 약 두 배이다.

c. 게이지 번호가 높으면 전선의 사이즈가 작아지고, 주어진 길이에 대한 전선의 저항이 커진다. 따라서 1,000 feet의 전선에 대해 12번의 저항은 1.62 Ω이고 4번의 저항은 0.253 Ω이다.

전선의 사이즈 선택에 영향을 미치는 요인

전력 전송 및 분배에 사용되는 전선의 사이즈를 선택하려면 여러 가지 요소를 고려해야 한다. 이러한 요소에는 다음이 포함된다. 전력 라인의 허용 가능한 전압강하, 전류 용량, 전선이 사용될 주변 온도 등을 고려해야 한다.

a. **라인의 허용 가능한 전력 손실(I^2R)** — 이 손실은 열로 변환되는 전기 에너지를 나타낸다. 큰 도체를 사용하면 저항이 줄어들어 I^2R 손실이 줄어든다. 그러나 큰 사이즈의 전선은 더 무겁고 더 많은 지지대가 필요하다. 그러므로 큰 도체를 활용하면 작은 도체의 활용 때보다 비용이 증가한다.

b. **라인의 허용 가능한 전압강하(IR 전압강하)** — 전원이 라인 입력에서 일정한 전압을 유지하는 경우 라인의 부하 변동으로 인해 라인 전류가 변동되고 결과적으로 라인의 IR 전압강하도 변동된다. 라인의 IR 강하 변동이 크면 부하에서 전압 조절이 불량해진다.

c. **라인의 통전 용량** — 라인을 통해 전류가 흐르면 열이 발생한다. 선로의 온도는 방사되거나 분산되는 열이 선로를 통과하는 전류에 의해 생성된 열과 같아질 때까지 상승한다. 도체를 절연 처리하면 도체에서 발생하는 열은 도체가 절연되지 않은 경우보다 쉽게 제거되지 않는다.

d. **주변 온도가 상대적으로 높은 곳에 설치된 도체** — 이러한 환경에 설치하면 외부 소스에서 발생하는 열이 전체 도체 가열의 상당한 부분을 차지한다. 허용되는 도체 전류에 대한 외부 가열의 영향에 대해 적절한 허용이 이루어져야 하며 각 경우에는 고유한 특정 제한사항이 있다.

구리와 다른 금속 전도체

비용을 고려하지 않는다면 전자 흐름(전기)이 가장 좋은 전도체인 은(Ag)이 전기시스템에서 선택되는 전도체가 될 것이다. 그러나 비용 문제로 은은 전도성이 높은 물질이 필요한 특수 회로에만 사용된다.

가장 일반적으로 사용되는 두 가지 전도체는 구리와 알루미늄이다. 각각은 특정 상황에서 유용하게 사용할 수 있는 특성을 가지고 있다. 마찬가지로 각각에는 특정 단점 또는 제한 사항이 있다.

구리(copper)와 관련된 특성으로 전도성이 높고, 연성이 있으며(전선으로 인출할 수 있음) 상대적으로 높은 인장강도, 그리고 쉽게 납땜할 수 있다는 점을 들 수 있다. 구리는 알루미늄보다 비싸고 무겁다.

알루미늄은 구리의 전도도의 약 60%에 불과하지만 가벼워 긴 길이(스팬, span)로 설치할 수 있고 주어진 전도도에 비해 상대적으로 큰 직경은 코로나(즉, 전위가 높을 때 전선에서 발생하는 전기 방전)를 줄여 준다. 직경이 큰 전선을 사용할 때보다 직경이 작은 전선을 사용할 때 코로나 방전이 더 잘 일어난다. 그러나 알루미늄 도체는 쉽게 납땜이 되지 않으며 주어진 전도도에 대해 알루미늄의 상대적으로 큰 크기로 인해 절연 피복을 경제적으로 적용할 수 없다.

주: 최근에는 가정 및 일부 산업 응용 분야에서 구리 전선(알루미늄 전선 대신)을 사용하는 것이 보통의 경우이다. 알루미늄 도체의 연결은 구리만큼 쉽게 이루어지지 않기 때문이다. 또한 알루미늄 배선이 잘못 연결되어 수년 동안 많은 화재가 발생했다(즉,

표 3.2 동선(구리 전선)의 사이즈

Gage #	Diameter	Circular mils	Ohms/1,000 ft @ 25°C
1	289.0	83,700.0	0.126
2	258.0	66,400.0	0.159
3	229.0	52,600.0	0.201
4	204.0	41,700.0	0.253
5	182.0	33,100.0	0.319
6	162.0	26,300.0	0.403
7	144.0	20,800.0	0.508
8	128.0	16,500.0	0.641
9	114.0	13,100.0	0.808
10	102.0	10,400.0	1.02
11	91.0	8,230.0	1.28
12	81.0	6,530.0	1.62
13	72.0	5,180.0	2.04
14	64.0	4,110.0	2.58
15	57.0	3,260.0	3.25
16	51.0	2,580.0	4.09
17	45.0	2,050.0	5.16
18	40.0	1,620.0	6.51
19	36.0	1,290.0	8.21
20	32.0	1,020.0	10.4
21	28.5	810.0	13.1
22	25.3	642.0	16.5
23	22.6	509.0	20.8
24	20.1	404.0	26.4
25	17.9	320.0	33.0
26	15.9	254.0	41.6
27	14.2	202.0	52.5
28	12.6	160.0	66.2
29	11.3	127.0	83.4
30	10.0	101.0	105.0
31	8.9	79.7	133.0
32	8.0	63.2	167.0
33	7.1	50.1	211.0
34	6.3	39.8	266.0
35	5.6	31.5	335.0
36	5.0	25.0	423.0
37	4.5	19.8	533.0
38	4.0	15.7	673.0
39	3.5	12.5	848.0
40	3.1	9.9	1,070.0

표 3.3 구리와 알루미늄의 특성

Characteristics	Copper	Aluminum
Tensile strength (lb/in²)	55,000	25,000
Tensile strength for same conductivity (lb)	55,000	40,000
Weight for same conductivity (lb)	100	48
Cross section for same conductivity (CM)	100	160
Specific resistance (Ω/mil. ft)	10.6	17

표 3.4 전도성 물질의 특성(근사치)

Material	Temperature Coefficient, Ω/°C
Aluminum	0.004
Carbon	−0.0003
Constantan	0 (average)
Copper	0.004
Gold	0.004
Iron	0.006
Nichrome	0.0002
Nickel	0.005
Silver	0.004
Tungsten	0.005

불량한 연결 = 고저항 연결이 과도한 열 발생으로 화재로 이어짐).

　구리와 알루미늄의 몇 가지 특성에 대한 비교가 표 3.3에 나와 있다.

온도계수

온도가 증가할수록 은, 구리, 알루미늄과 같은 순수 금속의 저항은 증가한다. 저항의 **온 도계수** α(그리스 문자 alpha)는 온도 변화에 대한 저항의 변화량을 나타낸다. α에 대한 양수 값은 R이 온도에 따라 증가함을 의미하며, 음수 α는 R의 감소를 의미한다. α가 영인 경우는 R이 일정하며 온도 변화에 따라 변하지 않음을 의미한다. 표 3.4에 α의 재 료별 특성이 정리되어 있다.

　온도 상승(즉, 저항의 온도계수)당 1 Ω 구리 도체 샘플의 저항 증가량은 약 0.004이 다. 순수 금속의 경우 저항의 온도계수 범위는 0.004~0.006 Ω이다.

　따라서 초기 온도 0°C에서 저항이 50 Ω인 구리 와이어는 온도가 0°C 이상 상승할 때 마다 와이어 전체 길이에 대해 50 × 0.004 또는 0.2 Ω(대략)의 저항 증가를 갖게 된다. 20°C에서 저항 증가는 약 20 × 0.2, 즉 4 Ω이다. 20°C에서의 총 저항은 50 + 4, 즉 54

Ω이다.

주: 탄소는 표 3.4에 표시된 것처럼 음의 온도계수를 가진다. 일반적으로 α는 게르마늄 및 실리콘과 같은 모든 반도체의 경우 음수이다. α의 음수 값은 더 높은 온도에서 더 낮은 저항을 의미한다. 따라서 반도체 다이오드와 트랜지스터의 저항은 정상 부하 전류로 뜨거워지면 상당히 감소될 수 있다. 또한 표 3.4에서 콘스탄탄은 α 값이 0이라는 것에 주목하고, 따라서 이 물질은 온도가 상승해도 저항이 변하지 않아야 되는 권선 형의 정밀 저항기에 사용할 수 있다.

도체 절연

전류는 전원에서 유용한 부하로 안전하게 전달되어야 한다. 이를 달성하려면 전류가 필요한 곳에만 흐르도록 억제되어야 한다. 또한 전류가 흐르는 도체는 일반적으로 서로 이를 지지하는 하드웨어 구조물 또는 근처에서 작업하는 인력과 접촉이 되어서는 안 된다. 이를 위해서 도체는 다양한 재료로 코팅되거나 래핑되어야(감겨야) 한다. 이러한 물질은 매우 높은 저항을 지닌 부도체이며, 일반적으로 **절연체** 또는 **절연재료**라고 한다.

모든 작업의 요구 사항을 충족할 수 있는 다양한 절연 도체가 있다. 그러나 특정 작업을 수행하도록 설계된 특정 유형의 케이블에는 필요한 최소한의 절연만 적용한다. 이것은 절연체가 비싸고 강화 효과가 있으며 다양한 물리적, 전기적 조건을 충족해야 하기 때문이다.

절연재료(예: 고무, 유리, 석면, 플라스틱)의 두 가지 기본적이지만 분명히 다른 특성은 절연저항과 유전강도이다.

a. **절연저항**은 절연재료 표면을 통한 누설전류에 대한 저항이다.
b. **유전강도**는 전위차를 견딜 수 있는 절연체의 능력이며 일반적으로 정전기 응력으로 인해 절연이 파괴되는 전압으로 표현된다.

고무, 플라스틱, 광택 천, 종이, 실크, 면, 에나멜 등 다양한 유형의 재료가 전도체에 절연을 제공하는 데 사용된다.

도체의 접합과 터미널 연결

도체가 서로 연결되거나 부하에 연결될 때는 접합체(splices) 또는 터미널 단자를 사용해야 한다. 모든 전기회로는 약하면 약할수록 좋으며, 제대로 만들어지는 것이 중요하다. 이는 좀 어려운 뜻이지만, 쉽게 설명하면 접합 또는 연결의 기본 요구 사항은 함께 사용되는 전도체 또는 장치만큼 기계적으로나 전기적으로 강해야 한다는 것이다. 지속적인 전기적 연결, 물리적 강도, 그리고 (필요한 경우) 절연을 보장하기 위해 고품질의 기술과 재료를 사용해야 한다.

중요사항: 도체의 접합 및 연결은 모든 전기회로의 필수 부분이다.

납땜 작업

납땜 작업은 전기 및/또는 전자제품 유지보수 절차의 중요한 부분이다. 납땜은 전기 분야에서 일하는 모든 인력이 배워야 하는 수작업 기술이다. 납땜 기술의 숙련도를 높이기 위해서는 반드시 연습이 필요하다.

납땜 작업을 수행할 때 땜납과 납땜할 재료(예: 전선 및/또는 단자 러그)는 모두 적절한 온도로 가열되어 땜납이 흐르도록 한다. 둘 중 하나가 부적절하게 가열되면 냉땜 접합이 발생한다. 즉, 고저항 연결이 생성된다. 이러한 납땜 부위는 필요한 물리적 강도나 전기 전도도를 제공하지 못한다. 또한 납땜 작업에서는 납땜할 부품 또는 바로 근처에 있는 다른 부품이나 재료의 손상을 방지할 수 있는 낮은 온도에서 납땜이 이루어지도록 한다.

무납땜 커넥터

일반적으로 납땜이 필요하지 않은 단자 러그와 접합부는 장착하기 쉬우므로 납땜 대신에 널리 사용된다. 다양한 크기와 모양으로 만들어진 무납땜 커넥터는 여러 가지 장치를 통해 도체에 부착되지만 각각의 원리는 기본적으로 동일하다. 이들은 모두 도체에 단단히 압착되어 있으며, 적절한 전기 접촉과 뛰어난 기계적 강도를 제공한다.

절연 테이프

목수에게는 톱, 치과 의사에게는 펜치, 배관공에게는 렌치, 전기 기사에게는 절연테이프가 필요하다. 따라서 신입 유지보수 작업자(전기 작업을 수행하기 위한 적절하고 안전한 기술도 배우는 신입 직원)가 가장 먼저 배우는 것 중 하나는 전기 절연 테이프의 가치이다. 일반적으로 전기 절연 테이프의 사용은 연결 지점에서 접합 또는 조인트를 완성하는 마지막 단계로 사용되거나, 또는 절연처리 되지 않은 나선의 절연을 위해 활용된다.

일반적으로 사용되는 절연 테이프는 원래 절연체와 동일한 기본 물질, 일반적으로 고무 접합 화합물이다. 고무(라텍스) 테이프를 원래 단열재가 고무인 접합 컴파운드로 사용하는 경우 각 층이 그 아래에 있는 층에 단단히 밀착되도록 가벼운 장력으로 접합부에 적용해야 한다. 고무 테이프 적용(단열재를 원래 형태로 복원) 외에도 마찰 테이프로 복원하는 것도 종종 필요하다.

　　최근 몇 년 동안 플라스틱 전기 테이프가 널리 사용되었다. 고무 및 마찰 테이프에 비해 특정 이점이 있다. 예를 들어 주어진 두께에 대해 더 높은 전압을 견딜 수 있다. 시중에서 판매되는 특정 플라스틱 테이프의 단일 얇은 층은 파손되지 않고 수천 볼트를 견딜 수 있다.

　　중요사항: 플라스틱 전기 테이프의 사용이 산업 분야에서 거의 보편화되었지만, 추가 안전 여유를 확보하려면 플라스틱 전기테이프가 고무나 마찰 테이프보다 얇아서 더 많은 겹으로 감아야 한다.

정전기

정지 상태의 전기를 흔히 **정전기**라고 한다. 좀 더 구체적으로 말하자면, 두 물체의 전하가 같지 않고 서로 가까이 있을 때 전하가 같지 않기 때문에 두 물체 사이에 전기력이 가해진다. 그러나 접촉이 없으므로 충전 전하가 균등화할 수 없다. 전류가 흐르지 못하는 이런 전기력이 정전기이다.

　　그러나 정전기, 즉 정지된 전기는 기회가 주어지면 흐르게 된다. 정전기는 음전하와 양전하의 불균형 때문에 생긴다. 이 현상의 예는 마른 카펫 위를 걸어가다가 문고리를 만질 때 흔히 경험한다. 보통 약간의 충격이 느껴지고 손가락 끝에 불꽃이 튈 수 있다. 또 다른 친숙한 예는 '정적 접착'이다. 예를 들어 공기가 채워진 풍선을 머리카락에 문지른 다음 풍선을 벽에 대면 풍선이 중력을 거스르며 벽에 달라붙는다. 작업장에서는 정전기에 따른 피해를 줄이기 위해 장비를 접지에 적절하게 본딩하거나 접지하여 정전기가 축적되는 것을 방지해야 한다.

대전체

대전체(charged body)의 기본 법칙은 "동일한 전하는 서로 밀어내고 다른 전하는 서로 끌어당긴다"라는 것이다. 서로 상반되는 양전하와 음전하는 서로를 끌어당기며 서로를 향해 움직이는 경향이 있다. 반대로 서로 같은 전하끼리는 서로 반발하는 경향이 있다. 전자는 같은 음전하 때문에 서로 밀어내고, 양성자는 같은 양전하 때문에 서로 밀어낸다. 그림 3.6은 대전체의 법칙을 보여 준다.

　　대전체의 기본 법칙의 또 다른 중요한 부분을 지적하는 것이 중요하다. 즉, **두 자극 사이에 존재하는 인력 또는 반발력은 자극이 서로 거리가 멀어질수록 급격히 감소한다**. 좀 더 구체적으로 말하자면, 자극이 점으로 간주할 만큼 작다고 가정하면 인력 또는 반발력은 두 개의 자극 세기의 곱에 비례하고 자극 간의 거리의 제곱에 반비례한다.

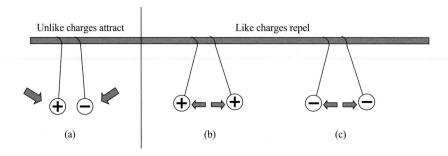

그림 3.6 두 대전체 사이의 상호 작용. (a) 반대 전하는 끌어당긴다. (b), (c) 같은 전하는 서로 밀어낸다.

예를 들어 보자. 자석의 두 양극 사이의 거리를 2 feet에서 4 feet로 늘리면 두 자극 사이의 반발력은 원래 값의 1/4로 감소한다. 두 자극 간의 거리가 같은 상태로 유지되면서 자극의 강도가 두 배가 되면 두 자극 사이에 발생하는 힘은 두 배가 된다.

쿨롱의 법칙

쿨롱의 법칙(Coulomb's Law)에 따르면 자유공간에서 전기를 띤 두 물체 사이에 작용하는 인력 또는 척력(반발력)의 크기는 다음 두 가지에 따라 달라진다.

a. 그들의 전하량
b. 그들 사이의 거리

구체적으로 쿨롱의 법칙은 다음과 같이 설명된다. "충전된 물체는 전하의 곱에 정비례하고 물체 사이의 거리의 제곱에 반비례하는 힘으로 서로를 끌어당기거나 밀어낸다."

주: 대전체의 전하의 크기는 대전체 내의 양성자 수와 비교한 전자의 수에 의해 결정된다. 전하량의 기호는 Q이며 **쿨롱**(C) 단위로 표시한다. +1(C)은 대전체에 6.25×10^{18}개의 전하가 포함되어 있음을 의미한다. −1(C), 즉 −Q는 양성자보다 6.25×10^{18}개 더 많은 전자를 포함하고 있음을 의미한다.

정전기장

전하의 기본적인 특성은 힘을 발휘하는 능력이다. 그들의 영향이 느껴지는 대전체 사이와 주변의 공간을 **힘의 전기장**(electric field of force)이라고 한다. 전기장은 항상 물질적 물체 위에서 끝나며 양전하와 음전하 사이를 확장한다. 이 힘의 영역은 공기, 유리, 종이 또는 진공으로 구성될 수 있다. 이 힘의 영역을 **정전기장**(electrostatic field)이

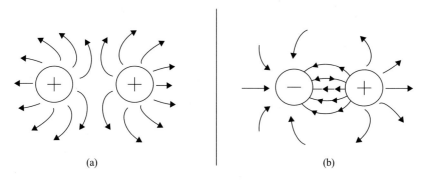

(a)   (b)

그림 3.7 정전기력선. (a)는 같은 전하와 전기장의 반발력을 나타낸다. (b)는 서로 다른 전하와 전기장의 인력을 나타낸다.

라고 한다.

극성이 반대인 두 물체를 서로 가까이 가져가면 정전기장이 그 사이에 집중된다. 이 자계(field)는 일반적으로 **정전기력선**(electrostatic lines of force)이라고 하는 선으로 표시된다. 이 선은 가상이며 필드의 방향과 강도를 나타내는 데만 사용된다. 혼란을 피하기 위해 양의 힘선은 항상 전하를 떠나는 것으로 표시되고, 음전하의 경우 들어가는 것으로 표시된다. 그림 3.7은 대전체에 대한 자계를 나타내는 선의 사용을 보여 준다.

주: 전하를 띤 물체는 즉각적인 전자 이동이 없으면 일시적으로 전하를 유지한다. 이 상태에서 전하는 **휴식중**이라고 한다. 정지 상태의 전기를 **정전기**라고 한다.

자성

대부분의 전기 장비는 직간접적으로 자성에 의존한다. 자성(magnetism)은 자기장과 관련된 현상으로 정의된다. 즉, 철, 강철, 니켈 또는 코발트(자성 물질로 알려진 금속)와 같은 물질을 끌어당기는 힘이 발생하는 현상이다. 따라서 물질이 자성을 가지면 자석이라고 한다. 예를 들어 철 조각이 자성을 띠게 되면 자석이 된다.

자화된 철 조각(주: 길이 6 inch × 너비 1 inch × 두께 0.5 inch의 평평한 막대 조각 = 막대자석으로 가정; 그림 3.8 참조)은 서로 반대편에 있는 다른 철 조각을 쉽게 끌어당긴다. 막대자석은 서로 반대쪽에 있는 두 개의 점이 다른 쇳조각들을 가장 쉽게 끌어당긴다. 이때 최대 인력의 점(양 끝에 하나씩)을 자석의 N극과 S극의 **자극**(magnetic poles)이라고 한다. 마치 전하가 서로 밀어내고 반대 전하가 서로 끌어당기는 것처럼, 같은 자극은 서로 밀어내고 서로 다른 자극은 서로 끌어당긴다. 육안으로 보이지 않지만 그림 3.8과 같이 막대자석을 덮고 있는 유리 위에 작은 쇳가루를 뿌리면 그 힘

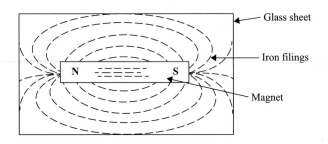

그림 3.8 막대자석 주변의 자기장. 유리판을 부드럽게 두드리면 자석 주변의 힘의 장을 설명하는 명확한
패턴으로 배열된다.

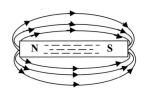

그림 3.9 자력선으로 표시된 막대자석 주변의 자기장

이 있음을 볼 수 있다.

그림 3.9는 철가루(쇳가루)가 없는 자기장의 모습을 보여 준다. 이는 **자속**(magnetic
flux) 또는 **자속선**(flux line)으로 알려진 힘의 선으로 표시된다. 자속의 기호는 그리스
어 소문자 φ(파이)이며, 이 힘의 선은 자석의 N극에서 나와서 S극으로 들어가는 모습
이다.

주: 자기회로는 자화력의 영향으로 자기력선이 형성될 수 있는 완전한 경로이다. 대
부분의 자기회로는 자속을 잘 흐르도록 하기 위해 주로 자성 재료로 구성된다. 이 회로
는 기전력의 영향으로 전류가 흐르게 되는 완전한 경로를 가지는 **전기회로**와 유사하다.
자기회로나 전기회로나 완전한 폐회로를 가진다는 것이 중요하다.

자석에는 세 가지 유형 또는 그룹이 있다.

a. **천연자석**—자철광이라고 하는 광물(철 화합물) 형태의 자연 상태에서 발견된다.

b. **영구자석**—(인공자석) 영구적으로 자화된 알니코 바와 같은 경화 강철 또는 일부
   합금. 대부분의 사람들에게 친숙한 영구자석은 말굽자석이다. 이 빨간색 U자형
   자석은 전 세계적으로 인정받는 자석의 보편적인 상징이다(그림 3.10 참조).

c. **전자석**—(인공자석) 절연 전선 코일을 감은 연철 코어로 구성된다. 코일에 전류가
   흐르면 코어가 자화된다. 전류가 흐르지 않으면 코어는 대부분의 자성을 잃는다.

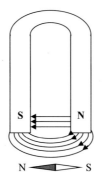

그림 3.10 말굽자석

자성 재료

더 강력하고 편리한 모양의 영구자석을 인공적으로 생산할 수 있으므로 천연자석은 전기회로에서 실용적인 가치가 없어 더 이상 사용되지 않는다. 상업용 자석은 특수강 및 합금의 자성 재료로 만들어진다.

자성 재료(magnetic materials)는 자석에 의해 끌리거나 밀어내어 자화될 수 있는 재료이다. 철, 강철 및 합금 막대는 가장 일반적인 자성 재료이다. 이러한 물질을 막대 형태로 만들어 절연전선 코일이 감긴 권선 내에 삽입하고 그 코일에 큰 직류전류를 흘리면 자화될 수 있다. 또한 동일한 물질을 막대자석으로 문지르면 자화될 수도 있다. 그러면 자기를 유도하는 데 사용되는 자석과 동일한 자기 특성을 갖게 된다. 즉, 양쪽 끝에 하나씩 두 개의 인력의 극이 생기게 된다. 이러한 과정을 통해 영향을 주는 자석에 의한 자기유도에 의해 영구자석이 만들어진다.

주: 영구자석은 자화력을 인가하는 자기장이 제거되어도 자성을 유지하는 강자성 재료(경질 강철 또는 합금)로 만들어진다. 일시자석(temporary magnet)은 자화력을 인가하는 자기장이 제거될 때 자화 상태를 유지할 수 **없는** 자석이다.

영구자석으로 분류되더라도 경화강 및 특정 합금은 상대적으로 자화하기 어렵고 자기력선이 금속을 통해 쉽게 침투하거나 분포하지 않기 때문에 **투자율이 낮다**는 점을 기억하는 것이 중요하다.

주: 투자율은 자속선을 집중시키는 자성 재료의 능력을 나타낸다. 쉽게 자화되는 모든 재료는 투자율이 높다. 다른 재료의 투자율을 공기 또는 진공 상태의 투자율과 비교한 비율로서 μ 또는 (mu)로 표시되는 **비투자율**이 사용된다.

그러나 단단한 강철 및 기타 합금이 자화되면 대부분의 자기 강도를 유지하므로 **영구자석**이라고 한다. 반대로 연철 및 소둔 규소강처럼 상대적으로 자화하기 쉬운 재료는

투자율이 높다. 이러한 물질은 자화력이 제거된 후에도 일부분이 자성을 유지하며 **일시자석**이라고 한다.

자화력이 제거된 후에도 일시자석에 조금 남아 있는 자성을 **잔류자성**(residual magnetism)이라고 한다.

초기의 자기에 관한 연구에서는 자성 재료를 철의 강한 자기 특성을 기반으로 하여 단순히 자성체 및 비자성체로 분류했다. 그러나 약한 자성 재료는 일부 응용 분야에서 중요할 수 있으므로 현재 연구에서는 자성 재료를 상자성, 반자성, 강자성의 세 그룹으로 분류한다.

    a. **상자성 재료**(paramagnetic materials) — 여기에는 알루미늄, 백금, 망간, 크롬 등이 포함되며 강한 자기장의 영향을 받아도 약간만 자화되는 물질이다. 이 약간의 자화는 인가된 자기장과 같은 방향이다. 비투자율은 1보다 약간 크다(즉, 비자성체로 간주됨).

    b. **반자성 재료**(diamagnetic materials) — 여기에는 비스무트, 안티몬, 구리, 아연, 수은, 금, 은이 포함되며 매우 강한 자기장의 영향을 받을 때 약간 자화될 수 있는 물질로서, 자기모멘트가 인가 자기장의 반대방향으로 내부 자장이 감소하는 특성이 있다. 비투자율은 1 미만이다(즉, 비자성체로 간주됨).

    c. **강자성 재료**(ferromagnetic materials) — 여기에는 철, 강철, 니켈, 코발트 및 상업용 합금이 포함되며 전기 및 전자 응용 분야에서 가장 중요한 그룹이다. 강자성체는 자화되기 쉽고 비투자율이 50~3,000으로 높다.

자기 지구

지구는 거대한 자석이며, 지구의 자성에 의해 생성된 거대한 자기장이 지구를 둘러싸고 있다. 대부분의 사람들은 이 사실을 이해하거나 받아들이는 데 문제가 없을 것이다. 그러나 지구의 북극이 사실은 남극이고 남극이 사실은 지구의 북극이라고 하면 그들은 이 말을 받아들이거나 이해하지 못할 것이다. 하지만 이는 자석의 관점에서는 사실이다.

그림 3.11에 나타낸 것처럼 지리적 극점도 지구 자전축의 각 끝에 표시된다. 분명히 그림 3.11에서 보듯이 자기 축은 지리적 축과 일치하지 않으므로 자기장과 지리적 자극은 지구 표면에서 같은 위치에 있지 않다.

자기력선은 자석의 북(N)극에서 발산되어 폐루프 형태로 남(S)극으로 들어간다고 가정한다. 지구는 자석이기 때문에 자력선은 북극에서 발산되어 폐루프 형태로 남극으로 들어간다. 나침반 바늘은 지구의 자력선이 남극으로 들어가 북극으로 나가는 방식

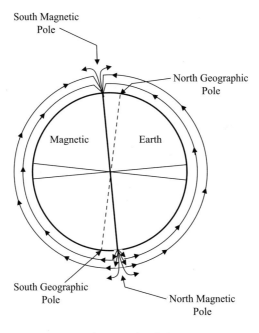

그림 3.11 지구의 자극

으로 정렬된다. 나침반 바늘의 북극은 북쪽을 가리키는 끝으로 정의되기 때문에 지리적 북극 부근의 자극은 실제로는 남극이며, 그 반대의 경우도 마찬가지이다.

전위차

정전기장의 힘으로 인해 전하는 인력이나 반발력에 의해 다른 전하를 이동시키는 작업을 수행할 수 있다. 도체에서 자유전자의 이동에 의한 전류를 일으키는 힘은 다음에 의해 기인된다.

- 기전력(electromotive force, emf)
- 전압(voltage)
- 전위차(difference in potential)

전선(도체)으로 연결된 두 대전체 사이에 전위차가 있으면 전자(전류)가 도체를 따라 흐른다. 이 흐름은 두 전하가 같아지고 전위차가 더 이상 존재하지 않을 때까지 음전하를 띤 물체에서 양전하를 띤 물체로 흐른다.

주: 전위차의 기본 단위는 **볼트**(volt)이다. 전위차 기호는 V로 전자(전류 흐름)를 강제로 이동시키는 작업을 수행할 수 있는 능력을 의미한다. 볼트 단위를 사용하므로 전

위차를 **전압**이라고 한다.

물과의 비유

기본적인 전기의 개념, 특히 전위차(전압), 전류 및 간단한 전기회로의 저항 관계 등과 관련하여 사람들을 이해시키기 위해 물과의 비유(water analogy)를 사용하는 것이 일 반적인 관행이었다. 우리는 나중에 전압, 전류, 저항과 그 관계를 더 자세히(간단하고 직접적인 방식으로) 설명하기 위해 물과의 비유를 사용한다. 그러나 지금은 전기의 기 본 개념, 즉 전위차, 즉 전압을 설명하기 위해 비유를 사용한다. 전위차로 인해 전류가 흐르게 되므로(저항에 대한) 전류의 흐름과 저항의 개념을 설명하기 전에 이 개념을 먼 저 이해하는 것이 중요하다.

그림 3.12에 나타낸 파이프와 밸브로 연결된 두 개의 물탱크를 생각해 보자. 처음에 는 밸브가 닫혀 있고 모든 물이 탱크 A에 있다. 따라서 밸브 전체의 수압은 최대이다. 밸브가 열리면 물은 두 탱크의 수위가 같아질 때까지 A에서 B로 파이프를 통해 흐른 다. 그래서 두 탱크 사이에 수압차(퍼텐셜 차이)가 더 이상 없어지게 되면 물이 파이프 를 흐르는 것을 멈춘다.

그림 3.12에서 파이프를 통한 물의 흐름이 두 탱크의 수위차에 정비례하는 것처럼, 전기회로를 통한 전류 흐름은 회로 양단의 전위차에 정비례한다.

중요사항: 현재 전기의 기본 법칙은 전류가 인가된 전압에 정비례한다는 것이다. 즉, 전압이 증가하면 전류가 증가하고, 전압이 감소하면 전류가 감소한다.

전압 생성의 원리와 방법

기전력 또는 전압을 생성하는 방법에는 여러 가지가 있다. 이 방법 중 일부는 다른 방법 보다 훨씬 더 널리 사용된다. 다음은 기전력을 생성하는 가장 일반적인 일곱 가지 방법 목록이다(USDOE 1992).

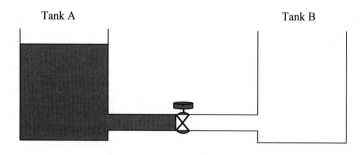

그림 3.12 전기적 전위차에 대한 물의 비유

a. **마찰**(friction)—두 재료를 서로 문질러서 생성되는 전압(정전기 또는 정전기력), 정전기에 대한 논의를 기억하는가? 기억을 한번 되살려 보자. 예를 들어 카펫 위를 걸어가다가 금속 손잡이를 만졌을 때 충격을 받은 적이 있는가? 당신의 신발 밑창은 카펫을 문지르면서 전하를 축적했고, 이 전하가 당신의 몸으로 옮겨졌다. 당신의 몸은 양전하를 띠게 되었고, 영(zero) 전하의 문손잡이를 만졌을 때 당신과 문손잡이의 전하가 같아질 때까지 전자가 당신의 몸으로 옮겨진 것이다.

b. **압력**(압전, piezoelectricity)—특정 물질의 결정(예: 석영이나 로셀 염과 같은 결정 또는 티탄산바륨과 같은 특정 세라믹)을 압착하거나 압력을 가하여 생성되는 전압이다. 이러한 물질에 압력이 가해지면 전자는 힘의 방향으로 궤도 밖으로 밀려날 수 있다. 전자는 물질의 한쪽 면을 떠나 다른 면에 축적되어 반대편에 양전하와 음전하를 형성하게 된다. 압력이 해제되면 전자는 궤도로 돌아간다. 일부 재료는 굽힘 압력에 대해 반응하고 다른 재료는 비틀림 압력에 반응한다. 이러한 전압 생성을 **압전 효과**(piezoelectric effect)라고 한다. 압력과 전압이 있는 상태에서 외부 배선을 연결하면 전자가 흐르고 전류가 발생한다. 압력을 일정하게 유지하면 전위차가 같아질 때까지 전류가 흐른다. 압력이 제거되어 재료의 압축이 제거되면 즉시 반대방향의 전기력이 발생한다. 이러한 재료의 전력 용량은 매우 적다. 그러나 이러한 재료는 기계적 힘의 변화에 극도로 민감하므로 매우 유용하게 활용된다. 한 가지 예는 로셀(Rochelle) 소금 크리스털이 포함된 크리스털 축음기 카트리지이다. 축음기 바늘이 크리스털에 부착되어 있다. 바늘이 레코드의 홈에서 움직일 때 좌우로 흔들리면서 크리스털에 압축과 감압이 적용된다. 크리스털에 적용된 이 기계적 움직임은 소리를 재생하는 데 사용되는 전압 신호를 생성한다.

c. **열**(열전기, thermoelectricity)—서로 다른 두 금속이 접합된 결합부(접합부)를 가열하여 생성되는 전압. 일부 물질은 전자를 쉽게 포기하고 다른 물질은 전자를 쉽게 받아들인다. 예를 들어 구리와 아연 같은 두 개의 서로 다른 금속이 결합하면 전자 이동이 발생할 수 있다. 전자는 구리 원자를 떠나 아연 원자로 들어갈 것이다. 아연은 잉여 전자를 얻어 음전하를 띠게 된다. 구리는 전자를 잃고 양전하를 띠게 된다. 이것은 두 금속의 접합부에 전압, 전위차를 생성한다. 정상적인 실내온도의 열에너지는 전자를 방출하거나 획득하여, 측정이 가능한 정도의 전위차를 발생시키기에 충분하다. 접합에 더 많은 열에너지가 가해지면 더 많은 전자가 방출되고 전압이 더 커진다. 열이 제거되면 접합부가 냉각되고 전하가 소멸되어 전압이 감소하게 된다. 이 과정을 열전이라고 하며, 이와 같은 장치를 일반적으로

열전대(서모커플, thermocouple)라고 부른다.

열전대의 전압은 서로 다른 두 금속의 접합부에 적용되는 열에너지에 따라 달라진다. 열전대는 온도를 측정하고 자동 온도 제어 장비의 열 감지 장치로 널리 사용된다.

열전대의 전력 용량은 다른 전원 소스에 비해 매우 적지만 크리스털보다 다소 크다. 일반적으로 열전대는 일반 수은 또는 알코올 온도계보다 더 높은 온도에 노출될 수 있다.

d. **광**(**광전기**, photoelectricity)—빛(광자)이 감광성(빛에 민감한) 물질에 부딪혀 생성되는 전압. 광선의 광자가 재료의 표면을 때리면 에너지가 방출되어 물질 내의 원자의 전자로 전달된다. 이러한 에너지 전달은 물질 표면 주위의 궤도에서 전자를 이탈시킬 수 있다. 전자를 잃으면 감광성(photosensitive 또는 light-sensitive) 물질이 양전하를 띠고 전기력이 생성된다.

이 현상을 광전 효과라고 하며 광전 셀, 광전지, 광학 커플러 및 텔레비전 카메라 튜브와 같은 전자 분야에서 광범위하게 응용된다. 광전 효과의 세 가지 용도를 아래에 나타내었다.

- 광전지: 함께 결합된 두 판 중 하나의 빛 에너지로 인해 한 판이 다른 판으로 전자를 방출한다. 플레이트는 배터리처럼 반대 전하를 축적한다.
- 광전자 방출: 광선의 광자 에너지는 표면이 진공관에서 전자를 방출하도록 할 수 있다. 그런 다음 플레이트(판)가 전자를 수집한다.
- 광전도: 일반적으로 열악한 전도체인 일부 재료에 적용되는 빛 에너지는 재료에서 자유전자를 생성하여 더 나은 전도체가 되도록 한다.

e. **화학적 작용**(chemical action)—배터리 셀에서 화학반응에 의해 생성된 전압. 예를 들어 화학반응이 양극 및 음극 단자 역할을 하는 두 개의 서로 다른 금속에 반대 전하를 생성하고 유지하는 화학전지가 있다. 금속은 전해질 용액과 접촉한다. 이러한 셀 하나 이상을 함께 연결하면 배터리가 만들어진다.

f. **자성**(magnetism)—도체가 자기장 내에서 움직일 때, 또는 자기장이 도체를 쇄교하는 자속의 변화가 있을 때 도체에 전압이 만들어진다. 발전기는 이러한 **자기유도**의 원리를 이용하여 기계적 에너지를 전기적 에너지로 변환하는 기계이다. 이것은 방대한 양의 전력을 생산하는 데 가장 유용하고 널리 사용되는 응용 중의 하나이다.

g. **열이온 방출**(thermionic emission)—열이온 에너지 변환기는 진공 중에서 서로 가까이 배치된 두 개의 전극으로 구성된 장치이다. 한 전극은 일반적으로 음극

[캐소드(cathode) 또는 이미터(emitter)]이라고 하고, 다른 전극은 양극[애노드 (anode) 또는 플레이트(plate)]이라고 한다. 보통 음극의 전자는 퍼텐셜 에너지장 벽에 의해 표면에서 빠져나가는 것이 억제된다. 전자가 그 표면에서 멀어지기 시작하면 그에 상응하는 양전하가 유도되어 표면으로 다시 끌어당기는 경향이 있기 때문이다. 전자는 탈출하기 위해 어떻게든 이 에너지장벽을 극복할 수 있는 충분한 에너지를 얻어야 한다. 상온에서는 거의 모든 전자가 탈출할 정도의 충분한 에너지를 얻을 수 없다. 그러나 음극이 매우 뜨거워지면 열 운동에 의해 전자의 에너지가 크게 증가하여, 충분히 높은 온도에서는 상당한 수의 전자가 탈출할 수 있다. 이렇게 뜨거운 표면에서 전자가 방출되는 것을 **열전자 방출**이라고 한다.

뜨거운 음극에서 탈출한 전자는 공간전하라고 하는 음전하 구름을 형성한다. 배터리에 의해 플레이트가 음극에 대해 양극으로 유지되면 음전하 구름의 전자가 양극으로 끌려들게 된다. 전극 사이의 전위차가 유지되는 한 음극에서 양극으로 일정한 전류가 흐른다.

열전자 장치의 가장 간단한 예는 애노드와 캐소드를 가진 진공관 다이오드 (vacuum tube diode)이다. 다이오드는 교류(AC) 전류를 맥동하는 직류(DC) 전류로 변환하는 데 사용할 수 있다.

이 책에서 신재생에너지 생산과 관련된 기본적인 전기는 자기(예: 수력발전으로 구동되는 발전기), 광(태양전지에서 생성되는 광전기), 화학(배터리에서 전기로 변환된 화학 에너지)에 의해 전압을 발생시키는 것에 관련되어 있다. 앞서 정전기에서 설명된 마찰은 실제 응용 분야가 거의 없다. 압력과 열은 유용하게 활용될 수 있지만 이 책에서는 고려할 필요가 없다. 발전기에 사용되는 자성, 태양광으로 생산되는 전기와 배터리에 전기를 저장하는 것과 관련된 화학작용은 앞에서 언급한 바와 같이 전압의 주요 발생원이며, 이 책에서 자세히 설명한다.

전류

전자의 움직임이나 흐름을 **전류**라고 한다. 전류를 발생시키려면 전위차 또는 전압에 의해 전자가 움직여야 한다.

주: 전류, 전류 흐름, 전자 흐름, 전자 전류 등의 용어는 동일한 현상을 설명하는 데 사용될 수 있다. 전기회로에서 전자의 흐름인 전류는 낮은 음전위 영역에서 더 높은 양전위 영역으로, 즉 음전위에서 양전위로 흐른다.

주: 전류는 문자 I로 표시된다. 전류를 측정하는 기본 단위는 **암페어**(ampere, amp 또는 A)이다. 1암페어의 전류는 1초 동안 도체의 어떤 지점을 지나는 1쿨롱의 이동으

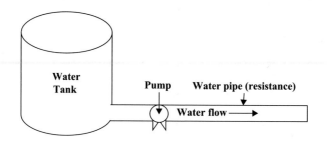

그림 3.13 물 비유: 전류 흐름

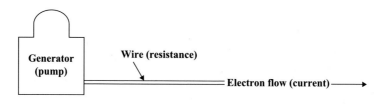

그림 3.14 전류 흐름이 있는 간단한 전기회로

로 정의된다.

앞에서 전위차의 이해를 돕기 위하여 물 비유를 사용했다. 여기서 우리는 또한 간단한 전기회로를 통한 전류 흐름을 이해하는 데 도움을 주기 위하여 물 비유를 사용할 수 있다. 그림 3.13과 같이 배수 파이프를 통해 펌프와 연결된 물탱크를 고려하자. 물탱크에 펌프로 연결되는 파이프 높이보다 많은 양의 물이 들어 있으면 물이 펌프에 압력(퍼텐셜 차이)을 가한다. 펌프로 양수할 수 있는 물이 충분할 때 물은 펌프와 파이프의 저항에 반하여 파이프를 통해 흐른다. 이런 원리적 비유로서, 전기회로에서 전위차가 존재하면 전류가 회로에 흐르게 된다.

이 비유를 보는 또 다른 간단한 방법은 물탱크는 발전기로, 파이프는 도체(전선)로, 물 흐름은 전류 흐름으로 대체된 그림 3.13을 고려하는 것이다.

다시 말하면, 그림 3.13과 3.14에서 설명하는 요점은 전류를 생성하려면 전자가 전위차에 의해 이동해야 한다는 것이다.

전류는 일반적으로 두 가지 유형으로 분류된다.

- 직류(direct current, dc)
- 교류(alternating current, ac)

직류는 도체나 회로를 통해 한 방향으로만 흐르는 전류이다. **교류**는 주기적으로 방향을 바꾸는 전류이다.

저항

앞서 자유전자, 즉 전류는 구리와 같은 양호한 전도체를 통해 쉽게 이동할 수 있지만 유리와 같은 절연체는 전류 흐름에 장애가 된다는 점을 설명했다. 그림 3.13에 표시된 물비유와 그림 3.14에 표시된 간단한 전기회로에서 저항(resistance)은 파이프 또는 도체로 표시된다.

모든 물질은 그것을 통과하는 전류의 흐름에 약간의 저항 또는 반발이 일어난다. 구리, 은, 알루미늄 같은 우수한 도체는 저항이 거의 없다. 유리, 목재, 종이와 같은 열악한 전도체 또는 절연체는 전류 흐름에 대한 높은 저항이 발생한다.

주: 주어진 회로에 흐르는 전류의 양은 전압과 저항이라는 두 가지 요인에 따라 달라진다.

주: 저항은 문자 R로 표시된다. 저항 측정의 기본 단위는 **옴**(Ω)이다. 1옴은 1볼트의 기전력(emf)이 회로에 적용될 때 1암페어(초당 1쿨롱)의 전류가 흐르도록 하는 회로 요소 또는 회로의 저항이다. 일정량의 저항을 포함하여 제조된 회로 부품을 **저항기**(resistor)라고 한다.

전기회로에서 전선의 크기와 타입(형태)은 전기 저항이 가능한 한 낮게 유지되도록 선택된다. 이러한 방식으로 그림 3.13에서 물이 탱크 사이의 파이프를 통해 흐르는 것처럼 전류가 전도체를 통해 쉽게 흐를 수 있다. 수압이 일정하게 유지되면 파이프의 물 흐름은 밸브가 얼마나 열려 있는지에 따라 달라진다. 개구부가 작을수록 흐름에 대한 저항이 커지고 흐름 속도(초당 갤런)가 낮아진다.

그림 3.14에 표시된 전기회로에서 전선의 직경이 클수록 전선을 통과하는 전류 흐름에 대한 전기 저항이 작아진다. 물의 비유에서 파이프 마찰은 탱크 사이의 물 흐름에 반대된다. 이 마찰은 전기 저항과 유사하다. 파이프를 통과하는 물의 흐름에 대한 파이프의 저항은 (1) 파이프의 길이, (2) 파이프의 직경, (3) 내부 벽의 특성(거칠거나 매끄러움)에 따라 달라진다. 마찬가지로 전도체의 전기 저항은 (1) 전선의 길이, (2) 전선의 직경, (3) 전선의 재질(구리, 은 등)에 따라 달라진다.

온도도 전기 전도체의 저항에 영향을 미친다는 점을 알아 두어야 한다. 대부분의 도체(구리, 알루미늄 등)에서 저항은 온도에 따라 증가한다. 탄소는 예외이다. 탄소는 온도가 증가함에 따라 저항이 감소한다.

중요사항: 전기는 반대의 관점에서 자주 설명되는 학문이다. 저항과 정확히 반대되는 용어는 **컨덕턴스**(conductance)이다. 컨덕턴스(G)는 물질이 전자를 통과시키는 능력

이다. SI 단위계에서 컨덕턴스의 단위는 지멘스(siemens)이다. 일반적으로 사용되는 컨덕턴스 단위는 **모**(mho)이며, 기호는 옴을 거꾸로 한 모양(℧)이다. 저항과 컨덕턴스는 역수의 관계이다. 숫자의 역수는 숫자를 1로 나누어 구한다. 재료의 저항을 알고 있는 경우 그 값으로 1을 나누면 컨덕턴스를 구할 수 있다. 마찬가지로 컨덕턴스를 아는 경우 이 값으로 1을 나누면 저항을 구할 수 있다.

전자기 | Electromagnetism

앞서 단순 자석과 자기에 관한 기초 이론을 제시하였다. 이러한 논의는 주로 전기와 직접적으로 관련이 없는 자성의 형태(예: 영구자석)를 다루었다. 또한, 예를 들어 자기를 이용하여 전기를 생산하는 것과 같이 전기와 직접적인 관련이 있는 자기 형태에 대해서도 간략하게 언급했다.

의학에서 해부학과 생리학은 매우 밀접하게 관련되어 있어서 의대생은 이 중 하나를 포함하지 않고는 하나를 깊게 공부할 수 없다. 비슷한 관계가 전기장에도 적용된다. 즉, 자기와 기본 전기는 너무 밀접하게 관련되어 있어서 다른 하나를 포함하지 않고는 하나를 깊게 연구할 수 없다. 이 긴밀한 근본적인 관계는 발전기, 변압기, 배터리 팩 및 모터 연구에서 지속해서 입증된다. 전기에 능숙해지려면 다음과 같이 자기와 전기 사이에 존재하는 일반적인 관계에 익숙해져야 한다.

a. 전류 흐름은 항상 어떤 형태의 자기를 생성한다.
b. 자성은 전기를 생산하거나 사용하는 데 가장 일반적으로 사용되는 수단이다.
c. 특정 조건에서 전기의 독특한 동작은 자기적 영향으로 인해 발생한다.

단일 도체 주변의 자기장

1819년 덴마크 과학자 한스 크리스티안 외르스테드(Hans Christian Oersted)는 전류가 흐르는 단일 도체 주위에 자기장이 존재한다는 사실을 발견했다. 그림 3.15에서 전선이 카드보드(판지) 조각을 통과하고 스위치를 통해 건전지에 연결된다. 스위치가 열린 상태에서(전류가 흐르지 않음) 카드보드에 철가루를 뿌린 다음 가볍게 두드리면 철가루가 아무렇게나 떨어진다. 이제 스위치를 닫으면 전선에 전류가 흐르기 시작한다. 판지를 다시 두드리면 전선에 흐르는 전류의 자기 효과로 인해 철가루는 전선을 중심으로 하는 명확한 동심원 패턴으로 되돌아간다. 그림 3.16과 같이 전선의 모든 부분에는 전선에 수직인 평면 주변에 이 힘의 자계가 존재한다.

철가루를 끌어당기는 자기장의 능력은 존재하는 자력선의 수에 따라 달라진다. 전류

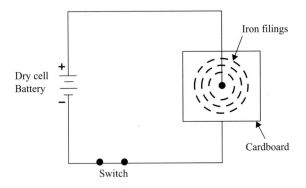

그림 3.15 전류가 흐르는 전선 주위에는 원형 자기력 패턴이 존재한다.

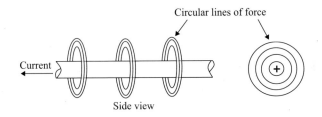

그림 3.16 전류가 흐르는 전선 주위의 원형 힘장은 전선에 수직인 평면에 있다.

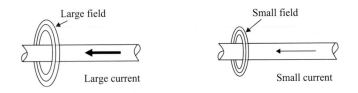

그림 3.17 전류가 흐르는 전선 주위의 자기장의 세기는 전류의 양에 따라 달라진다.

가 흐르는 전선 주변의 자기장의 세기는 전류에 따라 달라진다. 왜냐하면 전류가 자기장을 생성하기 때문이다. 전류가 클수록 자기장의 강도가 세진다. 그림 3.17에 표시된 것처럼 큰 전류는 도선에서 멀리까지 확장되는 많은 힘선을 생성하는 반면 작은 전류는 도선에 가까운 몇 개의 힘선만 생성하게 된다.

단일 컨덕터의 극성

도체 주위의 자기력선 방향과 도체를 따라 흐르는 전류의 방향 사이의 관계는 **도체에 대한 오른손 법칙**(right-hand rule for a conductor)으로 결정될 수 있다. 엄지손가락을 전자 흐름 방향(−에서 +)으로 뻗은 상태에서 오른손으로 도체를 잡으면 손가락은 자

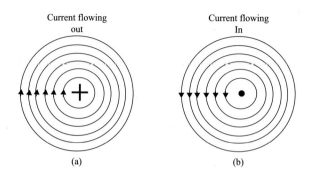

그림 3.18 (a 및 b) 전류가 흐르는 도체 주변의 자기장

력선의 방향을 가리킬 것이다. 이것은 나침반을 자기장 안에 놓았을 때 나침반의 북극이 가리키는 방향과 같다.

중요사항: 화살표는 일반적으로 전선 길이에 따른 전류 흐름의 방향을 나타내기 위해 전기 다이어그램에 사용된다. 전선 단면이 표시되는 경우 화살의 특수한 표시가 그림 3.18과 같이 사용된다. 여기서 우리가 볼 때 밖으로 나오는 전류의 방향은 점(dot)으로 표시되며, 화살의 머리 부분으로 표현되어 있다. 그림 3.18b는 관찰자로부터 전류가 멀어지는 방향, 책의 안쪽으로 흐르는 전류 방향을 가지는 도체를 나타낸다. 이 전류의 방향은 십자가(cross)로 표시되며, 화살의 꼬리 부분을 나타낸다.

두 개의 병렬 도체 주변의 자기장

두 개의 병렬 도체가 같은 방향으로 전류를 전달할 때, 자기장은 그림 3.19a에 나타낸 것처럼 인력에 의해 두 도체를 모두 끌어당기는 경향이 있다. 그림 3.19b는 두 개의 병렬 도체가 서로 다른 방향의 전류가 흐를 때의 상황을 나타낸 것이다. 이 경우 서로 다른 방향의 자기장이 만들어지며, 두 도체 간의 서로 밀어내는 힘이 발생한다. 따라서 같은 방향으로 전류가 흐르는 두 개의 평행한 도체는 서로 끌어당기고, 반대 방향으로 전류가 흐르는 두 개의 평행한 도체는 서로 밀어낸다.

코일의 자기장

전류가 흐르는 도선 주변의 자기장은 길이 방향의 모든 부분에 존재한다. 전류가 흐르는 전선을 단일 루프 형태로 구부리면 두 가지 결과가 나타난다. 첫째, 자기장은 전선에 수직인 평면에서 더 조밀한 동심원으로 구성되어 있지만(그림 3.18 참조) 총 라인의 수는 직선 도체의 경우와 동일하다. 둘째, 루프 내부의 모든 자속선은 같은 방향이다. 그림 3.20과 같이 이 직선의 전선을 코어에 감으면 코일이 되고 자기장의 모양이 달라진

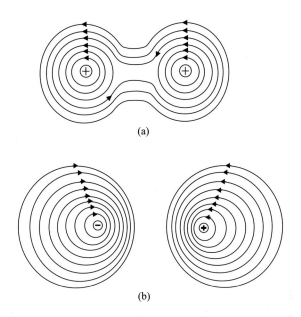

(a)

(b)

그림 3.19 두 개의 평행 도체 주변의 자기장. (a) 같은 방향으로 흐르는 전류. (b) 반대 방향으로 흐르는 전류

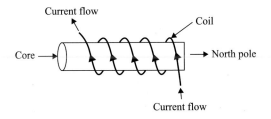

그림 3.20 전류가 흐르는 코일

다. 코일 도체를 통해 전류가 흐를 때 전선의 각 권선의 자기장은 인접한 권선의 자기장과 쇄교한다. 모든 코일의 권선에서 만들어지는 결합된 자기장은 단순한 막대자석의 경우와 유사한 2극의 자기장을 생성한다. 코일의 한쪽 끝은 N극이 되고 다른 한쪽 끝은 S극이 된다.

전자기 코일의 극성

그림 3.18에서 직선 도체 주변의 자기장의 방향은 해당 도체를 통과하는 전류 흐름의 방향에 따라 달라짐을 보여 준다. 따라서 도체를 통과하는 전류 흐름이 역전되면, 생성되는 자기장 방향도 역전된다. 코일을 통과하는 전류 흐름의 역전은 또한 2극 자기장의

역전을 일으킨다. 이는 자기장이 코일의 와이어 턴수의 결합에 의해 만들어지기 때문이다. 따라서 각 턴의 자기장이 반전되면 전체 자기장(코일의 자기장)도 반전된다.

코일을 통과하는 전자 흐름의 방향을 알면 **코일의 왼손 법칙**(left-hand rule for coils)을 사용하여 극성을 결정할 수 있다. 그림 3.20은 이 법칙을 나타낸 것으로, 왼손으로 코일을 잡고 손가락을 전자 흐름 방향으로 감싸면 엄지손가락은 북극을 가리킨다.

전자기장의 강도

코일에 의해 만들어지는 자기장의 세기 또는 강도는 아래와 같은 여러 요인에 따라 달라진다.

- 도체의 **턴수**
- 코일을 통해 흐르는 **전류의 크기**
- **코일의 폭에 대한 길이의 비율**
- **철심(코어) 재료의 종류**

자기적 단위

자기회로에서 자속이 흐르는 법칙은 전기회로에서의 전류 흐름과 유사하다.

자속 ϕ(파이)는 옴의 법칙의 전류와 유사하며, 자기회로에 존재하는 자속선의 총합이다. **맥스웰**(maxwell)은 자속의 단위이다. 즉, 자속선 1선은 1 maxwell과 같다.

주: 맥스웰은 종종 단순히 힘의 선, 유도선 또는 선으로 언급된다.

전선 코일에 의해 만들어진 자기장의 **강도**는 코일의 권선에 흐르는 전류의 크기에 따라 달라진다. 전류가 클수록 자기장이 강해진다. 또한 턴수가 많을수록 자기장이 강해진다. 자기회로에서 자속을 생성하는 **힘**— 옴의 법칙에서 기전력(electromotive force)과 유사 —은 **기자력**(magnetomotive force) 또는 mmf라고 부른다. 기자력의 실제 단위는 **암페어턴**(ampere-turn) 또는 At이다. 아래 식에서

$$F = ampere\text{-}turns = NI \tag{3.4}$$

여기서

F = 기자력, At

N = 턴수

I = 전류, A

예제 3.5

문제:

2,000턴 감은 코일과 5 mA 전류의 암페어턴을 계산하라.

풀이:

식 (3.4)를 사용하여 N = 2,000 및 I = 5 × 10^{-3} A로 대체한다.

$$NI = 2,000(5 \times 10^{-3}) = 10 \text{ At}$$

단위길이당 자계강도의 단위는 H로 지정되며, 때로는 길이 센티미터당 길버트(gilbert)로 표시된다. 식으로 표현하면

$$H = \frac{NI}{L} \qquad\qquad (3.5)$$

여기서

H = 자계강도, 미터당 암페어턴(At/m)

NI = 암페어턴, At

L = 코일의 자극 사이의 길이, m

주: 식 (3.5)는 솔레노이드에 대한 것이고, 이때 H는 공심의 자계강도이다. 철심이 있는 경우 H는 전체 코어를 통하는 자계강도이고, L은 철심의 극 사이의 길이 또는 거리이다.

자성체의 성질

이 장에서는 자성 재료의 두 가지 중요한 성질인 투자율(permeability)과 히스테리시스(hysteresis)에 관해 설명한다.

투자율

전자석의 코어(core)가 어닐링(annealing)된 강판으로 만들어지면 주철 코어를 사용하는 경우보다 더 강한 자석이 만들어진다. 어닐링된 강판이 경질 주철보다 코일의 자화력에 의해 더 쉽게 작용하기 때문이다. 간단히 말해서 연강판(soft sheet steel)은 자력선이 더 쉽게 형성되기 때문에 **투자율(permeability)**이 매우 크다고 한다.

투자율은 물질이 자기력선을 전도하는 상대적 용이성임을 기억하기 바란다. 공기의 투자율은 잠정적으로 1로 설정한다. 다른 물질의 비투자율은 공기와 비교하여 자력선을 전달하는 능력의 비율이다. 알루미늄, 구리, 나무, 황동과 같은 비자성 재료의 비투자율은 본질적으로 1이거나 공기와 동일하다.

중요사항: 자성 재료의 투자율은 자화 정도에 따라 달라지며 자속밀도가 높을수록 작아진다. 재료의 자속 생성에 반대되는 저항의 개념인 **자기저항**(reluctance)은 투자율에 반비례한다. 철은 투자율이 높으므로 자기저항이 작고, 공기는 투자율이 낮으므로 자기저항이 크다.

히스테리시스

전선 코일의 전류가 초당 수천 번 역전되면 상당한 에너지 손실이 발생할 수 있다. 이 에너지 손실은 **히스테리시스**(hysteresis)로 인해 발생한다. 히스테리시스는 '뒤처짐'을 의미한다. 즉, 철심의 자속은 자화력의 증가 또는 감소보다 뒤처진다. 히스테리시스의 특성을 설명하는 가장 간단한 방법은 그림 3.21에 나타낸 히스테리시스 루프 같은 그래픽적인 방법을 사용하는 것이다.

히스테리시스 루프는 자성 재료의 자기적 특성을 보여 주는 일련의 곡선이다. 반대 방향의 전류는 각각 자계강도 +H와 −H를 만들어 낸다. 유사하게, 자속밀도에 대해서도 반대 극성이 +B 및 −B로 표시된다. 재료가 자화되지 않았을 때 전류는 중심 영(0)에서 시작된다. 양의 H 값을 증가시키면 B를 $+B_{max}$의 자기포화 상태로 만들게 된다. 그 후에 H는 영(0)으로 감소하지만 B는 히스테리시스 때문에 B까지 감소한다. 전류가 반대 방향으로 흘러서 H도 반대로 음수가 되어 B는 0으로 떨어지고 계속해서 $-B_{max}$까지 증가한다. 이후에 −H 값이 감소함에 따라 H가 0이 될 때 B는 −B로 감소한다. 이제 전류의 양의 방향의 스윙으로 H가 다시 양의 방향이 되어 $+B_{max}$에서 다시 자기포화 상태가 된다. 이제 히스테리시스 루프가 완료되었다. 히스테리시스 곡선에서 히스테리시스 특성 때문에 H가 영(0)인 곡선의 중심에서 B 값이 영(0)으로 되지 않는다.

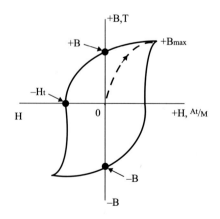

그림 3.21 히스테리시스 루프

전자석

전자석(electromagnet)은 높은 투자율과 낮은 히스테리시스를 위해 일반적으로 연철인 코어에 코일을 감아서 만든다. 직류 전류가 코일을 통해 흐르면 코어는 코어가 없는 코일에서 만들어지는 극성과 동일한 극성으로 자화된다. 전류가 역전되면 코일과 코어의 극성이 역전된다.

전자석은 자기 마음대로 '켜거나' '끌' 수가 있으므로 전기에서 매우 중요하다. 자동차와 파워 보트의 스타터 솔레노이드(전자석)가 좋은 예이다. 자동차나 보트에서 전자석은 엔진 시동을 위해 필요한 매우 높은 전압을 생성하는 유도코일에 배터리를 연결하는 릴레이의 부품이다. 스타터 솔레노이드는 이 고전압을 점화스위치에서 분리한다. 코일에 전류가 흐르지 않을 때는 '공심'이지만 코일에 전류가 흐르면 가동식 연철심은 두 가지 일을 한다. 첫째, 연철심은 공심보다 투자율이 높으므로 자속이 증가한다. 둘째, 자속이 더욱 높게 집중되어 있다. 코일에 전류가 흐를 때 연철 코어에 자력선이 집중되어 있어 매우 우수한 전자석이 된다. 그러나 연철은 전류가 차단되면 빠르게 자성을 잃는다. 물론 연철의 효과는 일부 솔레노이드처럼 이동이 가능하든, 코일에 영구적으로 설치되든 동일하다. 전자석은 기본적으로 코일과 코어로 구성된다. 코일에 전류가 흐르면 전자석이 된다.

자기력의 동작을 제어하는 능력을 갖춘 전자석은 많은 회로 응용 분야에서 매우 유용하게 활용된다. 이 책 전체에서 전자석의 많은 응용 분야에 관해 설명할 것이다.

한 마디 더 One More Word

이 장은 전기자동차(EV)의 과학을 이해하는 데 필요한 기초를 다지기 위해 기술되었다. 이 장에서 다룬 내용의 수준이 숙련된 전기 기술자나 차량 역학 엔지니어에게 적합하지는 않지만 다음 장에서 설명하게 될 차량의 동작이나 차량 역학의 이해를 돕기 위해 마련하였다.

4 배터리 공급 전기
Battery-Supplied Electricity

배터리로 공급되는 직류(DC) 전기는 많은 응용 분야가 있으며 가정, 상업 및 산업 운영에 널리 사용되고 차량의 기동, 조명, 점화에도 일반적으로 사용된다. 차량에서의 응용 외에도 배터리 공급 시스템의 다른 잘 알려진 응용에는 산업용 차량 및 비상 디젤 발전기, 자재 취급 장비(지게차), 휴대용 전기/전자 장비, 라이트 팩용 백업 비상 전원에 전기 에너지를 제공하는 것이 포함된다. 위험경고 신호등 및 손전등, 대기전원 공급 장치 또는 컴퓨터 시스템용 무정전 전원공급장치(UPS)로 사용된다. 어떤 경우에는 유일한 전원 공급원으로 사용되는 반면, 다른 경우에는(위에서 언급한 바와 같이) 보조 또는 대기전원 공급장치(standby power supply)로 사용된다. 또한 재생에너지 응용 분야에서 배터리는 전기 에너지를 저장하는 데 사용된다. 배터리 팩은 태양광 전기시스템에서 생산된 전기를 저장한다. 오늘날 배터리는 일반적으로 플러그인 **배터리전기자동차**(battery electric vehicle, **BEV**) 및 **하이브리드전기자동차**(hybrid electric vehicle, **HEV**)의 충전식 에너지저장 시스템과 같은 특수 응용 분야에 사용된다. 배터리는 풍력-하이브리드 시스템에서 과도한 풍력에너지를 저장한 다음, 풍력이 전기 부하를 충족시킬 만큼의 충분한 전력을 생성할 수 없을 때 보충 에너지를 제공하는 데 종종 활용된다. 배터리는 도로변의 태양광 충전 시스템에도 사용된다. 즉, 비실용적이고 비용이 많이 드는 전력케이블을 설치하기보다는 태양에너지와 배터리를 이용하여 일부 유형의 전기 신호 장치, 내비게이션 부표 또는 기타 원격 응용 프로그램(예: 비상전화 등)에 전력을 공급하는 배터리 팩을 충전하는 데 사용된다.

이 책에서 우리의 주요 초점은 충전식이며 BEV 또는 HEV의 전기 모터에 전력을 공급하는 데 사용되는 **전기자동차 배터리**(electric vehicle battery, **EVB**)[**트랙션(견인)배터리**(traction battery)라고도 함] 시스템에 있다. 이러한 EVB는 높은 전하(일명 에너지) 용량을 위해 설계된 일반적으로 **리튬이온 배터리**(lithium-ion battery)이다. EVB는 이 장에서 자세히 설명될 것이다. 이 책은 과학 서적이므로 모든 유형의 배터리를 적절하게 소개하기 위해 배터리의 기본 사항부터 시작하여, 현재 사용이 가능한 EVB에 대한 논의를 단계별로 진행하고자 한다.

기본 배터리 용어 Basic Battery Terminology

- 볼타전지는 화학 에너지를 전기 에너지로 변환하는 데 사용되는 재료의 조합으로 이루어진다.
- 배터리는 연결된 두 개 이상의 볼타 셀의 그룹이다.
- 전극은 풍부한 전자(음극) 또는 풍부한 양전하(양극)를 갖는 금속화합물 또는 금속이다.
- 전해질은 전류를 전도할 수 있는 용액이다.
- 비중은 어떤 액체의 무게와 같은 양의 물의 무게를 비교한 비율로 정의된다.
- 암페어-시(ampere-hour)는 1시간 동안 흐르는 1암페어의 전류로 정의된다.
- 외부 회로는 볼타전지의 전극 사이에서 전자의 흐름을 전도하는 데 사용되며 일반적으로 부하를 포함한다.

배터리 특성 Battery Characteristics

배터리는 일반적으로 다양한 특성에 따라 분류된다. 내부저항, 비중, 용량, 보관수명(저장수명), 방전율(C-rate), MPV, 중량 에너지 밀도, 체적 에너지 밀도, 정전압 전하, 정전류 전하 및 특정 전력과 같은 매개변수를 사용하여 동작과 타입에 대한 배터리를 분류하고 설명한다.

　　내부저항(internal resistance)과 관련하여 배터리는 DC전압 발생기라는 점을 염두에 두는 것이 중요하다. 이와 같이 배터리에는 내부저항 또는 등가직렬저항(equivalent series resistance, ESR)이 있다. 화학전지에서 전극 사이의 전해질의 저항이 내부저항 대부분을 차지한다. 배터리의 모든 전류는 내부저항을 통해 흐르기 때문에 이 저항은 생성된 전압과 직렬로 연결된다. 전류가 없으면 저항 양단의 전압강하는 0이므로 전체 생성 전압이 출력 단자 양단에서 발생한다. 이것은 개방회로 전압 또는 무부하 전압이다. 부하 저항이 배터리 양단에 연결되면 부하 저항은 내부저항과 직렬로 연결된다. 이 회로에 전류가 흐르면 내부 전압강하가 배터리의 단자 전압을 감소시킨다.

　　같은 부피의 물의 무게에 대한 일정 부피의 액체 무게의 비율을 액체의 **비중**(specific gravity)이라고 한다. 순수한 황산은 단위부피당 무게가 물의 1.835배이므로 비중은 1.835이다. 황산과 물의 혼합물의 비중은 용액의 강도에 따라 1.000에서 1.830까지 다양하다.

　　완전히 충전된 새 배터리인 납축전지의 전해액 비중은 1.210~1.300이다. 비중이 높을수록 셀의 내부저항이 작아지고 공급 가능한 부하 전류가 크다. 전지가 방전됨에 따라 형성된 물은 산을 희석시켜 비중은 점차 약 1.150으로 감소하며, 이때 전지는 완전히 방전된 것으로 간주된다.

전해질의 비중은 상단에 압축성 고무전구, 유리통 및 유리통 하단에 고무호스가 있는 **비중계**(hydrometer)로 측정된다. 비중계로 판독할 때 일반적으로 소수점은 생략된다. 예를 들어 비중이 1.260이면 단순히 '12-60'으로 읽는다. 1,210~1,300의 비중계 수치는 완전충전을 나타낸다. 약 1,250은 절반충전이고, 1,150~1,200은 완전방전이다.

배터리 **용량**(capacity)은 Ah(암페어-시 또는 암페어-아워)로 측정된다. 암페어-시 용량은 암페어 단위의 전류와 배터리가 이 전류를 공급하는 시간의 곱으로 구할 수 있으며, 배터리 전압이 수명종료시점(the end-of-life point)에 도달하기 전의 1시간 동안 배터리가 전달할 수 있는 전류의 양으로 정의된다. 즉, 1 Ah는 1시간 동안 꾸준히 1 A를 공급하거나, 30분 동안 꾸준히 2 A를 공급하는 것과 같다. 일반적인 12 V 시스템의 배터리 용량은 800 Ah의 용량을 가진다. 이 배터리는 완전히 충전된 상태에서 완전히 방전될 때까지 8시간 동안 100 A를 소모할 수 있다. 이것은 8시간 동안의 1,200 W에 해당한다(와트 단위 전력 = 암페어 × 볼트). 암페어-시의 용량은 방전전류에 반비례하며 변화한다. 암페어-시의 용량은 보통 배터리 셀의 크기에 따라 결정된다.

배터리의 저장용량은 주어진 방전율에서 얼마나 오래 동작할 것인지를 결정하며 많은 요인에 따라 달라진다. 가장 중요한 요인은 다음과 같다.

- 전해질과 접촉하는 플레이트의 면적
- 전해질의 양 및 비중
- 분리막의 유형
- 배터리의 일반적인 상태(황화 정도, 플레이트가 휘어짐, 분리막이 뒤틀림, 셀 바닥의 침전물 등)
- 최종 제한 전압(final limiting voltage)

배터리 셀의 **보관수명**(shelf life)은 원래 용량의 약 10% 이상 손실되지 않고 셀을 저장할 수 있는 기간이다. 저장된 배터리 셀의 용량 손실은 주로 습식 셀에서 전해질의 건조와 셀 내부의 물질을 변화시키는 화학 작용으로 인해 발생한다. 배터리를 서늘하고 건조한 곳에 보관하면 배터리의 보관수명을 연장할 수 있다.

방전율은 배터리 셀의 암페어-시 등급과 수치적으로 동일한 전류이며, 충방전율이라고도 한다. 충전 및 방전 전류는 일반적으로 방전율의 배수로 표현된다.

MPV(mid-point voltage, 중간전압)는 셀의 공칭 전압이며, 배터리가 총 에너지의

50%를 방전했을 때 측정되는 전압이다.

배터리의 **중량 에너지 밀도**(gravimetric energy density)는 중량(무게)당 배터리에 포함된 에너지의 양을 측정하는 단위이다.

배터리의 **체적 에너지 밀도**(volumetric energy density)는 배터리의 체적(부피)당 얼마나 많은 에너지가 포함되어 있는지의 측정 단위이다.

정전압 충전기(constant voltage charger)는 배터리 전압을 고정된 값으로 만들기에 충분한 전류 공급 능력을 가진 배터리 재충전 회로이다.

정전류 충전기(constant current charger)는 배터리 전압에 상관없이 임의의 고정된 전류를 공급하기 위한 충전 회로이다.

비전력(specific power)은 킬로그램당 킬로와트(일반적으로 kW/kg로 측정되는 중량 대비 전력의 비율을 나타낸다.

볼타전지 Voltaic Cell

가장 단순한 전지(화학 에너지를 전기 에너지로 변환하는 전기화학장치)는 **볼타**(갈바니) 전지로 알려져 있다(그림 4.1 참조). 이는 물(H_2O)과 황산(H_2SO_4) 용액이 담긴 용기에 탄소(C) 조각과 아연(Zn) 조각이 매달려 있는 것으로 구성된다.

주: 간단한 셀은 **전해질**(electrolyte)을 담는 용기에 놓인 두 개의 스트립 또는 **전극**(electrode)으로 구성된다. 두 개 이상의 셀이 연결되면 배터리가 형성된다.

전극은 전류가 전해질을 떠나거나 전해질로 되돌아가는 전도체이다. 위에서 설명한 단순 배터리 셀에서 이들은 전해질에 배치된 탄소 및 아연 스트립이다. 아연은 음전하

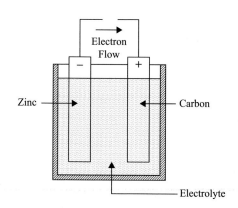

그림 4.1 간단한 볼타전지의 구조

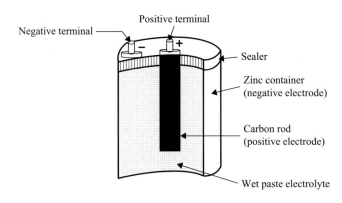

그림 4.2 건전지(단면도)

를 띤 원자를 많이 포함하고 탄소는 양전하를 띤 원자를 많이 포함한다. 이러한 재료의 판(플레이트)을 전해질에 담그면 둘 사이의 화학적 작용이 시작된다.

건전지(dry cell; 그림 4.2 참조)에서 전극은 중앙의 탄소 막대이고, 아연 용기에 셀이 조립된다.

전해질은 그 안에 배치된 전극에 작용하는 용액이다. 전해질은 염, 산 또는 알칼리 용액일 수 있다. 단순한 볼타전지와 자동차 축전지에서 전해질은 액체 형태지만 건전지(그림 4.2 참조)에서는 전해질이 축축한 페이스트(반죽)이다.

일차전지 및 이차전지 Primary and Secondary Cells

일차전지는 일반적으로 전압이 너무 낮아지면 재충전할 수 없거나 좋은 상태로 되돌릴 수 없는 전지이다. 손전등과 트랜지스터라디오의 건전지는 일차전지의 예이다. 일부 일차전지는 충전이 가능한 상태로 개발되었다.

이차전지는 전지가 전류를 전달할 때 발생하는 화학적 작용에 의해 전극과 전해질이 변경되는 전지이다. 이차전지는 재충전이 가능하다. 충전하는 동안 전기 에너지를 제공하는 화학물질이 원래 상태로 복원된다. 재충전은 방전 방향과 반대 방향으로 전류를 강제로 흘림으로써 이루어진다.

그림 4.3과 같이 연결하면 셀이 충전된다. 일부 배터리 충전기에는 충전 전압과 전류를 나타내는 전압계와 전류계가 포함되어 있다.

이차전지의 가장 일반적인 예는 자동차용 축전지이다.

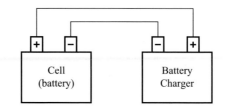

그림 4.3 배터리 충전기로 이차전지를 충전하기 위한 연결

배터리 Battery

앞서 언급한 바와 같이 배터리(전지)는 내부 화학반응의 결과로 발생하는 에너지를 외부 전기회로에 공급할 수 있는 전기화학장치이다. 가장 간단한 용어로 배터리는 양극, 음극, 분리막, 전해질 및 두 개의 전류 수집기(양과 음)로 구성된다. **배터리**는 공동의 컨테이너에 연결된 두 개 이상의 셀로 구성된다. 셀은 배터리에 필요한 전압 및 전류의 양에 따라 직렬, 병렬 또는 직렬과 병렬의 일부 조합으로 연결된다. 배터리의 셀의 연결은 나중에 자세히 설명한다.

배터리의 동작 Battery Operation

배터리 내의 화학반응이 전압을 만들어 낸다. 도체가 전지의 전극에 외부적으로 연결되면, 전극을 가로지르는 전위차의 영향을 받아 전자는 아연(음극)에서 외부 도체를 통해 탄소(양극)로 이동하여 용액 내에서 아연으로 되돌아간다. 짧은 시간이 지나면 아연은 산으로 인해 쇠퇴하기 시작한다.

전극 양단의 전압은 전극을 만드는 재료와 구성물의 조성에 따라 달라진다. 황산과 물의 묽은 용액에서 탄소 전극과 아연 전극 사이의 전위차는 약 1.5 V이다.

일차전지가 전달할 수 있는 전류는 전지 자체의 저항을 포함한 전체 회로의 저항에 따라 달라진다. 일차전지의 내부저항은 전극의 크기, 전극 사이의 거리 및 셀 내부의 저항에 따라 달라진다. 전극이 더 크고 전극이 더 가까이 있을수록(닿지 않고) 일차전지의 내부저항이 낮아지고 부하에 더 많은 전류를 공급할 수 있다.

주: 전류가 셀을 통해 흐르면 아연이 점차 용액에 용해되고 산이 중화된다.

셀의 조립 Combining Cells

많은 동작에서 배터리 구동 장치는 하나의 셀이 제공할 수 있는 것보다 더 많은 전기에너지가 필요할 수 있다. 다양한 장치에는 더 높은 전압 또는 더 많은 전류가 필요할

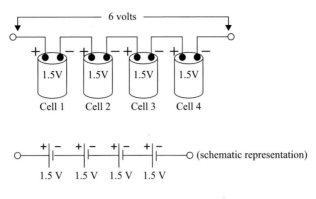

그림 4.4 셀의 직렬연결

수 있으며, 상황에 따라 둘 다 필요할 수 있다. 이러한 조건에서는 더 높은 요구 사항을 충족하기 위해 충분한 수의 셀을 결합하거나 상호 연결해야 한다. 직렬로 연결된 셀은 더 높은 전압을 제공하고 병렬로 연결된 셀은 더 높은 전류 용량을 제공한다. 한 셀의 용량보다 큰 전압과 전류 용량이 요구될 때는 셀의 직렬과 병렬의 네트워크 연결을 통해 요구전력을 공급할 수 있다.

셀이 **직렬**(series)로 연결되면(그림 4.4 참조) 셀 배터리의 총 전압은 각각의 셀 전압의 합과 같다. 그림 4.4에서 직렬로 연결된 네 개의 1.5 V 셀은 총 배터리 전압 6 V를 제공한다. 셀을 직렬로 배치하면 한 셀의 양극 단자가 다른 셀의 음극 단자에 연결된다. 첫 번째 셀의 양극과 마지막 셀의 음극은 배터리의 전력공급 단자 역할을 한다. 이러한 직렬 셀의 배터리를 통해 흐르는 전류는 동일한 전류가 모든 직렬 셀을 통해 흐르므로 하나의 셀의 전류와 크기가 같다.

더 큰 전류를 얻기 위해서는 그림 4.5와 같이 배터리 셀이 **병렬**(parallel)로 연결되어야 한다. 이 병렬연결에서는 모든 양극이 한 줄에 연결되고 모든 음극이 다른 줄에 연결된다. 양극 쪽의 모든 포인트는 배터리의 양극 단자 역할을 할 수 있고, 음극 쪽의 모든 포인트는 음극 단자가 될 수 있다.

그림 4.5와 같이 세 개의 병렬 셀 배터리의 총 출력 전압은 단일 셀의 경우와 같지만, 사용할 수 있는 전류는 한 셀의 세 배가 된다. 즉, 전류 용량이 증가한다.

병렬로 연결된 동일한 셀은 모두 같은 양의 전류를 부하에 공급한다. 예를 들어 210 mA의 부하 전류를 공급하는 세 개의 병렬 셀에서 각 셀은 70 mA를 공급한다.

그림 4.6은 하나의 셀이 제공할 수 있는 것보다 더 큰 전압과 전류를 모두 필요로 하는 부하에 전력을 공급하는 **직렬-병렬**(series-parallel) 배터리 네트워크의 개략도를 보여 준다. 필요한 높은 전압을 공급하기 위해 세 개의 1.5 V 셀 그룹이 직렬로 연결된다.

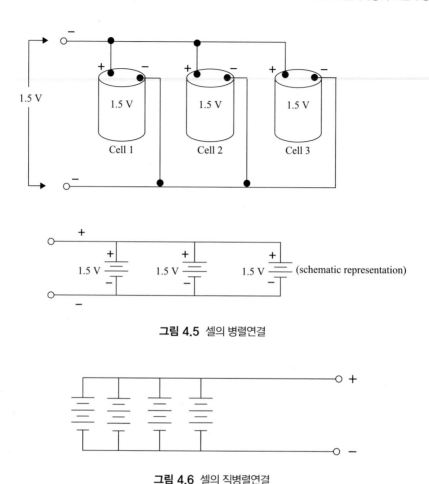

그림 4.5 셀의 병렬연결

그림 4.6 셀의 직병렬연결

필요한 큰 전류를 공급하기 위해 네 개의 직렬 연결된 셀 그룹이 병렬로 연결된다.

배터리의 유형 Types of Batteries

지난 30년 동안 여러 종류의 배터리가 개발되었다. 이 책에서 우리는 건전지와 재생에너지 생성에 적용되는 가역적인 화학반응으로 전기 에너지를 저장하는 데 사용되는 배터리에 대해 간략히 설명한다. 재생에너지원(태양열, 풍력, 수력)은 에너지를 생산하고, 배터리는 재생에너지의 생산이 적거나 없을 때를 대비하여 에너지를 저장한다. 이러한 응용에 사용되고 여기에서 논의될 배터리 유형에는 납축전지, 알칼라인 전지, 니켈-카드뮴, 수은전지, 니켈-금속 수소화물, 리튬이온, 리튬이온 폴리머 배터리가 포함된다. 배터리는 에너지를 생성하지 않는다는 점을 명심하기 바란다. 배터리는 대신 에너지를 저장한다. 대부분의 재생에너지 응용 분야에서 선호되는 배터리 유형은 딥사이클(deep cycle) 배터리이다. 딥사이클 배터리는 배터리가 방전될 때 일정한 전압을 제공하도록 설계되었다. 대조적으로 자동차 기동 배터리는 산발적인 전류 스파이크를 전달하도록 설계되었다. 지게차, 골프 카트, 바닥 청소차 같은 배터리 구동 차량은 일반적으로 딥사이클 배터리를 사용한다. 딥사이클 배터리는 일반 배터리보다 낮은 전류로 충전할 수 있다.

- **건전지**(dry cell)―건전지 또는 탄소아연 전지는 전해질이 액체 상태가 아니기 때문에 이렇게 불린다(그러나 전해질은 축축한 페이스트이다). 건전지는 가장 오래되고 가장 널리 사용되는 상업용 건전지 유형 중 하나이다. 셀 중앙에 배치된 막대 형태의 탄소는 양극 단자이다. 셀의 케이스는 음극 단자인 아연으로 만들어진다 (그림 4.2 참조). 탄소 전극과 아연 케이스 사이에는 축축한 화학 페이스트와 같은 혼합물의 전해질이 있다. 셀은 페이스트의 액체가 증발하는 것을 방지하기 위해 밀봉된다. 이 유형의 셀 전압은 약 1.5 V이다.

- **납축전지**(lead-acid battery)―납축전지(**납산배터리**)는 전기 에너지로 방출될 때까지 화학 에너지를 저장하는 이차전지(보통 축전지 또는 재충전 전지라고 함)이다. 납축전지는 정상적으로 재충전되지 않는 대부분의 일차전지와 달리 재충전이 가능하다. 이름에서 알 수 있듯이 납축전지는 희석된 황산 용액에 담긴 여러 개의 납산(lead acid) 셀로 구성된다. 각 셀에는 두 그룹의 납으로 된 판이 있다. 한 세트는 양극 단자이고 다른 세트는 음극 단자이다. 배터리 내부의 활성 물질(납판 및 황산 전해질)은 전류 소비 장치가 배터리 단자에 연결될 때마다 화학적으로 반응하여 직류 흐름을 생성한다. 이 전류는 판(전극)의 활성 물질과 전해질(황산) 사이의 화학반응에 의해 생성된다. 이러한 유형의 셀은 2 V보다 약간 높은 전압을 생성한다. 대부분의 자동차 배터리에는 직렬로 연결된 여섯 개의 셀이 포함되어 있어 배터리의 출력 전압은 12 V보다 약간 더 높다. 재충전이 가능하다는 장점을 제외하더라도, 축전지는 일반 건전지보다 훨씬 더 오랜 시간 동안 전류를 공급할 수 있다는 장점이 있다. 납축전지는 고전력으로 설계할 수 있고 저렴하며 안전하고 신뢰할 수 있다. 또한 재활용 인프라가 마련되어 있다. 그러나 낮은 비에너지, 열악한 저온 성능, 사용기간(calendar life)과 사이클 수명(cycle life)은 여전히 사용에 장애적 요소가 된다.

    HEV(하이브리드전기자동차)의 애플리케이션을 위해 진보된 고전력 딥사이클 납축전지가 개발되고 있다. 어쨌든 납축전지는 유지보수 비용과 가격이 경제적이라 주거용 태양광 전기시스템에 사용된다.

- **안전 참고 사항:** 납축전지가 충전될 때마다 화학적 작용으로 위험한 수소 가스가 생성된다. 따라서 충전 작업은 환기가 잘 되는 곳에서 이루어져야 한다.
- **알칼라인 전지**(alkaline cell)—알칼라인 전지는 알칼리 전해질인 수산화칼륨에서 이름을 얻은 이차전지이다. '알칼라인 배터리'라고도 하는 또 다른 유형의 배터리에는 아연 음극과 이산화망간 양극이 있다. 1.5 V를 생성한다.
- **니켈카드뮴 전지**(nickel-cadmium cell)—니켈카드뮴 전지 또는 Ni-Cad 전지는 가역적 화학반응을 통해 여러 번 재충전할 수 있는 진정한 축전지인 유일한 건전지이다. 니켈카드뮴 이차 건전지에서 전해액은 수산화칼륨, 음극은 수산화니켈, 양극은 산화카드뮴이다. 동작 전압은 1.25 V이다. 견고한 특성(충격, 진동 및 온도 변화에 잘 견딤)과 다양한 모양과 크기의 가용성으로 인해 휴대용 통신 장비에 전원을 공급하는 용도로 사용하기에 이상적이다. Ni-Cad 배터리는 매우 비싸다. 또한 많은 소비자용 전자제품에 사용되는 니켈카드뮴 배터리는 납축전지보다 비에너지가 높고 수명주기가 더 길지만 효율이 낮고(65~80%) 충분한 전력을 공급하지 못하여 고려되지 않고 있다. 하이브리드전기자동차(HEV) 분야의 활용에 있어 카드뮴은 독성이 있고 폐기 비용이 매우 많이 드는 중금속이므로 적용하는 것이 바람직하지 않다(NREL, 2009).
- **수은전지**(mercury cell)—수은전지는 우주 탐사 활동, 소형 송수신기의 개발 및 소형화된 전원이 필요한 소형 장비의 결과로 개발되었다. 축소된 크기 외에도 수은전지는 수명이 길고 매우 견고하다. 또한 다양한 부하 조건에서 일정한 출력 전압을 생성한다. 수은전지에는 두 가지 유형이 있다. 하나는 버튼 모양의 평평한 셀이고 다른 하나는 표준 손전등 셀처럼 보이는 원통형 셀이다. 버튼형 셀의 장점은 여러 개를 하나의 용기 안에 쌓아 배터리를 만들 수 있다는 점이다. 셀은 1.35 V를 생성한다.
- **니켈-금속 수소화물**(nickel-metal hydride)—컴퓨터 및 의료장비에 일반적으로 사용되는 니켈-금속 수소화물 배터리는 합리적인 비에너지 및 비전력 성능을 제공한다. 이들 부품은 재활용이 가능하지만, 아직 재활용 구조는 확립되지 않았다. 니켈수소 배터리는 납축전지보다 수명이 훨씬 길고 안전하며 남용에 강하다.

  이 배터리는 전기자동차 생산에 성공적으로 사용되었으며 최근에는 HEV의 소량 생산에 사용되었다. 니켈-금속 수소화물 배터리의 주요 문제는 높은 비용, 높은 자체 방전율, 매우 높은 가스 발생/폐기물 소비 및 고온에서의 열 발생이다. 이 배터리를 위해 필요한 기술은 수소의 손실과 낮은 전지 효율성(50% 정도로 낮을 수 있음, 일반적으로 60~65%임)을 개선하는 것이다(NREL, 2009).

- **리튬이온 배터리**(lithium-ion battery, 일명 LIB 또는 Li-ion)—리튬이온 배터리는 높은 비에너지로 인해 노트북과 휴대폰 시장에 빠르게 침투하고 있다. 그들은 또한 높은 비전력, 높은 에너지 효율, 우수한 고온 성능 및 낮은 자체 방전 특성을 가진다. 리튬이온 배터리의 구성 요소도 재활용할 수 있다. 이러한 특성으로 인해 리튬이온 배터리는 HEV에의 적용에 적합하다. 그러나 HEV용으로 더욱 상용화되기 위해서는 사용기간(calendar life)과 사이클 수명(cycle life)과 더 높은 수준의 셀 및 배터리의 안전성, 남용 허용성 및 수용할 수 있는 가격을 포함한 추가적 기술 개발이 필요하다(NREL, 2009). 이러한 모든 개선은 진행되고 있는 작업이며, 지속적으로 진전이 이루어지고 있다고 말할 수 있다.
- **리튬이온 폴리머 배터리**(lithium-ion polymer battery)—초기에 휴대폰용으로 개발된 높은 비에너지(즉, 단위질량당 높은 에너지)를 가진 리튬이온 폴리머 배터리는 HEV 애플리케이션에 높은 비전력을 제공할 수 있는 능력을 갖추고 있다. 리튬 폴리머의 다른 주요 특성은 안전성과 우수한 사이클 수명이다. 이 배터리의 제조 원가가 낮아지고 더 높은 비전력의 배터리가 개발되면 상업적으로 널리 활용될 것이다(NREL, 2009).

전기차 용어 Electric Vehicle Terminology

리튬이온 또는 리튬이온 폴리머 배터리가 BEV 또는 HEV에 전원을 공급하는 데 사용될 때, 많은 경우 사용되는 용어가 동일하다. 현재 사용되는 주요 용어는 다음과 같다. 여기에 정의하지 않은 다른 용어는 따로 소개할 때 정의하겠다.

- **결합 충전 시스템**(CCS)—SAE J1772(J-Plug)와 함께 자주 사용되는 표준 고속 충전 시스템(50 kW 이상).
- **교류**(AC)—주기적으로 방향이 바뀌는 전하.
- **레벨 1(저속) 충전**(L1)—모든 EV에는 모든 표준 접지 120 V 콘센트에 연결할 수 있는 범용 호환 L1 충전 케이블이 함께 제공된다. L1 충전기의 전력 사양은 최고 2.4 kW이며, 충전 시간당 약 5~8마일, 8시간마다 약 40마일을 주행 전력을 충전한다. 많은 운전자가 L1 충전 케이블을 세류 충전기 또는 비상 충전기라고 부른다. L1 충전기는 장거리 통근자나 장거리 운전자에게는 적합하지 않다.
- **레벨 2(고속) 충전**(L2)—이 충전기는 더 높은 입력 전압인 240 V에서 동작하며 일반적으로 J-플러그 커넥터와 함께 사용할 수 있는 차도 또는 차고의 전용 240 V

회로이다. 주거용으로 가장 많이 사용되는 충전시스템으로 상업용 시설에서도 찾아볼 수 있다. 이 충전기는 최대 12 kW이며, 시간당 최대 12~25마일, 8시간마다 약 100마일의 주행 전력을 충전한다.

- **레벨 3(급속) 충전(L3)** ─ 사용 가능한 가장 빠른 EV 충전기. 30분 안에 배터리를 80%까지 충전한 다음(480 V 회로 사용) 배터리 과열을 방지하기 위해 속도를 늦춘다. CHAdeMO 및 SAE CCS 커넥터가 모두 사용된다.
- **레인지(range, 거리)** ─ 배터리를 재충전해야 할 때까지 순수 전력으로 EV가 이동할 수 있는 거리. **거리 걱정(range worry)**은 목적지에 도달하기 전에 EV의 배터리 전원이 소진될 것이라는 우려가 들 때마다 발생한다.
- **에너지밀도 대 전력밀도** ─ 에너지밀도는 킬로그램당 와트시(Wh/kg)로 측정되며 배터리가 질량에 대해 저장할 수 있는 에너지의 양이다. 전력밀도는 킬로그램당 와트(W/kg)로 측정되며 배터리의 질량과 관련하여 생성할 수 있는 전력량이다.
- **연료전지 전기자동차(FCEV)** ─ 연료로 압축 수소 가스를 사용한다.
- **용융염 배터리** ─ 용융염을 전해질로 사용한다.
- **직류 고속 충전** ─ 전기자동차를 충전하는 가장 빠른(고출력) 방법인 DC 고속 충전. 30분 안에 배터리를 80%까지 충전할 수 있으며, 배터리의 과열을 방지하기 위해서는 충전 속도를 낮춘다.
- **직류(DC)** ─ 한 방향으로 흐르는 전하이며 배터리에서 나오는 전력의 유형이다.
- **커넥터:** 전기자동차 공급 장치(EVSE)의 케이블에 부착된 장치로, EV가 요구하는 커넥터 형태로 변환하여 충전할 수 있다.
- **풀 하이브리드 전기자동차(FGFV)** ─ 기존의 내연기관 시스템과 전기추진 시스템을 결합한 전기차.
- **회생제동** ─ EV에서 제동 시의 관성 에너지를 배터리로 충전하기 위해 사용된다.
- **AER**(all-electric range) ─ EV가 전기를 사용하여 안전하게 도달할 수 있는 거리.
- **AEV**(all-electric vehicle) ─ BEV.
- **CHAdeMO** ─ 표준 고속 충전 시스템(50 kW 이상)의 상표이다.
- **EREV**(extended range electric vehicle) ─ 배터리가 방전되면 소형 내연기관(레인지 익스텐더라고 함)에서 주행할 수 있는 능력을 갖춘 EV. 일반적으로 레인지 익스텐더는 배터리와 모터에 전기를 전달하기 위해 발전기에 전원을 공급한다.
- **MPGe**(million per gallon equivalent, 갤런당 백만) ─ EV와 내연기관의 연비를 비교하는 데 사용된다. EV가 33.7 kWh(가스 1갤런에 해당하는 에너지)로 얼마나 멀리 갈 수 있는지 측정하여 결정된다.

• SAE J1772(J-Plug)—북미 지역의 EV를 위한 표준 전기 연결 규격으로, 레벨 1 및 레벨 2 시스템에서 동작한다.

한 마디 더 One More Word

이 장에서는 EV에 대한 정보, 특히 배터리 기본 사항과 현재 EV에 사용되는 배터리에 관해 설명했다. 다음 장에서는 이런 토대 위에 전기에 의해 구동되는 자동차에 대한 부분을 추가하고자 한다. 기본적인 전기회로 및 전기회로 용어가 다루어질 것이다.

참고문헌 Reference

NREL (2009). *Ultracapacitors*. National Renewable Energy Laboratory. Accessed 01/29/10 @ http://www.nrel.gov/vehiclesandfuels/energystorage/ultracapacitors.html?print.

5 교류 이론
AC Theory

서론 Introduction

우리 모두는 전기차가 배터리로 구동되고, 배터리는 직류 전기를 차량의 원동기(전기 모터)로 전달하는 것을 알고 있다. 그렇다면 이번 장에서 교류 이론을 다루고자 하는 이유는 무엇인가? 이 질문은 이번 장이 전반적으로 다루고자 하는 내용과 관련이 있다.

먼저 오늘날 전기차를 구동하는 데 있어서 직류와 교류 중 무엇을 활용하는지는 중요하지 않고 자기력의 생성이 중요하다. 왜 그런가? 사실상 전기차는 직류 또는 교류 전기력 중 하나로 구동할 수 있기 때문이다. 전기차는 충전할 수 있는 배터리를 가지고 있으며 그 배터리는 직류 전기를 생산할 수 있다. 그렇다면 교류 전원은 어디에서 활용되는가?

이제 우리는 핵심, 즉 이 절의 논의에 대한 요점에 도달했다! 전기차는 충전식 전기 저장 장치를 싣고 다니며 일반적으로 전기 모터의 동력원으로 작동하는 리튬이온 배터리는 전기차가 구동하는 동력을 공급한다는 사실을 알고 있다.

구동! 구동은 운송 수단의 핵심 용어이며 이동에 관한 모든 것이다. 요점은 A지점에서 B지점, C지점 및 그 이상으로 이동한 후 결국 돌아오고자 할 때(원할 경우) 걷거나 자전거를 타는 인간의 물리적인 노력이나, 운송 수단(말이 아닌 기계적인 동력을 이용한 차량)을 기계적으로 운전하는 구동 없이는 불가능하다. 여기서 전기 모터에 전력을 공급(구동을 야기)하는 동력원은 배터리임을 명심하기 바란다.

전기차에서 리튬이온 배터리는 차량을 구동하는 하나의 동력원이다. 리튬이온 배터리는 다른 동력원과 비교해 높은 전력 밀도, 높은 에너지 밀도, 긴 수명을 가지고 있어 비용 측면에서 적합하다.

위의 모든 정보들은 훌륭하고 유익하나 여전히 전기차를 구동하는 전기 모터는 직류와 교류 중 어떤 것을 활용하는지에 대한 질문을 남긴다.

사실상 오늘날 전기차의 전기 모터는 직류 또는 교류 전기 중 하나를 사용할 수 있다. 그러므로 과학적 관점에서 직류 배터리 과학에 대해 앞 절에서 다룬 것처럼 교류에 대한 기초적인 지식을 갖는 것이 중요하다.

기본 교류 이론과 원리 Basic AC Theory and Principles

자기력선(lines of force)이 끊어질 때 도체에 전압이 유도되므로 유도기전력(induced emf)은 단위시간에 절단된 자기력선 수에 따라 달라진다. 예를 들어 1 V의 기전력을 유도하기 위해서 도체는 단위시간당 100,000,000개의 자기력선을 끊어야 한다. 이와 같이 상당한 수의 자기력선을 끊으려면 하나의 루프로 형성된 도체는 빠른 속도로 중심축을 회전해야 한다(그림 5.1 참조). 루프의 양쪽은 직렬형 개별 도체가 되고, 자기력선을 절단하는 루프의 각 도체들은 단일 도체가 야기할 수 있는 전압의 두 배를 야기하게 된다. 상업용 발전기에서 절단 수에 따라 획득되는 기전력은 다음 세 가지에 의해 증가한다: (1) 더 많은 자석 또는 강한 전자기석을 사용하여 자기력선의 수 증가, (2) 더 많은 도체와 루프의 사용, (3) 루프의 회전 속도의 증가. (**주**: 교류 발전기와 직류 발전기는 추후에 다룬다.)

교류 전압과 전류를 생성하기 위해 교류 발전기를 어떻게 작동하는지는 기본적으로 초등학교 및 중학교 과학 수업에서 배운다. 오늘날 우리는 인터넷 검색, 문자 발신, 텔레비전 시청, 휴대전화 사용, 우주 비행 등 기술의 발전을 당연한 것으로 받아들이며, 이러한 기술을 가능하게 하는 전기의 생산을 우리의 권리로 여기는 편이다. 이러한 전기와 관련된 기술은 오늘날 일반적이고 매우 당연한 기술로 어렵지 않게 사용하고 있지만 초기에는 전기의 사용이 당연하지 않았으며, 특히 기술과 전기를 개발하는 데 공헌한 초기 과학자들에게는 더욱 그렇지 않았었다.

전기 기술 발전의 획기적인 몇 해 동안 옴(George Simon Ohm)을 비롯한 전기 과학의 천재들은 여러 시행착오를 거치며 기술적 혁신을 이루었다. 전기 분야 과학 발전의 초창기 시행착오는 집에서 제작한 단순하고 투박한 장치를 활용하여 수행되었다는 것을 우리는 종종 잊는 듯하다. (현대적인 창고와 지하실에서 젊은 발명가들이 사용자 친화적인 마이크로컴퓨터와 소프트웨어 패키지를 최초로 고안하고 미래의 재생에너지

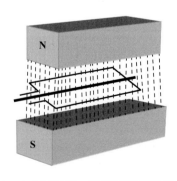

그림 5.1 자기장에서 루프 회전을 통한 교류 전압의 생성

혁신을 희망적으로 이루는 것처럼 들릴 수 있겠다.)

   실제로 초창기 전기 과학자들은 실험에 사용되는 거의 모든 장비를 스스로 제작해야만 했다.이러한 초기 과학자들에게 가장 편리한 전기 에너지원은 그보다 몇 년 일찍 개발된 볼타전지였다. 당시 전지와 배터리가 유일한 전력원이므로 대부분 초창기 전기 장치는 **직류**(direct current, DC)에서 작동되도록 설계되었다.

   초기에 직류는 폭넓게 사용되었으나, 전기 사용이 널리 확대되자 직류를 사용하는 것의 중요한 단점이 나타났다. 직류 시스템에서 공급하는 전압은 부하가 요구하는 레벨로 반드시 맞추어져야 한다. 예를 들어 240 V 램프를 작동하기 위해서 발전기는 240 V의 전압을 공급해야 한다. 120 V의 작동전압을 가진 램프는 어떠한 수단을 사용하더라도 이 발전기에서 작동할 수 없다. 120 V의 전압을 떨어뜨리기 위해 저항기를 120 V 램프에 직렬로 연결할 수 있으나, 이 경우 램프에서 소비된 것과 동일한 양의 전력을 저항기에서 낭비할 수 있다.

   직류 시스템의 다른 단점은 발전소로부터 소비자에게 전력을 전달하기 위해 사용되는 송전선(transmission wire)의 저항으로 인해 발생하는 상당한 양의 전력 손실이다. 이러한 전력 손실은 매우 높은 전압과 낮은 전류에서 송전선을 작동하게 되면 완화할 수 있으나, 부하도 동시에 고전압에서 작동해야 하므로 높은 전압으로 송전선을 운영하는 것은 직류 시스템에서 실용적인 방법이 아니다. 직류가 가진 이러한 단점으로 사실상 모든 현대의 전력 분배 체계는 **교류**(alternating current, AC)를 사용하고 있다.

   직류 전압과 달리 교류 전압은 **변압기**(transformer; 추후 설명 예정)라고 불리는 장치에 의해 전압을 높이거나(승압) 낮출 수 있다(강압). 변압기는 최대 전력효율을 위해 고전압 및 저전력으로 송전선이 작동되게 하는 것을 가능하게 한다. 전압은 변압기를 사용하여 부하가 요구하는 특정 값으로 낮추어져 소비자에게 전달된다. 이러한 고유한 장점으로 교류는 몇몇 상업 전력 분배 시스템을 제외한 모든 곳에서 직류를 대체하였다.

교류 발전기의 기초

그림 5.1과 같이 도체 루프가 자기장에서 회전하여 자기력선을 절단하면 단자에 유도 교류 전압이 발생하게 되고, 결국 교류 전압과 전류가 생성될 수 있다. 이는 **교류 발전기**(alternator) 작동의 기본 원리를 설명한다. 교류 발전기는 **전자기 유도**(electromagnetic induction) 원리를 활용하여 기계적 에너지를 전기적 에너지로 전환한다. 교류 발전기의 기본 성분은 도체에 감겨져 자기장 속에서 회전하는 전기자와 생성된 교류를 외부 회로로 전달하는 수단들로 구성된다. (**주**: 발전기 구성에 대해서는 더 자세히 다룰 것이며, 이 절에서는 작동 이론에 집중한다.)

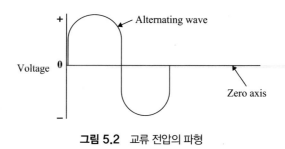

그림 5.2 교류 전압의 파형

사이클

교류 전압은 전압의 크기가 계속적으로 변하고 주기적으로 극성이 반전된다(그림 5.2 참조). 0 축은 중심을 가로지르는 수평선이다. 전압파의 수직적인 변동량은 전압의 크기 변화를 나타내며 수평선 위의 전압은 양(+)극을 갖고 수평선 아래의 전압은 음(−)극을 갖는다.

주: 지금까지 제시한 중요한 내용을 보다 자세히 파악하고 이를 구체화하기 위해 그림 5.3과 부연 설명을 함께 제공한다.

그림 5.3은 영구 자석의 양극 사이에 형성된 자기장을 통과하며 반시계방향으로 회전하는 와이어 루프(도체 또는 전기자)를 보여 준다. 쉬운 설명을 위해 루프를 두꺼운 선과 얇은 선으로 나누어 나타내었다. (A)단계에서 두꺼운 반은 자기력선과 같은 방향(평행하게)으로 움직인다. 결과적으로 두꺼운 와이어는 자기력선을 끊지 않는다. 이는 반대방향으로 움직이는 얇은 와이어에도 동일하다. 이 경우 도체는 어떠한 자기력선도 끊지 않으므로 유도되는 기전력은 없다. 루프가 (B)로 표시된 방향으로 회전할 때 자기장(자기력선)을 더 직접적으로 끊게 되며 (B)위치에 가까워질수록 더욱더 많은 자기력선이 끊어지게 된다. (B)위치에서는 도체가 자기장을 직접 절단하므로 가장 큰 전압이 유도된다.

계속해서 루프가 (C)위치를 향해 회전할 때, 초당 점점 더 적은 수의 자기력선을 절단하게 된다. 이 과정에서 유도되는 전압은 가장 큰 값에서 점점 감소하게 된다. 결국 루프는 자기장에서 평행한 면으로 다시 이동하게 되며 이때 유도된 전압은 0이 된다. 여기까지 루프는 반원(한 번 교대, 즉 180°)을 회전하였다. 그림 5.3의 아래쪽에 보인 사인 곡선은 루프 회전 시 매순간 유도된 전압을 보여 주며 총 360° 즉 두 번의 교대를 포함한다.

중요사항: 한 주기 동안 두 번의 완전한 교대가 일어나면 이를 한 **사이클**이라고 한다.

그림 5.3에서 루프가 정상 상태로 회전하고 자기장이 균일하면 초당 사이클 수(cps 또는 Hz)와 전압은 고정된 값으로 유지된다. 연속적인 회전은 일련의 사인파형을 가진 전압 사이클, 즉 교류 전압을 생성한다. 이러한 방식으로 기계적인 에너지는 전기적인

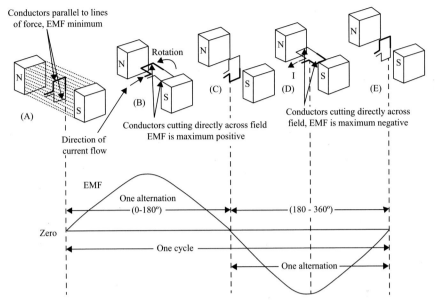

그림 5.3 기본 교류 발생기

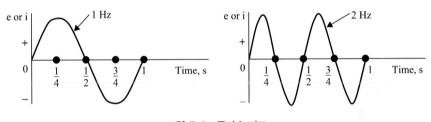

그림 5.4 주파수 비교

에너지로 전환된다.

주파수, 주기, 파장

교류 전압 또는 교류의 **주파수**는 1초에 일어나는 완전한 사이클의 개수이다. 기호 f로 표시되며, 단위는 헤르츠(hertz, Hz)이다. 초당 한 번의 사이클은 1 Hz, 초당 60번의 사이클은 60 Hz로 표현된다. 그리고 2 Hz의 주파수(그림 5.4b)는 1 Hz의 주파수(그림 5.4a)의 두 배가 된다.

한 사이클 완수에 소요되는 시간을 **주기**라고 한다. 시간에 대한 기호 T로 표시되며, 초(s)의 단위를 갖는다. 주파수와 주기는 다음과 같이 서로 역수의 관계를 갖는다.

$$f = \frac{1}{T} \tag{5.1}$$

$$T = \frac{1}{f} \tag{5.2}$$

중요사항: 주파수가 높을수록 더 짧은 주기를 갖는다.

각도 360°는 1사이클당 시간, 즉 주기 T를 나타내므로 사인파의 가로축을 전기 각도 또는 초 단위로 표현할 수 있다(그림 5.5 참조).

파장(wavelength)은 하나의 완전한 파형 또는 한 사이클의 길이를 나타내며 주기적인 변화를 나타내는 주파수와 파의 전달 속도에 의존한다. 기호 λ(그리스 소문자 람다)로 표기하고, 식은 다음과 같다.

$$\lambda = \frac{\text{속도}}{\text{주파수}} \tag{5.3}$$

교류 전압과 전류의 특성값 Characteristic Values of AC Voltage and Current

사인파형을 가진 교류 전압과 전류는 사이클 동안 많은 순간적인 값을 가지므로 크기를 구체화하는 것이 하나의 파형을 다른 파형과 비교할 때 편리하다. 이는 최대, 평균, 평균제곱근(root-mean-square) 값으로 구체화될 수 있으며(그림 5.6 참조), 전류 또는 전압에 이 값들이 적용된다.

피크 진폭

사인파에서 가장 자주 측정되는 값 중 하나는 피크 진폭이다. 직류 측정과 달리 교류 전류 또는 전압의 양은 회로에서 다양한 방식으로 측정될 수 있다. 측정 방법의 하나로 양수 또는 음수 교대의 피크 진폭이 측정되며, 이때 획득된 전류 또는 전압의 값을 **피크 전압** 또는 **피크 전류**라고 부른다. 전류와 전압의 피크값을 측정하기 위해서는 오실로스

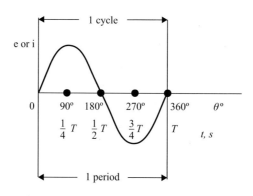

그림 5.5 전기 각도와 시간의 관계

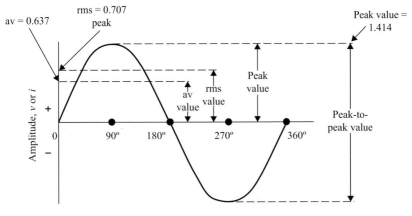

그림 5.6 교류 사인파의 진폭값

코프가 반드시 사용되어야 하며, 이 값은 그림 5.6에 묘사되어 있다.

피크에서 피크까지의 진폭(피크-대-피크 진폭)

사인파의 진폭을 나타내는 두 번째 방법은 각각 양과 음의 피크 사이에 총 전압 또는
전류를 결정하는 것이다. 전류 또는 전압의 이 값들을 **피크-대-피크 진폭**이라고 부른다
(그림 5.6 참조). 순수 사인파의 양쪽의 교대는 정확히 일치하므로, 피크-대-피크 값은
하나의 피크값의 두 배가 된다. 피크-대-피크 전압은 일반적으로 오실로스코프에 의해
측정되나, 일부 전압계는 피크-대-피크 전압으로 보정된 특수한 스케일을 제공한다.

순간 진폭

특정 회전각에서 사인 전압파의 **순간값**은 다음 식으로 표현된다.

$$e = E_m \times \sin\theta \tag{5.4}$$

여기서

  e = 순간 전압

  E_m = 최대 또는 피크 전압

  $\sin\theta$ = e에 요구되는 각도의 사인값

  유사하게 전류의 사인파의 순간값에 대한 식은 다음과 같다.

$$i = I_m \times \sin\theta \tag{5.5}$$

여기서

  i = 순간 전류

I_m = 최대 또는 피크 전류

$\sin \theta$ = i에 요구되는 각도의 사인값

주: 교류 발전기의 전기자가 회전할 때 전압의 순간값은 지속적으로 변화한다. 옴의 법칙에 의하면 전류는 전압에 따라 직접적으로 변화되므로 시간에 따른 전류의 변화도 하나의 사인파를 생성하게 된다. 전압의 사인파형을 도식화했듯이 전류 사인파형도 양과 음의 피크값과 중간값을 정확히 도식화할 수 있다. 그러나 순간값은 교류 문제를 푸는 데 대부분 유용하지 않으므로 **유횻값**(effective value)이 주로 활용된다.

유횻값 또는 평균제곱근(RMS) 값

사인파의 교류 전압 또는 교류 전류에 대한 **유횻값**은 직류에 대한 등가 가열 효과로 정의하고, 여기서 가열 효과는 전류 방향과 독립이다.

중요사항: 유도 전압의 모든 순간값은 0과 E_m(최대 또는 피크 전압) 사이에 존재하므로 사인파 전압(또는 전류)의 유횻값은 0보다 크거나 E_m(또는 I_m)보다 작아야 한다.

14.14 A의 최댓값을 갖는 사인파의 교류 전류는 1 Ω의 저항과 10 A의 전류를 갖는 직류 회로와 동일한 열량을 생성한다. 교류와 직류의 이러한 관계를 통해 교류 회로에서 하나의 상수, 즉 임의의 피크값에 대응하는 유횻값을 도출할 수 있다. 이 상수는 아래의 단순한 식에서 X로 표현된다. 소수점 셋째 자리까지 X를 풀면 다음 값을 얻게 된다.

$$14.14X = 10$$

$$X = 0.707$$

유횻값은 0과 최댓값 사이 순간값의 제곱평균에 대한 제곱근이므로, 평균제곱근 (rms) 값으로도 불린다. 교류의 유횻값은 등가 직류의 관점으로 설명되며, 표준 비교를 위해 사용되는 현상은 전류의 가열 효과이다.

중요사항: 교류 전압 또는 교류 전류는 달리 언급이 없으면 유횻값으로 가정한다.

많은 경우 유횻값에 표준 식을 적용하여 피크값으로 전환하거나 피크값을 유횻값으로 전환하는 것이 요구된다. 그림 5.6은 사인파의 피크값이 유횻값의 1.414배임을 보여준다. 그러므로 우리가 사용하는 관계식은 다음과 같다.

$$E_m = E \times 1.414 \tag{5.6}$$

여기서

E_m = 최대 또는 피크 전압

E = 유효 또는 평균제곱근 전압

그리고

$$I_m = I \times 1.414 \tag{5.7}$$

여기서

I_m = 최대 또는 피크 전류

I = 유효 또는 평균제곱근 전류

종종 전류 또는 전압의 피크값을 유횻값으로 전환하는 것이 필요하다. 이는 다음 식을 사용하여 결정된다.

$$E = E_m \times 0.707 \tag{5.8}$$

여기서

E = 유효 또는 평균제곱근 전압

E_m = 최대 또는 피크 전압

$$I = I_m \times 0.707 \tag{5.9}$$

여기서

I = 유효 또는 평균제곱근 전류

I_m = 최대 또는 피크 전류

평균값

교류에서 양의 교대는 음의 교대와 정확히 일치하므로 한 사인파의 사이클에 대한 **평균값**은 0이다. 그러나 특정 형태의 회로에서는 양과 음 중 한 교대의 평균을 계산하는 것이 필요할 수 있다. 그림 5.6은 사인파의 평균값이 0.637×피크값임을 보여 주므로 아래의 관계로 표현할 수 있다.

$$\text{Average Value} = 0.637 \times \text{peak value} \tag{5.10}$$

또는

$$E_{avg} = E_m \times 0.637$$

여기서

E_{avg} = 한 교대의 평균 전압

E_m = 최대 또는 피크 전압

유사하게

$$I_{avg} = I_m \times 0.637 \tag{5.11}$$

여기서

표 5.1 교류 사인파 변환표

현재 값	곱하는 상수	획득되는 값
피크	2	피크-대-피크
피크-대-피크	0.5	피크
피크	0.637	평균
평균	1.637	피크
피크	0.707	평균제곱근(유효)
평균제곱근(유효)	1.414	피크
평균	1.110	평균제곱근(유효)
평균제곱근(유효)	0.901	평균

I_{avg} = 한 교대의 평균 전류
I_m = 최대 또는 피크 전류

표 5.1에 교류 사인파 전압과 전류 값의 변환을 위해 사용되는 사인파형 진폭의 다양한 값이 나열되어 있다.

교류 회로의 저항

전압의 사인파가 저항에 인가되면 획득되는 전류도 사인파를 가지는데, 이는 전류는 가해진 전압과 비례한다는 옴의 법칙을 따르기 때문이다. 그림 5.1은 동일한 시간축에 중첩된 인가된 전압의 사인파와 획득된 전류의 사인파를 보여 준다. 전압이 양의 방향으로 증가할 때 전류도 그에 따라 증가하고, 전압이 방향을 바꿀 때 전류도 방향이 바뀌는 것에 주목하라. 항상 전압과 전류는 각각의 사이클에서 상대적으로 동일한 영역을 동시에 통과한다. 그림 5.7에서 보인 것과 같이 두 파동이 서로 정확히 일치할 때 **위상이 일치**(in phase)한다고 한다. 위상이 일치하기 위해 두 파동은 동시에 같은 방향으로 최대점 및 최저점을 지나야 한다.

대부분의 회로에서 여러 개의 사인파가 서로 같은 위상에 놓일 수 있다. 즉, 사인파가 같은 위상에 놓일 때 두 배 혹은 그 이상의 전압 강하가 발생할 수 있고 이는 회로의 전류에서도 동일하게 적용된다.

주: 직류 회로에서 옴의 법칙은 저항만을 가진 교류 회로에서 적용된다는 것을 기억하라.

전압파는 항상 위상이 일치하는 것은 아니다. 예를 들어 그림 5.8은 0(시간 1)에서 시작하는 전압파 E_1을 보여 준다. 전압파 E_1이 양의 최고점에 도달할 때 두 번째 전압

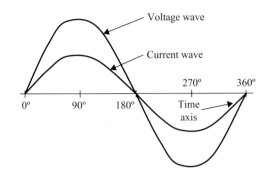

그림 5.7 위상이 동일한 경우 전압과 전류의 파형

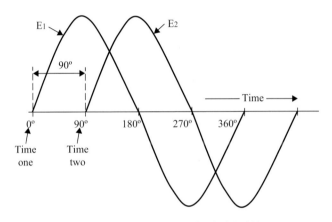

그림 5.8 90° 위상차가 있을 때 전압 파형

파 E_2가 증가하기 시작한다(시간 2). 두 파동은 같은 시점에 최고점과 최저점을 지나지 않으므로 파동 사이에 **위상차**(phase difference)가 존재하고, 이 경우 두 파동의 위상이 다르다고 한다. 한편 그림 5.8의 두 파동에 대한 위상차는 90°이다.

위상 관계성

앞 절에서 위상의 일치와 차이에 대한 중요한 개념을 토의하였다. 이외에 중요한 위상 개념은 위상각이다. 같은 주기를 가진 두 개의 파동 사이에서 **위상각**은 하나의 주어진 순간에서의 각도차를 의미한다. 예를 들어 그림 5.9에서 파동 B와 A의 위상각은 90°이다. 90°에 해당하는 시간을 보면(가로축은 시간을 각도의 단위로 나타낸 것임), 파동 B는 최댓값에서 시작하여 90°에서 0의 값으로 감소하는 반면 파동 A는 0의 값에서 시작하여 90°에서 최댓값을 갖는다. 파동 B는 파동 A보다 90°만큼 앞서 최댓값에 도달하므로 파동 B는 파동 A를 90°만큼 리드하게 된다(즉, 파동 A는 파동 B보다 90°만큼 지연됨). 파동 B와 A의 90° 위상차는 한 사이클에서 유지되고 모든 연속적인 사이클에서 동일하게 나타

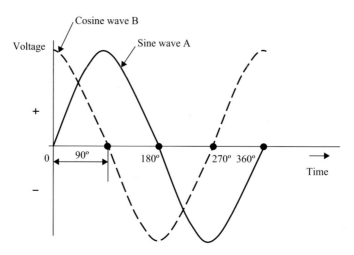

그림 5.9　파동 B는 파동 A를 90°의 위상각으로 이끈다.

난다. 모든 각 순간에 파동 B는 파동 A가 90° 이후에 나타낼 값을 갖게 되며, 파동 B는 사인파 형태의 파동 A와 90°만큼 이동하여 배치되므로 코사인 파동이 된다.

　　중요사항: 한 파동이 다른 파동을 리드하거나 지연되는 양은 각도의 값으로 측정된다.

　　교류 전압과 전류의 위상각과 위상차를 비교할 때 전압과 전류 파동에 대한 벡터 다이어그램을 사용하는 것이 더 편하다. **벡터**는 주어진 물리량의 크기와 양을 표시하기 위해 활용되는 하나의 직선이다. 크기는 눈금에 그려진 선의 길이로 표시되고 방향은 해당 벡터가 수평선 기준 벡터와 만드는 각도와 선의 한쪽 끝에 그려진 화살에 의해 표현된다.

　　주: 전기에서 벡터의 다른 방향은 위상 관계로 표현되는 **시간**을 나타내므로 전기 벡터는 **페이저**(phasor)라고도 불린다. 저항만을 가진 교류 회로에서 전압과 전류는 **동시**에 일어나고, 이를 같은 위상이라고 한다. 페이저를 활용하여 이 조건을 나타내기 위해서는 전압과 전류를 같은 방향으로 그리는 것이 필요하다. 전압과 전류 각각의 값은 페이저 **길이**로 나타낼 수 있다.

　　그림 5.10은 벡터(또는 페이저) 다이어그램을 보여 주며 여기서 벡터 V_B는 기준 벡터인 V_A와 90°의 위상각을 보이므로 서로 수직으로 표현된다. 리드 각은 기준 벡터 대비 반시계방향으로 표현되어 V_B가 V_A보다 90°만큼 리드하고 있음을 보여 준다.

인덕턴스

여기까지 우리는 자기장에 관련된 다음의 핵심적인 내용들을 배웠다.

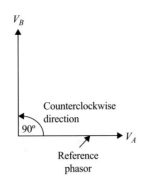

그림 5.10 페이저 다이어그램

- 전류가 흐르는 도선 주위에는 자기장이 존재한다.
- 자기장은 도선을 중심에 둔 수직면에서 도선 주위로 동심원을 형성한다.
- 자기장의 강도는 전류에 의존한다. 큰 전류는 큰 자기장, 작은 전류는 작은 자기장을 생성한다.
- 도체에 의해 자기력선이 끊어질 때 도체에 전압이 인가된다.

지금까지는 저항만을 가진 회로(저항기가 전류 흐름에 유일한 반대 역할)에 대해 공부하였다. 이와는 별개로 직류 회로에도 존재하나 주로 교류 회로에 나타나는 두 가지 중요한 현상으로 인덕턴스(inductance)와 커패시턴스(capacitance)가 있다. 인덕턴스와 커패시턴스 둘 다 **리액턴스**(reactance; 나중에 다룸)라고 불리며 전류의 흐름을 방해하는 역할을 한다. 그러나 리액턴스를 다루기 전에 인덕턴스와 커패시턴스를 먼저 공부해야 한다.

인덕턴스가 무엇인가?

인덕턴스는 전류 흐름의 시작, 정지, 또는 변화를 방해하는 역할로 명확한 전기 회로의 특성이다. 인덕턴스를 설명하기 위해 간단한 비유를 사용해 보겠다. 우리는 무거운 물체(예: 무거운 물건들로 가득 찬 카트)를 움직이는 것이 얼마나 어려운지 잘 알고 있다. 물체는 이동 중 움직임을 유지하는 것보다 정지 상태에서 움직이기 시작할 때 더 많은 일이 요구된다. 이는 하중을 가진 물체가 **관성**(inertia)의 성질을 갖고 있기 때문이다. 관성은 속도의 **변화**를 반대하는 질량의 성질이다. 그러므로 관성은 어떤 면에서 우리를 방해하기도 하고 돕기도 한다. 관성이 기계적 물체의 속도에게 하듯이 인덕턴스는 전기 회로에서 전류에게 같은 역할을 한다. 그러므로 인덕턴스는 때로는 바람직하고 때로는 바람직하지 않은 효과를 야기한다.

중요사항: 단순히 정리하면 인덕턴스는 전류 흐름의 변화를 반대하는 전도체의 특성이다.

인덕턴스는 회로를 통과하는 전류의 **변화**를 반대하는 전기 회로의 특성이므로 전류가 증가하면 자체(또는 자기) 유도 전압이 전류의 변화를 막고 전류 증가를 지연시킨다. 반면 전류가 감소하면 자체 유도 전압은 전류 흐름을 도와서(지속되도록) 전류의 감소를 지연시킨다. 즉, 유도 회로에서 전류는 저항만 있는 회로만큼 빠르게 증가하거나 감소할 수 없다.

교류 회로에서 이러한 효과는 전압과 전류의 **위상 관계**에 영향을 주므로 더욱 중요하다. 앞에서 우리는 전압(또는 전류)이 교류 발전기의 독립된 개별 전기자로 유도될 경우 위상차가 발생할 수 있다고 배웠으며, 이 경우 각각의 전기자로 유도된 전압과 전류는 위상이 같았다. 인덕턴스가 회로의 한 인자로 고려될 때, **같은** 전기자로 유도된 전압(또는 전류)이라도 위상이 달라질 수 있으며 이러한 위상 관계는 나중에 살펴볼 것이다. 여기서 우리의 목표는 전기 회로에서 인덕턴스의 성질과 특성을 먼저 이해하는 것이다.

인덕턴스의 단위

인덕턴스 L을 측정하는 단위는 **헨리**(henry)[미국 물리학자 헨리(Joseph Henry)의 이름에서 유래]이며 H로 축약된다(SI 단위). 그림 5.11은 인덕터의 개략적인 기호를 보여준다. 인덕터를 통과한 전류가 초당 1 A의 비율로 변할 때, 1 V의 유도기전력이 인덕터에 유도되면 인덕터는 1 H의 인덕턴스를 갖게 된다. 유도 전압, 인덕턴스, 시간에 따른 전류의 변화율에 대한 관계는 다음과 같은 식으로 표현된다.

$$E = L\frac{\Delta I}{\Delta t} \tag{5.12}$$

여기서

E = 유도기전력(단위 V)

L = 인덕턴스(단위 H)

ΔI = Δt 초 동안 전류(단위 A)의 변화량

주: 기호 Δ(델타)는 값의 변화를 의미한다.

H는 인덕턴스의 큰 단위이며 비교적 큰 인덕터에 주로 사용된다. 작은 인덕터의 인덕턴스에서 활용되는 단위는 밀리헨리(milihenry, mH)이며, 훨씬 더 작은 인덕터에서

그림 5.11 인덕터의 개략적 기호

의 단위는 마이크로헨리(microhenry, μH)이다.

자체 인덕턴스(Self-Inductance)

앞서 설명한 것처럼, 도체의 전류 흐름은 항상 도체 주변이나 도체와 연결되는 자기장을 생성한다. 전류가 변하면 자기장이 변하고 도체에 emf가 유도된다. 이 emf는 전류를 전달하는 도체에서 유도되기 때문에 **자체유도 기전력**(self-induced electromotive force)이라고 한다.

　주: 완벽하게 직선 길이의 도체에도 약간의 인덕턴스가 있다.

　유도기전력의 방향은 emf를 유도하는 장이 변하는 방향과 명확한 관계가 있다. 회로의 전류가 증가하면 회로와 연결된 자속도 증가한다. 이 자속은 도체에 영향을 주며, 전류와 자속의 증가에 반대되는 방향으로 도체에 emf를 유도하게 되며 이를 **역기전력**(counter-electromotive force, cemf)이라고 부른다. 유도기전력과 역기전력 두 용어는 이 책 전반에서 동의어로 사용된다. 마찬가지로 전류가 감소하면 emf가 반대방향으로 유도되어 전류의 감소를 막게 된다.

　중요사항: 방금 설명한 효과는 **렌츠의 법칙**(Lenz's law)으로 요약되는데, 이는 모든 회로에서 유도된 emf가 항상 이를 생성한 효과의 반대방향임을 말한다.

　도체의 각 부분 주위의 전자기장이 동일한 도체의 다른 부분에 영향을 주도록 도체를 형성하면 인덕턴스가 증가한다. 그림 5.12a는 도체의 두 부분이 서로 인접하고 평행하게 놓이도록 고리 모양으로 되어 있다. 도체의 두 부분을 Conductor 1과 Conductor 2로 각각 명기하였다. 스위치가 닫히면 도체를 통한 전자 흐름이 도체의 **모든** 부분 주위에 일반적인 동심원 장을 형성하는데, 단순화를 위해 이를 두 도체에 수직인 단면에 나타내었다. 실제로 자기장은 두 도체에서 동시에 발생하지만 Conductor 1에서 발생하는 것으로 간주되며, 이것이 Conductor 2에 미치는 영향이 주목될 것이다. 전류가 증가함에 따라 장은 바깥쪽으로 확장되어 Conductor 2의 일부에 영향을 준다. 결과적으로 Conductor 2에 유도된 emf는 점선 화살표와 같이 나타난다. 렌츠의 법칙에 따르면 이는 배터리 전류 및 전압의 방향과 **반대**이다.

　그림 5.12b에서 Conductor 2의 같은 영역이나 스위치가 열려 자속이 감소하고 있는 경우를 보여 준다.

　중요사항: 그림 5.12로부터 주목할 점은 자체유도 전압은 전류의 증가 혹은 감소에 대해 반대로 작용한다. 즉, 배터리 전압에 반대하여 초기 전류 축적을 지연시키고 배터리 전압과 동일한 방향으로 유도 전압을 작용시켜 전류의 소멸을 지연시킨다.

　다음 네 가지 주요 요인이 도체 또는 회로의 자체 인덕턴스에 영향을 준다.

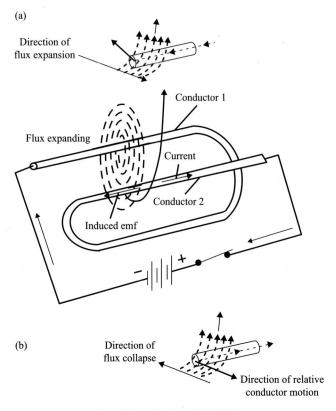

그림 5.12 (a)와 (b) 자체 인덕턴스

1. **권선 수**—인덕턴스는 도선의 권선 수에 따라 달라진다. 즉, 더 많이 감을수록 인덕턴스는 증가한다. 인덕턴스를 줄이려면 감은 횟수를 줄여야 한다. 그림 5.13은 다른 권선 수로 만든 두 개의 코일의 인덕턴스를 비교한다.

2. **권선 사이의 간격**—인덕턴스는 권선 사이의 간격이나 인덕터의 길이에 따라 달라진다. 그림 5.14는 같은 권선 수를 가진 두 개의 인덕터를 보여 준다. 첫 번째 인덕터의 턴은 간격이 넓고, 두 번째 인덕터의 턴은 비교적 가깝다. 비록 인덕터의 길이가 짧더라도 코일 사이의 좁은 간격으로 두 번째 코일은 더 큰 인덕턴스 값을 갖는다.

(a)   (b)

그림 5.13 (a) 적은 권선 수, 낮은 인덕턴스; (b) 많은 권선 수, 높은 인덕턴스

그림 5.14 (a) 턴 사이의 넓은 간격, 낮은 인덕턴스 ; (b) 턴 사이의 좁은 간격, 높은 인덕턴스

그림 5.15 (a) 작은 직경, 낮은 인덕턴스 ; (b) 큰 직경, 높은 인덕턴스

그림 5.16 (a) 공기 코어, 낮은 인덕턴스 ; (b) 분말철 코어, 높은 인덕턴스 ; (c) 연성철 코어, 높은 인덕턴스

3. **코일 직경**—코일의 직경 또는 단면적은 그림 5.15에서 강조되어 있다. 더 큰 직경의 인덕터는 더 큰 인덕턴스를 갖는다. 두 코일의 권선 수는 같고 권선 사이의 간격도 동일하다. 반면 첫 번째와 두 번째 인덕터는 각각 작은 직경과 큰 직경을 갖는다. 이 경우 두 번째 인덕터는 첫 번째보다 큰 인덕턴스를 갖는다.

4. **코어 재료의 종류**—앞에서 언급했듯이 **투자율**(permeability)은 얼마나 쉽게 자기장이 재료를 통과하는지에 대한 척도이다. 투자율은 또한 코일 내부의 재료로 인해 자기장이 얼마나 더 강해질지를 알려 준다. 그림 5.16은 세 가지 동일한 코일을 보여 준다. 첫 번째는 공기 코어, 두 번째는 분말철 코어, 세 번째는 연성철 코어를 코일 중심에 두고 있다. 이 그림은 인덕턴스에 코어 재료의 효과를 묘사한다. 코일의 인덕턴스는 코어가 자성체인 경우 전류의 크기에 영향을 받는다. 코어가 공기인 경우 인덕턴스는 전류와 무관하다.

핵심: 코일의 인덕턴스는 감은 횟수가 증가함에 따라 매우 빠르게 증가한다. 또한 인덕턴스는 코일의 길이를 짧게 하거나, 단면적을 크게 하거나, 코어의 투자율을 높이면 증가한다.

RL(Resistor & Inductor) 직렬 회로에서 전류의 성장 및 감소

인덕턴스만을 배터리에 연결하면 배터리 전압과 배터리 내부 저항에 의해 결정된 속도로 전류가 최종값에 도달한다. 전류는 코일의 자체 인덕턴스에 의해 야기된 역기전력에 의해 서서히 증가하게 된다. 전류가 흐르기 시작할 때 자기력선이 빠져나가 인덕터 와이어의 턴을 절단하여 배터리 기전력에 반대되는 역기전력을 축적한다. 이 역기전력은 전류가 정상 상태에 도달하는 시간을 지연시킨다. 배터리 연결이 끊어질 때 자기력선은 소멸되고, 다시 인덕터의 턴을 절단하여 전류 흐름을 유지하기 위한 기전력을 축적한다.

비록 이러한 비유가 정확하지 않더라도 전기 인덕턴스는 역학의 관성과 다소 유사하다. 보트에 일정한 힘이 가해지는 순간 보트는 해수면에서 이동하기 시작한다. 이 순간에 속도의 변화율은 가장 크고, 모든 적용된 힘은 배의 관성을 극복하기 위해 사용된다. 잠시 뒤 보트의 속도가 증가하고(가속도는 감소) 가해진 힘이 선체에 대항하여 물의 마찰력을 극복하기 위해 사용된다. 속도가 일정 수준에 도달하여 가속도가 0이 될 때, 가해진 힘은 이 속도에서 마찰과 동일해지므로 관성력은 사라진다. 이러한 역학의 관성 개념을 전기 분야에 적용하면 인덕턴스는 반드시 극복해야 하는 전기적 관성으로 볼 수 있다.

상호 인덕턴스

도체 또는 코일의 전류가 변할 때, 변화하는 자기 선속이 주변의 다른 도체 또는 코일을 끊게 되어 이들에게 전압을 야기하게 된다. 즉, 인덕턴스 L_1에서 야기된 전류의 변화는 L_1과 L_2 각각에 걸쳐 전압을 유도하게 된다(그림 5.17 참조; 상호 인덕턴스를 가진 두 코일의 도식 기호는 그림 5.18 참조). 유도된 전압 e_{L_2}가 L_2에 전류를 생성할 때 그로 인해 변화된 자기장은 L_1에서 전압을 유도하게 된다. 즉, 한 코일의 전류의 흐름이 다른 코일에 전압을 야기하므로, 두 코일 L_1과 L_2는 **상호 인덕턴스**를 갖게 된다. 상호 인덕턴스의 단위는 H이고 기호는 L_M이다. 초당 1 A의 전류 변화가 다른 코일에 1 V의 전압을 야기할 때 두 코일은 1 H의 상호 인덕턴스 L_M을 갖는다.

두 인접한 코일의 상호 인덕턴스에 영향을 주는 요소는 다음과 같다.

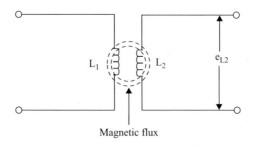

그림 5.17 L_1과 L_2 간의 상호 인덕턴스

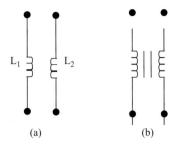

그림 5.18 (a) 상호 인덕턴스를 가진 공기 코일과 (b) 상호 인덕턴스를 가진 두 철 코일의 도식 기호

- 두 코일의 물리적 크기
- 각 코일의 권선 수
- 두 코일 사이의 거리
- 두 코일 축의 상대적 위치
- 코어의 투자율

중요사항: 상호 인덕턴스의 크기는 두 코일 간의 상대적 위치에 의존한다. 만약 코일이 상당히 떨어져 있는 경우 양 코일의 일반적인 자기 선속은 작고 상호 인덕턴스는 낮다. 역으로 한 코일의 거의 모든 자기 선속이 다른 코일의 턴을 지날 만큼 가까우면 상호 인덕턴스는 높게 된다. 상호 인덕턴스는 일반적인 철 코어에 코일을 감을 때 상당히 증가될 수 있다.

총 인덕턴스 계산

주: 고급 전기이론 연구에서 직렬 및 병렬 회로의 총 저항을 계산할 때 상호 인덕턴스의 효과를 고려하는 것이 필요하다. 그러나 이 책에서는 이런 효과를 고려하지 않고, 전기차 유지관리 기술자가 숙지해야 하는 기본적인 수준의 총 인덕턴스 계산만을 다루고자 한다.

만약 직렬 인덕터가 충분히 멀리 위치하거나 상호 인덕턴스 영향을 무시할 수 있을 정도로 차폐가 잘 되어 있는 경우, 직렬 저항과 동일하게 총 인덕턴스는 단순히 이 값들을 더하여 계산할 수 있다.

$$L_t = L_1 + L_2 + L_3 \cdots (\text{etc.}) \tag{5.13}$$

예제 5.1

문제:

하나의 직렬 회로가 40 μH, 50 μH, 20 μH의 값을 가진 세 개의 인덕터로 구성된 경우 총 인덕턴스는 얼마인가?

풀이:

$$L_t = 40\,\mu H + 50\,\mu H + 20\,\mu H$$
$$= 110\,\mu H$$

인덕터(상호 인덕턴스 무시)가 포함된 병렬 회로에서 총 인덕턴스는 병렬 저항과 동일한 방식으로 다음과 같이 계산할 수 있다.

$$\frac{1}{L_t} = \frac{1}{L_1} + \frac{1}{L_2} + \frac{1}{L_3} + \cdots (\text{etc.}) \tag{5.14}$$

예제 5.2

문제:

하나의 회로는 완전히 차폐된 세 개의 인덕터를 병렬로 구성하고 있다. 세 개의 인덕턴스는 각각 4 mH, 5 mH, 10 mH이다. 이 경우 전체 인덕턴스는 얼마인가?

풀이:

$$\frac{1}{L_t} = \frac{1}{4} + \frac{1}{5} + \frac{1}{10}$$
$$= 0.25 + 0.2 + 0.1$$
$$= 0.55$$
$$L_t = \frac{1}{0.55}$$
$$= 1.8\,mH$$

커패시턴스

아무리 복잡한 전기 회로라고 해도 세 가지 전기적 성질만을, 즉 저항, 인덕턴스, 커패시턴스만을 포함한다. 따라서 이 세 가지 기본적 특성을 철저히 이해하는 것은 전기 장비를 이해하는 데 필요한 과정이다. 앞에서 저항과 인덕턴스는 이미 다루었으므로, 기본 세 가지 요소 중 마지막인 커패시턴스를 이번 절에서 다루고자 한다.

앞에서 인덕턴스가 전류의 변화를 막는다고 배웠다. 반면 **커패시턴스**는 회로에서 **전압**의 변화를 막는 전기 회로의 특성이다. 만약 전압이 증가하면 커패시턴스는 전압의 변화를 반대하여 회로 전체의 전압 증가를 지연시킨다. 만약 인가된 전압이 감소하면 커패시턴스는 회로 전반에 높은 기존 전압을 유지하려는 경향으로 전압 감소를 지연시키게 된다.

커패시턴스는 에너지를 전기장에 저장하기 위한 회로의 특성으로도 정의된다. 자연적인 커패시턴스는 많은 전기 회로에서 존재하나 이 책에서는 **커패시터**(capacitor)라고 불리는 장치를 통해 회로에 설계된 커패시턴스만을 다루고자 한다.

핵심: 회로에서 커패시턴스의 가장 주요한 특징은 커패시턴스를 포함하지 않는 회로와 달리 커패시터 회로에서는 전압을 빠르게 올리거나 내릴 수 없다는 것이다.

커패시터

커패시터 또는 전기 콘덴서는 **유전체**(dielectric)라 불리는 절연 물질에 의해 구분된 두 개의 금속 전도판을 구성하여 만든 전기적 장치이다(그림 5.19 참조). (주: dielectric의 접두사 'di-'는 '관통' 또는 '교차'를 의미한다.)

그림 5.20은 커패시터에 대한 도식 기호를 보여 준다.

커패시터가 전압 공급원과 연결될 때 짧은 전류 펄스가 발생하고 커패시터는 이 전하를 유전체에 저장한다(나중에 다룰 예정인데 이는 충전 또는 방전일 수 있음). 한편 상당히 큰 값을 가진 커패시터를 구성하려면 금속의 면적은 충분히 크고 유전체의 두께는 매우 작아야 한다.

핵심: 커패시터는 전기 에너지를 저장하는 필수적인 장치이다.

커패시터는 전기 회로에서 다양한 방법으로 사용된다. 커패시터는 교류 회로에서와는 다르게 직류 회로의 효과적인 장애물로 직류 부분을 차단하거나(교류 전류에는 영향 없이) 동조 회로의 역할을 할 수 있다(응용 사례로 특정 방송국으로 라디오를 튜닝).

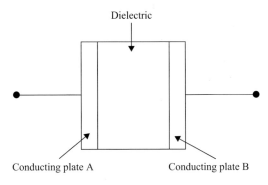

그림 5.19 커패시터

그림 5.20 (a) 고정 커패시터의 개략도; (b) 가변 커패시터의 개략도

이외에도 커패시터는 직류 회로에서 교류를 걸러 주기 위해 사용될 수도 있다. 이러한 대부분은 이 책의 범위를 넘어서는 고급 응용 사례이다. 그러나 커패시턴스의 기초를 이해하는 것은 교류 이론의 기초를 다지는 데 필수적이다.

중요사항: 커패시터는 직류를 전달하지 않으며 커패시터 판 사이의 절연은 전자의 이동을 막는다. 커패시터와 전압 공급원을 처음 연결할 때 짧은 전류 펄스가 발생하는 것을 앞에서 배웠다. 커패시터는 공급된 전압으로 빠르게 충전되고 이후에는 전류가 차단된다.

그림 5.21의 커패시터의 두 판은 각 판에서 전자(음전하)만큼의 양성자(양전하)를 가지고 있으므로 전기적으로 중성이다. 즉, 커패시터는 **충전되지 않은 상태이다.**

이제 배터리의 양극과 음극이 판에 각각 연결되었다(그림 5.22a 참조). 스위치가 닫

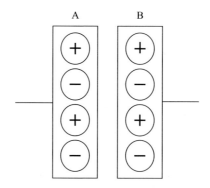

그림 5.21　중성 전하를 가진 커패시터의 두 판

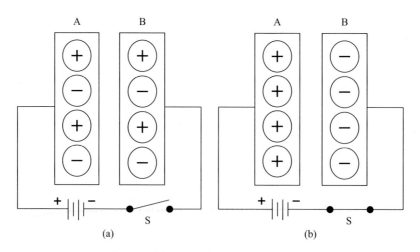

그림 5.22　(a) 중성 커패시터; (b) 충전된 커패시터

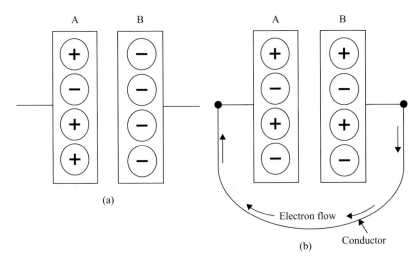

그림 5.23   (a) 충전된 커패시터; (b) 방전되는 커패시터

힐 때(그림 5.22b) 판 A의 음전하는 배터리 양극 단자로 끌려간다. 이러한 전하의 이동
은 판 A와 B 사이의 전하량 차가 배터리의 기전력(전압)과 동일할 때까지 계속된다.

커패시터는 이제 **충전되었다.** 판 사이 공간을 이동할 수 있는 전하는 거의 없으므로
커패시터는 배터리가 제거되더라도 이 상태를 유지하려고 한다(그림 5.23a 참조). 그러
나 도체가 판들 사이에 놓인다면(그림 5.23b 참조) 전자는 판 A로 돌아가게 되고 각 판
의 전하는 다시 중성이 된다. 즉, 커패시터는 이제 **방전된다.**

중요사항: 커패시터에서 전자는 절연체인 유전체를 통과할 수 없다. 커패시터는 일
정량의 전자를 충전하므로 **용량**(capacity)을 갖는다고 표현하며, 이러한 특성을 **커패시
턴스**라고 부른다.

유전체의 재료

자기 회로의 투자율 현상과 유사하게, 다양한 재료들은 전기 선속(전력선)을 공급하거
나 커패시터의 유전체 재료의 역할을 하는 측면에서 성능 차이가 있다. 전기 선속을 유
지하는 재료의 능력은 **유전 상수**라 불리는 수에 의해 평가된다. 다른 조건이 동일할 때
유전 상수가 클수록 좋은 유전체 재료로 평가된다. 이때 건조한 공기는 다른 재료를 평
가하는 기준(척도)으로 활용된다.

표 5.2는 일반적인 재료의 유전 상수를 보여 준다.

주: 표 5.2에서 순수한 물은 가장 좋은 유전체 재료이며, 여기서 키워드는 '순수'이
다. 오늘날 수천 볼트의 전위차를 가진 고에너지 응용 분야에서 물을 활용한 커패시터

표 5.2 유전 상수

재료	상수
진공	1.0000
공기	1.0006
파라핀 종이	3.5
유리	5-10
석영	3.8
운모	3-6
고무	2.5-35
나무	2.5-8
도자기	5.1-5.9
글리세린(15°C)	56
석유	2
순수 물	81

가 사용된다.

커패시턴스의 단위

커패시턴스는 커패시터에 저장할 수 있는 전하량을 양 판에 인가된 전압으로 나눈 값이다.

$$C = \frac{Q}{E} \tag{5.15}$$

여기서

C = 커패시턴스, F(farad)

Q = 전하량, C(coulomb)

E = 전압, V(voltage)

예제 5.3

문제:

커패시터에 200 V의 전위가 인가될 때, 0.001 C의 전하가 저장된다면 공기 1 cm로 인해 떨어져 있는 두 금속판의 커패시턴스는 얼마인가?

풀이:

주어진 조건: Q = 0.001 C

F = 200 V

$$C = \frac{Q}{E}$$

10의 거듭제곱으로 변환하면

$$C = \frac{10 \times 10^{-4}}{2 \times 10^2}$$

$$C = 5 \times 10^{-6}$$

$$C = 0.000005 \text{ farads}$$

주: 예제 5.3에서 얻은 커패시턴스 값이 작더라도 많은 전기 회로는 훨씬 더 작은 값을 가진 커패시터를 요구한다. 즉, 패럿(farad)이 매우 작은 값을 다루는 단위라고 해도 대부분 전기 회로 응용에서는 매우 큰 값으로 볼 수 있다. 그러므로 패럿의 10^{-6}인 마이크로패럿(microfarad)이 더 편리한 단위이며 기호는 μF를 사용한다.

식 (5.15)는 다음과 같이 표현될 수도 있다.

$$Q = CE \tag{5.16}$$

$$E = \frac{Q}{C} \tag{5.17}$$

중요사항: 식 (5.16)으로부터 커패시턴스가 전하와 전류에 의존하는 것으로 오해하지 말기 바란다. 나중에 다룰 예정이지만, 커패시턴스는 온전히 물리적 특성에 의해 결정된다.

커패시터를 나타내기 위해 사용하는 기호는 (C)이며 단위는 패럿(F)이다. 패럿은 커패시터 단자에 인가되는 전압이 1 V일 때 유전체에서 전하 1 C을 저장하는 충전 용량이다.

커패시턴스 값에 영향을 주는 요소들

커패시터에서 커패시턴스는 다음 세 가지 주요 요소, 즉 판 표면적, 판 사이 간격, 절연 재료의 유전 상수에 의존한다.

- **판 표면적**—커패시턴스는 판 표면적 크기에 따라 비례하여 변한다. 커패시터의 판 표면적을 두 배로 할 때 커패시턴스 값은 두 배가 된다. 그림 5.24는 작은 표면적을 가진 커패시터와 큰 표면적을 가진 커패시터를 보여 준다.

  커패시터 판을 더 많이 추가하면 판 표면적을 증가시킬 수 있다. 그림 5.25는 교대로 연결된 판이 커패시터의 반대 단자에 연결된 것을 보여 준다.

- **판 사이 간격**—커패시턴스는 판 표면 사이 거리에 반비례한다. 즉, 판이 가까워질

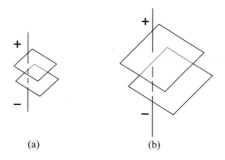

(a)   (b)

그림 5.24 (a) 작은 판, 작은 커패시턴스; (b) 큰 판, 큰 커패시턴스

그림 5.25 큰 표면적을 가진 커패시터를 만들기 위해 연결된 여러 개의 판 세트

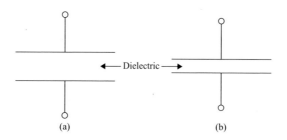

(a)   (b)

그림 5.26 (a) 넓은 판 간격, 작은 커패시턴스; (b) 좁은 판 간격, 큰 커패시턴스

수록 커패시턴스는 증가한다. 그림 5.26은 같은 판 표면적에 다른 간격을 가진 커패시터를 보여 준다.

- **절연 재료의 유전 상수**―유전 상수가 높은 절연 재료는 높은 커패시턴스 등급을 갖는다. 그림 5.27은 둘 다 같은 판 단면적과 간격을 가진 두 커패시터를 보여 준다. 공기(Air)는 첫 번째 커패시터의 유전체 재료이고, 운모(Mica)는 두 번째 커패시터의 유전체 재료이다. 운모의 유전 상수는 공기의 유전 상수보다 5.4배 크다. 즉, 운모를 유전체로 사용하는 커패시터는 공기 유전체 커패시터에 비해 5.4배 큰 커패시턴스를 갖게 된다.

그림 5.27 (a) 낮은 커패시턴스; (b) 높은 커패시턴스

커패시터의 전압 등급

커패시터에 인가될 수 있는 전압에는 한계가 있다. 너무 큰 전압이 인가되면 유전체 저항을 극복하여 전류가 한쪽 판에서 다른 쪽 판으로 강제로 흘러 유전체에 구멍을 뚫는 현상이 발생할 수 있다. 이러한 경우에 단락이 발생하여 커패시터를 폐기해야 한다. 커패시터에 인가될 수 있는 최대 전압을 **작동 전압**(working voltage)이라고 하며 이를 절대 초과해서는 안 된다.

커패시터의 작동 전압은 (1) 유전체로 사용되는 재료의 형태와 (2) 유전체의 두께에 의존한다. 안전성을 고려하여 커패시터의 작동 전압이 최대 전압보다 50% 이상 클 수 있도록 선택해야 한다. 예를 들어 커패시터가 200 V의 최대 인가 전압을 가질 때, 작동 전압은 적어도 300 V가 되어야 한다.

RC 직렬 회로의 충전과 방전

옴의 법칙에 따라 저항을 지나는 전압은 저항 값과 통과하는 전류에 곱과 같다. 즉, **전류가 흐를 때만** 저항을 거쳐 전압이 발생한다.

앞에서 다루었듯이 커패시터는 전자의 전하를 저장하거나 보유할 수 있다. 충전되지 않을 때는 양쪽 판은 같은 수의 자유 전자를 갖는다. 충전될 때 한쪽 판은 다른 쪽 판보다 더 많은 자유 전자를 갖게 된다. 전자 수의 차이는 커패시터에 저장된 전하량을 측정하는 척도이다. 전하의 축적은 커패시터 단자 사이의 전압을 형성하고 이 전압이 인가된 전압과 동일할 때까지 전하는 계속해서 증가한다. 즉, 전압이 커질수록 커패시터의 전하도 증가한다. 달리 방전 경로가 주어지지 않는 한 커패시터는 전하를 무한히 유지한다. 그러나 어떤 실용적인 커패시터도 유전체를 통한 약간의 누설이 있고 그로 인해 전압도 점차 감소하게 된다.

그림 5.28이 보여 주듯이 저항과 커패시턴스를 포함하는 전압 분배기는 스위치에 의해 회로에 연결될 수 있다. 이러한 직렬 배열을 **RC 직렬 회로**(RC series circuit)라고 부른다.

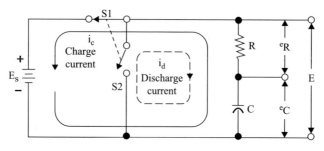

그림 5.28   RC 직렬 회로의 충전과 방전

S1이 닫히게 되면 전자는 배터리, 커패시터, 저항기가 포함된 회로를 반시계방향으로 흐르게 된다. 전자의 흐름은 커패시터 C가 배터리 전압만큼 충전된 후 멈추게 된다. 전류가 흐르기 시작하는 순간에 커패시터에 전압은 없고 저항기 R을 거친 전압 강하는 배터리 전압과 동일하다. 그러므로 초기 충전 전류 I는 E_S/R이다.

회로에 흐르는 전류는 곧 커패시터를 충전한다. 커패시터의 전압은 충전량과 비례하고, 전압 e_C는 커패시터에 걸쳐 나타난다. 이 전압은 배터리 전압과 반대로 작용한다 (즉, 이 두 전압은 서로 맞먹음). 결과적으로 저항기를 지나는 전압 e_R은 $E_S - e_C$이고, 이는 저항기를 거친 전압 강하($i_C R$)와 동일하다. E_S는 고정이므로 i_C는 e_C가 증가할수록 감소한다.

충전 과정은 커패시터의 전압이 완전히 채워지고 이 값이 배터리 전압과 동일할 때까지 계속된다. 이 순간 도선 내 전압차는 0이므로 전류는 더 이상 흐르지 않는다.

그림 5.28처럼 만약 S2가 닫히면(S1이 열린 경우) 방전 흐름 i_d가 커패시터를 방전하게 된다. i_d는 i_C와 방향이 반대이므로 저항기를 지나는 전압은 충전 시간 동안의 극성과 다른 극성을 갖게 된다. 그러나 이 전압은 같은 크기를 갖고 같은 방식으로 변한다. 방전 동안 커패시터를 거친 전압은 저항기를 거친 전압 강하와 크기는 동일하고 부호는 반대이다. 전압 강하는 초기에 급속히 일어나고 천천히 0으로 수렴하게 된다.

충전과 방전에 소요되는 실제 시간은 첨단 전기전자 분야에서 중요하다. 충전과 방전 시간은 저항과 커패시턴스 값에 따라 달라지므로 RC 회로를 특정 전기적 경우에 따라 적절한 충/방전 타이밍을 고려하여 설계해야 한다. RC 시간 상수에 대한 내용은 다음 절에서 다룬다.

RC 시간 상수

커패시터를 최대 전압의 63%까지 충전하는 데 소요되는 시간 또는 최종 전압의 37% 까지 방전하는 데 소요되는 시간을 전류의 **시간 상수**라고 한다. RC 회로는 그림 5.29와

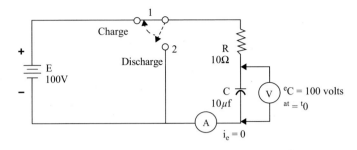

그림 5.29 RC 회로

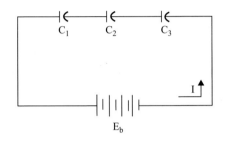

그림 5.30 직렬 커패시턴스 회로

같으며, 시간 상수 T는 다음과 같다.

$$T = RC \tag{5.18}$$

회로의 커패시턴스는 몇 마이크로패럿(μF) 또는 심지어 피코패럿(picofarad, pF)일 수 있으므로 RC 회로의 시간 상수는 보통 매우 짧다.

핵심: RC 시간 상수는 커패시터의 충전과 방전 시간을 나타낸다.

직렬과 병렬의 커패시터

저항기 또는 인덕터와 유사하게 커패시터는 직렬, 병렬, 또는 직-병렬의 조합으로 연결될 수 있다. 그러나 저항기 및 인덕터와 달리 총 커패시턴스 값은 직렬, 병렬, 또는 직-병렬 조합에 대해 다른 방식으로 계산된다. 즉, 총 커패시턴스의 계산 시 규칙이 다르게 적용되며 차이는 다음과 같이 설명된다. 즉, 병렬 커패시턴스는 직렬 저항처럼 계산되고 직렬 커패시턴스는 병렬 저항처럼 계산된다. 예를 들어 커패시터가 그림 5.30처럼 **직렬**로 연결될 때 총 커패시턴스 C_T는 다음과 같다.

$$\text{Series} : \frac{1}{C_T} = \frac{1}{C_1} + \frac{1}{C_2} + \frac{1}{C_3} + \cdots \frac{1}{C_n} \tag{5.19}$$

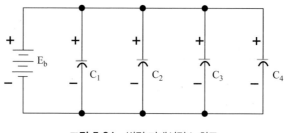

그림 5.31 병렬 커패시턴스 회로

예제 5.4

문제:

3 μF, 5 μF, 15 μF의 커패시터가 직렬일 때, 이들의 총 커패시턴스를 계산하라.

풀이:

세 개의 직렬 커패시터에 대해 식 (5.19)를 쓰면 다음과 같다.

$$\frac{1}{C_T} = \frac{1}{C_1} + \frac{1}{C_2} + \frac{1}{C_3}$$

$$= \frac{1}{3} + \frac{1}{5} + \frac{1}{15} = \frac{9}{15} = \frac{3}{5} = \frac{5}{3} = 1.7\,F$$

커패시터가 **병렬**로 연결될 때(그림 5.31 참조), 총 커패시턴스 C_T는 각 커패시턴스를 더한 값과 같다.

$$Parallel : C_T = C_1 + C_2 + C_3 + \cdots + C_n \tag{5.20}$$

예제 5.5

문제:

병렬 커패시터 회로에 대해 총 저항을 결정하라.

주어진 조건: $C_1 = 2\ μF$

$C_2 = 3\ μF$

$C_3 = 0.25\ μF$

풀이:

세 개의 병렬 커패시터에 대해 식 (5.20)을 쓰면 다음과 같다.

$$C_T = C_1 + C_2 + C_3$$

$$= 2 + 3 + 0.25$$

$$= 5.25\ μF$$

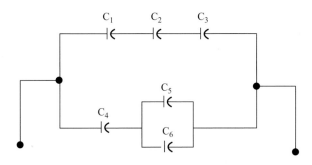

그림 5.32 직-병렬 커패시턴스 개략도

커패시터는 **직렬과 병렬**의 조합으로도 연결될 수 있다(그림 5.32 참조).

커패시터의 종류

상업적 용도로 사용되는 커패시터는 두 가지 그룹, 즉 고정과 가변으로 나뉘며, 유전체에 따라 이름이 부여된다. 가장 일반적인 유전체 종류는 공기, 운모, 종이, 세라믹 커패시터, 전해질 등이 있다. 표 5.3은 커패시터 종류를 비교한 것이다.

고정 커패시터는 커패시턴스 구조에 의해 결정된 하나의 커패시턴스 값을 갖는다. 가변 커패시터의 구조는 일정한 범위의 커패시턴스 값을 허용한다. 범위 내 원하는 커패시턴스 값을 얻기 위해 축을 회전하거나(라디오 튜너 조절 다이얼처럼), 나사를 조절하여 판 사이의 거리를 조정하는 기계적 방법을 이용한다.

전해질 커패시터는 전해질로 구분된 두 개의 금속판으로 구성된다. 전해질은 페이스트 또는 액체 중 하나로 음극 단자와 접촉하고 이 조합을 통해 음극을 형성한다. 유전체는 알루미늄 시트인 양극 위에 증착된 매우 얇은 산화물 막이다. 전해질 커패시터는 극성에 민감하고(극이 표시된 것에 따라 회로에 반드시 연결되어야 함) 주로 큰 커패시턴스가 요구되는 장소에 사용된다.

표 5.3 커패시터 종류의 비교

유전체	구조	커패시턴스 범위
공기	메시 판(meshed plates)	10 – 400 pF
운모	쌓인 판(stacked plates)	10 – 5,000 pF
종이	말린 호일(rolled foil)	0.001 – 1 μF
세라믹	원통(tubular)	0.5 – 1,600 pF
	디스크(disk)	0.002 – 0.1 μF
전해질	알루미늄(aluminum)	5 – 1,000 μF
	탄탈룸(tantalum)	0.01 – 300 μF

초커패시터

NREL(2000)에서 초커패시터[슈퍼커패시터, 수도커패시터, 전기 이중층 커패시터, 또는 전기화학 이중층 커패시터(EDLC)]는 배터리와 같은 에너지 저장 장치임을 강조하였다. 폭넓은 활용 범위를 위한 전력, 에너지, 전압의 요구 조건을 충족하기 위해 초커패시터는 전해질을 사용하고 다양한 크기의 셀을 모듈로 구성한다. 저장 장치로서 초커패시터(전극-전해질 인터페이스에서 전하 분리를 통해 에너지를 저장하는 진정한 커패시터임)는 에너지를 정전기로 저장하는 반면 배터리는 화학적으로 전기를 저장한다는 점에서 배터리와 다르다. 초커패시터는 에너지를 빠른 속도로 제공할 뿐만 아니라 낮은 작동 전압에도 평균적인 커패시터 대비 약 두 배에서 세 배가량 용량을 향상시킨다. 또한 초커패시터는 성능 감소 없이 수백 수천의 충전 및 방전 사이클을 견딜 수 있다. 대안적 에너지원으로 초커패시터는 AM/FM 라디오, 손전등, 휴대폰 및 비상 키트와 같은 다양한 휴대용 전자 장치에 전력을 공급하기 위해 사용하는 신뢰할 수 있는 에너지 저장 부품으로 입증되었다. 초커패시터 기술은 성장하여 배터리와 같은 기능을 하도록 발전했는데, 예를 들면 자동차 업계는 화학 배터리를 대체하기 위해 초커패시터를 투입하고 있다.

자동차 산업에서 초커패시터는 전기차 및 하이브리드 전기차에 포함되어 배터리 수명에 대한 우려를 완화하고 배터리 수명을 연장하는 데 도움을 주고 있다.

초커패시터의 작동 원리

초커패시터는 전해액을 분극시켜 에너지를 정전기 방식으로 저장한다. 초커패시터는 하나의 전기화학 장치로 간주되나 초커패시터의 에너지 저장 방식에는 화학 반응이 포함되어 있지 않다. 이 에너지 저장 방식은 상당히 가역적이므로 초커패시터가 수백 혹은 수천 번 충전 및 방전하는 것을 가능하게 한다.

초커패시터는 전해액 내 전위차를 가진 두 개의 비반응성 다공성 판, 또는 수집기로 볼 수 있다. 독립된 초커패시터 전지에서 양극에 인가된 전위는 전해질 내에 음이온을, 음극에 인가된 전위는 양이온을 끌어당긴다. 여기서 두 전극 사이의 유전체 분리판은 두 전극 사이로 전하가 이동하는 것을 막는다.

일단 초커패시터가 충전되어 에너지가 저장되면 부하가 이 에너지를 사용할 수 있다. 다공성 탄소 전극에 의해 형성된 거대한 표면적과 유전체 분리에 의해 형성된 작은 분리판(10옹스트롬)으로 인해 초커패시터에 저장되는 에너지는 표준 커패시터와 비교하여 상당히 크다. 그러나 배터리보다는 훨씬 적은 양의 에너지만을 저장한다. 한편 충전 및 방전은 오직 물리적 성질에 의해서만 결정되므로 초커패시터는 느린 화학 반응에 의존하는 배터리보다 훨씬 빠르게(더 큰 전력에 의해) 에너지를 방출할 수 있다.

유도성 리액턴스 및 용량성 리액턴스 Inductive and Capacitive Reactance

앞에서 우리는 회로의 인덕턴스는 그 회로 내에서 전류 흐름의 변화를 막는 역할, 그리고 커패시턴스는 전압 변화를 막는 역할을 한다고 배웠다. 직류 회로에서 이러한 반응은 일시적으로 회로가 처음 열리거나 닫힐 때만 발생하므로 중요하지 않다. 반면 교류 회로에서 전류 흐름의 방향은 초당 여러 차례 바뀌고 인덕턴스와 커패시턴스에 의한 반대는 일정하게 나타나므로 이러한 영향이 매우 중요해진다.

직류 또는 교류 회로에서 저항만을 포함한 경우 전류 흐름에 반대되는 용어는 저항이다. 커패시턴스와 인덕턴스의 영향이 나타날 때(대개 교류 회로에서 보임) 그로 인한 전류 흐름의 반대 효과를 **리액턴스**(reactance)라고 부른다. 회로에서 저항과 리액턴스를 포함한 전류 흐름의 총 반대 효과를 **임피던스**(impedance)라고 한다.

이번 절에서는 유도성 및 용량성 리액턴스와 임피던스의 계산, 저항성, 유도성, 용량성 회로의 위상 관계, 리액턴스 회로에서의 전력에 관해 다루고자 한다.

유도성 리액턴스

일반적인 코일의 리액턴스에 대한 이해를 위해 교류가 코일에 작용할 때 정확히 어떤 일이 일어나는지 복습하는 것이 필요하다.

1. 교류 전압은 교류 전류를 야기한다.
2. 전류가 와이어를 지날 때 와이어 주위에 자기력선이 형성된다.
3. 큰 전류는 많은 수의 자기력선을 생성하고 작은 전류는 적은 수의 자기력선을 생성한다.

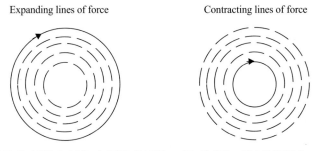

Expanding lines of force   Contracting lines of force

그림 5.33 움직이는(팽창과 수축) 자기장을 생성하는 교류. 하나의 코일에서 움직이는 자기장은 코일의 도선을 절단한다.

4. 전류가 변하면 자기력선의 수가 바뀐다. 그림 5.33처럼 자기장은 전류가 증가하거나 감소할 때 각각 팽창하거나 수축한다.

5. 자기장이 팽창하고 수축할 때 자기력선은 코일이 감겨진 와이어를 가로질러 끊게 된다.

6. 이러한 절단은 코일에 기전력을 야기한다.

7. 이 기전력은 원 전압을 막기 위한 방향으로 작용하고 이를 **역기전력**이라고 부른다.

8. 이 역기전력은 코일에 작용하는 기존 전압을 감소시키는 효과를 야기하고, 절단이 없거나 또는 역기전력이 없을 경우의 전류와 비교할 때 감소된 전류를 야기한다.

9. 이러한 점에서 역기전력은 전류를 감소시키는 저항으로서의 역할을 하게 된다.

10. 유효 저항의 옴 수를 통해 유도기전력의 전류 감소 효과를 고려하는 것이 편리하나 그렇게 하지 않는다. 역기전력은 실제 저항이 아니라 저항의 역할을 하는 것이므로 우리는 이러한 효과를 기술하기 위해 **리액턴스**라는 용어를 사용한다.

중요사항: 코일의 **리액턴스**(reactance)는 코일에 야기된 역기전력의 결과로 코일이 제공하는 것 같은 저항의 옴 수이다. 이것의 기호는 직류 저항 R과 구분하기 위해 X를 사용한다.

한 코일의 유도 리액턴스는 (1) 코일의 인덕턴스와 (2) 코일을 통과하는 전류의 주파수에 의해 결정된다. 코일의 리액턴스 값은 인덕턴스와 사용된 교류 회로의 주파수와 비례한다.

유도 리액턴스에 대한 식은 다음과 같다.

$$X_L = 2\pi fL \qquad (5.21)$$

여기서 $2\pi = 2(3.14) = 6.28$이므로 식 (5.21)은 다음과 같이 표현된다.

$$X_L = 6.28fL$$

여기서

X_L = 유도성 리액턴스, Ω

f = 주파수, Hz

L = 인덕턴스, H

식 (5.21)에서 어떤 두 정량적인 수치가 주어진다면 세 번째 값은 다음과 같이 결정된다.

$$L = \frac{X_L}{6.28f} \qquad (5.22)$$

$$f = \frac{X_L}{6.28L} \tag{5.23}$$

예제 5.6

문제:

회로의 주파수가 60 Hz이고 인덕턴스는 20 mH이다. 이 경우 X_L은 얼마인가?

풀이:

$$X_L = 2\pi fL$$
$$= 6.28 \times 60 \times 0.02$$
$$= 7.5 \, \Omega$$

예제 5.7

문제:

1,400 kHz의 주기로 작동하는 회로에 30 mH의 인덕턴스를 가진 코일이 있다. 이 경우 유도 리액턴스를 결정하라.

풀이:

주어진 조건: L = 30 mH

$\qquad$ f = 1,400 kHz

$\qquad$ X_L을 구하면?

1단계: 측정 단위를 변환

$$30 \text{ mH} = 30 \times 10^{-3} \text{ h}$$
$$1,400 \text{ kHz} = 1,400 \times 10^3$$

2단계: 유도 리액턴스를 결정

$$X_L = 6.28fL$$
$$X_L = 6.28 \times 1,400 \times 10^3 \times 30 \times 10^{-3}$$
$$X_L = 263,760 \, \Omega$$

예제 5.8

문제:

주어진 조건: L = 400 μH

$\qquad$ f = 1,500 Hz

$\qquad$ X_L을 구하면?

풀이: $X_L = 2\pi f L$

                             $= 6.28 \times 1,500 \times 0.0004$

                             $= 3.78\,\Omega$

핵심: 주파수 또는 인덕턴스가 바뀌면 유도 리액턴스 또한 반드시 바뀐다. 코일이 가변 인덕터로 설계되지 않은 경우, 제조 후 인덕턴스는 거의 바뀌지 않는다. 그러므로 일반적으로 주기가 코일의 유도 리액턴스에 영향을 주는 유일한 변동 요인이다. 코일의 유도 리액턴스는 인가된 주파수에 비례하여 변화된다.

용량성 리액턴스

앞에서 우리는 커패시터가 충전될 때 한쪽 판의 전자가 끌어당겨져 다른 판에 증착된다는 것을 배웠다. 더욱더 많은 전자가 두 번째 판에 증착될 경우 전자들은 반대 전압처럼 작용하고 이는 마치 저항기처럼 전자의 이동을 막는 역할을 한다. 이 반대 효과는 커패시터의 **리액턴스**라고 불리고 옴값으로 측정된다. 리액턴스의 기본 기호는 X이고, 아래첨자는 리액턴스의 형태를 정의한다. 유도성 리액턴스에 대한 기호 X_L에서 하첨자 L이 인덕턴스를 지칭하는 것과 유사하게 용량성 리액턴스의 기호는 X_C이다.

핵심: 용량성 리액턴스 X_C는 회로의 커패시턴스에 의해 교류 흐름에 반대이다.

용량성 리액턴스 X_C에 영향을 주는 요인은 다음과 같다.

- 커패시터의 크기
- 주파수

커패시터가 클수록 판에 축적할 수 있는 전자의 수가 많아진다. 그러나 판 면적이 커지기 때문에 전자는 한 지점에 축적되기보다 판의 전체 면적으로 퍼져 판으로 들어오는 새로운 전자의 유동을 방해하지 않는다. 그러므로 큰 커패시터는 작은 리액턴스를 제공하게 된다. 만약 판 면적이 작은 커패시터에서, 즉 커패시턴스가 작으면 전자는 퍼지지 않고 결국 판으로 오는 전자의 흐름을 막으려고 한다. 그러므로 작은 커패시터는 큰 리액턴스를 야기한다. 따라서 리액턴스는 커패시턴스와 **반비례하는** 관계를 갖는다.

교류 전압이 커패시터 양 판에 가해지면 전자는 한쪽 판에 먼저 축적되고 그다음에 다른 판에도 축적된다. 만약 극성의 변화 주기가 감소하면 가능한 전자 축적 시간이 증가한다. 이는 많은 수의 전자를 축적하게 되고 그로 인해 큰 반대 효과(큰 리액턴스)가 야기되는 것을 의미한다. 만약 주파수가 증가하면 전자가 축적되기 위한 시간이 감소한다. 이는 판 위에 소량의 전자가 축적되고 그로 인해 작은 반대 효과(작은 리액턴스)만이 야기되는 것을 의미한다. 그러므로 리액턴스는 주파수랑 **반비례하는** 성질을 갖는다.

용량성 리액턴스에 대한 식은

$$X_C = \frac{1}{2\pi fC}$$
(5.24)

이며 여기서 C는 F의 단위로 측정된다.

예제 5.9

문제:

60 Hz의 주파수로 작동하는 교류 회로에서 총 커패시턴스가 130 µF이면 용량성 리액턴스는 얼마인가?

풀이:

$$X_C = \frac{1}{2\pi fC}$$

$$= \frac{1}{6.28 \times 60 \times 0.00013}$$

$$= 20.4 \ \Omega$$

R, L, C를 포함한 회로의 위상 관계

순수 저항 회로(전류가 전압에 따라 증가 및 감소하고, 서로 리드되거나 지연되지 않고 같은 위상인 경우)와 달리, 인덕턴스 및 커패시턴스가 포함된 회로에서 전류와 전압의 위상은 서로 같지 않다. 이는 유도성 또는 용량성 구성 요소를 가진 회로에서 발생한 전류 및 전압에 대한 반응이 즉각적이지 않기 때문이다.

인덕터의 경우 회로에 전압이 인가되면 그로 인해 자기장이 확장되기 시작하고 자체 유도는 회로에 전류 방향과 반대인 역전류를 야기한다. 이 경우 전압은 전류보다

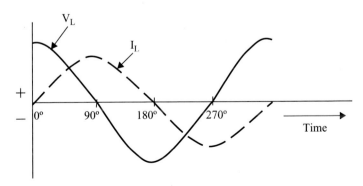

그림 5.34 유도성 회로—전압이 전류를 90°만큼 리드함

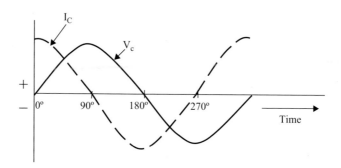

그림 5.35 용량성 회로—전류가 전압을 90°만큼 리드함

90° **리드**하게 된다(그림 5.34 참조).

회로에 커패시터가 추가될 때 전하가 이동하기 시작하고 전위차가 커패시터 충전판 사이에 형성된다. 이 경우 전류는 전압보다 90° 리드하게 된다(그림 5.35 참조).

핵심: 유도성 회로에서 전압은 전류를 90°만큼 리드하고, 용량성 회로에서 전류는 전압을 90°만큼 리드한다.

임피던스

임피던스는 저항과 리액턴스를 포함하는 회로에서 교류 흐름을 막는 총 반대 값을 나타 낸다. 순수 인덕턴스의 경우 유도 리액턴스 X_L이 전류 흐름에 총 반대이고, 순수 저항 의 경우 R이 전류 흐름에 총 반대가 된다. 직렬 또는 병렬 전류 흐름에서 R과 X_L의 결 합 저항을 **임피던스**(impedance)라고 부르고 기호는 Z를 사용한다.

직렬로 연결된 저항과 인덕턴스의 임피던스는 다음과 같다.

$$Z = \sqrt{R^2 + X_L^2} \tag{5.25}$$

여기서

  Z = 임피던스, Ω

  R = 저항, Ω

  X_L = 유도성 리액턴스, Ω

직렬로 연결된 저항과 커패시턴스의 임피던스는 다음과 같다.

$$Z = \sqrt{R^2 + X_C^2} \tag{5.26}$$

여기서

  Z = 임피던스, Ω

R = 저항, Ω

X_C = 유도성 커패시턴스, Ω

회로의 임피던스가 R, X_L, X_C를 포함할 때, 저항과 전체 리액턴스는 반드시 고려되어야 한다. X_L과 X_C를 포함하는 임피던스에 대한 식은 다음과 같다.

$$Z = \sqrt{R^2 + (X_L - X_C)^2} \tag{5.27}$$

리액턴스 회로의 전력

직류 회로에서 전력은 전압과 전류의 곱으로 계산되나 교류 회로에서 이는 부하가 저항성이고 리액턴스가 없을 때만 성립한다.

인덕턴스만 포함된 회로의 실제 전력은 0이다. 전류는 인가된 전압보다 90° 지연되어 나타난다. 커패시턴스 회로의 실제 전력도 0이다. 여기서 **실제 전력**(true power)은 교류 한 사이클 동안 회로가 실제로 소비한 평균 전력이다. **피상 전력**(apparent power)은 전압의 유횻값(V)과 전류의 유횻값(A)의 곱이다.

교류 회로에서 실제 전력 대비 피상 전력의 비를 **역률**(power factor)이라고 하며 이 값은 퍼센트 또는 소수점으로 표현된다.

지금까지 우리는 인덕턴스와 저항, 커패시턴스와 저항의 조합이 각각 교류 회로에서 어떻게 작용하는지 알아보았고, RL과 RC 조합이 회로에서 전류, 전압, 전력, 역률에 어떠한 영향을 주는지 살펴보았다. 우리는 이러한 기본적인 특성을 독립적인 현상으로 고려하였다. 우리는 다음의 위상 관계가 사실임을 확인하였다.

1. 저항기에서 전압 강하는 저항기를 통과하는 전류와 **같은 위상**을 갖는다.
2. 인덕터에서 전압 강하는 전류보다 90° 앞서 **리드**한다.
3. 커패시터에서 전압 강하는 전류보다 90° **지연**되어 나타난다.
4. 인덕터와 커패시터를 거친 전압 강하는 전류와 **180°의 위상차**를 갖는다.

교류 문제를 푸는 것은 한 사이클을 통해 교류 발전기의 교류 출력이 한 사이클을 거칠 때 전류도 시간에 따라 바뀐다는 사실로 인해 복잡하다. 이는 회로의 다양한 전압 강하가 동시에 최댓값 또는 최솟값이 아닌 개별적 형태의 위상을 갖기 때문이다.

교류 회로는 종종 저항, 인덕턴스, 커패시턴스를 포함한 세 개의 회로 성분을 갖는다. 이번 절에서는 이 세 가지 근본적인 회로 파라미터를 결합하여 이들이 회로 값에 주는 영향을 공부하고자 한다.

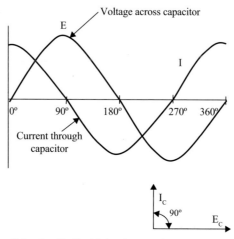

(C) Pure Capacitive Circuit (voltage lags current by 90°).

그림 5.36 사인파형과 R, L, C 회로의 벡터 표현

직렬 RLC 회로

그림 5.36은 순수한 저항성, 유도성, 용량성 회로에 대한 사인파형과 벡터를 각각 보여 준다. 벡터의 크기는 주어진 회로에서 선택한 값에 의존하므로 여기서 벡터는 오직 방 향만을 나타낸다[주: 오직 유횻값(평균제곱근 값, rms)에만 관심을 둠]. 만약 각각의 저항과 리액턴스를 안다면 전압 강하를 결정하기 위해 옴의 법칙이 적용될 수 있다. 즉, 옴의 법칙에 따라 $E_R = I \times R$, $E_C = I \times X_C$이며 또한 $E_L = I \times X_L$이다.

교류 회로에서 전류는 시간에 따라 바뀌며, 그에 따라 다양한 요소의 전압 강하도 시 간에 따라 바뀐다. 그러나 전압과 전류가 같은 위상이 아니므로(순수 저항 회로를 제외 하고) **동시에** 동일한 변동이 나타나는 것은 아니다.

중요사항: 저항성 회로에서 전압과 전류의 위상차는 0이다.

실용적인 측면에서 우리는 주로 전류와 전압의 유횻값에 관심이 있다. 그러나 기초 적인 교류 이론을 이해하기 위해 우리는 한 순간에서 다음 순간까지 어떤 일이 일어나 는지 알 필요가 있다.

그림 5.37의 직렬 회로에 전류가 있고 이 전류가 모든 성분에 공통으로 적용된다. 즉, 전류는 모든 세 가지 요소 전압에 대한 공통적인 기준임을 주목하라. 그림 5.37a의 점선은 공통의 직렬 전류를 나타낸다. 공통되는 전류에 상대적인 관계를 나타내는 각 요소들의 전압 벡터는 개별적인 요소 위에 그려졌다. 총 전압원 E는 개별적 전압 IR, IX_L, IX_C 벡터의 합이다.

세 개의 요소 전압을 그림 5.37b의 벡터 합을 위해 배열하였다. IX_L와 IX_C는 IR로부

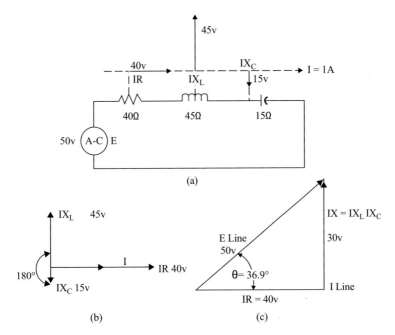

그림 5.37 직렬로 연결된 (a) 저항, (b) 인덕턴스, (c) 커패시턴스

터 각각 90°씩 떨어져 있으므로 서로서로 180° 떨어지게 된다. 두 리액턴스 벡터는 서로 180° 위상차의 반대방향을 나타내므로 두 벡터는 서로 상쇄된다. 즉, 총 리액턴스 전압 E_X는 IX_L와 IX_C의 차이가 되며 이는 $E_X = IX_L - IX_C = 45 - 15 = 30$ V이다.

중요사항: 직렬 회로에서 하나의 리액턴스 요소를 지난 전압은 인가 전압보다 더 큰 유효값을 가질 수 있다.

라인 전압과 라인 전류의 최종 관계는 그림 5.37c에 나와 있다. 만약 X_C가 X_L보다 크면 전압은 전류에 비해 지연되고(리드하지 않음), X_C와 X_L이 같은 값이면 전압과 전류는 같은 위상을 갖게 된다.

중요사항: RLC 회로의 가장 중요한 특성 중 하나는 한 주어진 주파수에 대해 가장 효과적으로 반응하도록 설계할 수 있다는 것이다. 이 상태에서 작동하는 회로는 운전 주파수와 **공진** 또는 **공진상태**라고 한다. 공진은 유도성 리액턴스 X_L가 용량성 리액턴스 X_C와 동일할 때 회로에서 발생한다. 이때 공진 Z는 저항 R과 같아진다.

요약하자면, 직렬 RLC 회로는 다음 세 가지로 설명할 수 있다.

- 직류 RLC 회로에서 전류는 X_C가 X_L보다 크거나 작은지에 따라 인가된 전압보다 리드하거나 지연될 수 있다.
- 직렬 회로에서 용량성 전압 강하는 항상 유도성 전압 강하에서 차감된다.

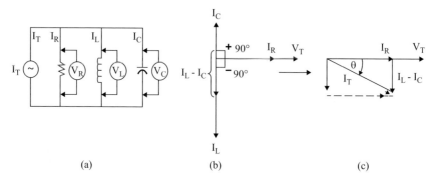

그림 5.38 병렬 회로에서 R, X_L, X_C. (a) 병렬 RLC 회로의 다이어그램, (b) $I_L > I_C$인 경우 벡터 다이어그램, (c) $I_L > I_C$인 경우 전류-벡터 삼각형

- 직렬 회로에서 단순 리액턴스 요소에 의한 전압은 인가된 전압보다 더 큰 유횻값을 가질 수 있다.

병렬 RLC 회로

회로의 **실제 전력**(true power)은 $P = EI \cos \theta$에 의해 계산된다. 즉, 주어진 양의 전력을 전송할 때 전류 I는 역률 $\cos \theta$에 반비례하는 관계를 갖는다. 따라서 인덕턴스에 병렬로 커패시턴스를 추가하면 적절한 조건에서 회로의 역률이 향상되고(역률을 1에 가깝게 함), 라인 손실이 감소되고 전압 조절이 개선된 전력 전송을 가능하게 한다.

그림 5.38a는 첫 번째 저항, 두 번째 인덕턴스, 세 번째 커패시턴스를 가진 세 갈래의 병렬 교류 회로를 보여 준다. 전압은 각 병렬 갈래를 따라 동일하므로 $V_T = V_R = V_L = V_C$이다. 인가된 전압 V_T는 위상각 θ를 결정하기 위한 기준선으로 사용된다. 총 전류 I_T는 I_R, I_L, I_C의 벡터 합이다. 저항에서 전류 I_R은 인가된 전압과 같은 위상을 갖는다(그림 5.38b 참조). 커패시터 I_C의 전류는 전압 V_T를 90°만큼 리드한다. I_L과 I_C는 정확히 180°의 위상차를 갖고 반대방향으로 작용한다(그림 5.38b 참조). $I_L > I_C$일 때(그림 5.38c 참조) I_T는 V_T보다 지연되므로 해당 RLC 회로는 유도성이 높은 것으로 간주된다.

AC 회로에서 전력

리액턴스 없이 저항만을 가진 회로에서 회로가 흡수한 전력량은 $P = I^2R$로 손쉽게 계산할 수 있다. 그러나 인덕턴스와 커패시턴스(또는 둘 다)를 포함하는 회로(교류에서 일반적임)를 다룰 때는 전력의 계산이 좀 더 복잡해진다.

앞에서 전력은 일이 이루어지는 속도에 대한 척도라고 설명하였다. 저항기의 '일'은 전류의 흐름을 정확하고 안전한 수준으로 제한하는 것이다. 이를 위해 저항기는 열을 발산하고 전력은 저항기에 의해 소비되거나 흡수된다.

인덕터와 커패시터도 역시 전류의 흐름을 제한하지만 이들은 라인 전류에 반대되는 전류를 생산하여 저항과 같은 역할을 한다. 유도성 또는 용량성 회로에서 전력의 순간적인 값은 매우 클 수 있으나 오직 저항기만이 열을 소산(전력을 흡수)하므로 인덕터와 커패시터가 실제로 흡수하는 전력은 0이다. 즉, 인덕턴스와 커패시턴스 둘 다 전력을 전력 공급원으로 되돌리게 된다.

저항기 또는 인덕터의 도선 등의 저항기를 가진 요소는 전력을 소비한다. 이 전력은 열의 형태로 방출되어 전력 공급원으로 돌아오지 않는다. 이전에 우리는 회로에서 소비된 전력을 **실제 전력**(true power) 또는 **평균 전력**(average power)이라고 명명하였다. 두 용어는 교환해서 사용할 수 있으나 전체 값은 사이클 동안 회로에서 나타나는 순간 전력 값보다 의미가 있으므로 일반적으로 **평균 전력**이라는 용어를 사용한다.

중요사항: 회로에서 전력이 열로 소산되는 측면에서 **피상 전력**(apparent power)은 전력 공급원으로 돌아온 전력과 열로 소산된 전력을 둘 다 포함하는 반면 **평균 전력**은 열로 소산된 전력만을 의미한다.

모든 피상 전력이 회로에서 소비되는 것은 아니나 교류 발전기가 전력을 공급하므로 피상 전력은 설계 시 반드시 고려되어야 한다. 평균 소비 전력은 적은 반면 전압과 전류의 순간적인 값은 매우 클 수 있다. 피상 전력은 특히 필요한 절연량을 고려할 때 중요한 설계 고려 인자이다.

리액턴스와 저항을 고려한 교류 회로에서 일부 전력은 부하에 의해서 소비되고 일부는 전력 공급원으로 돌아온다. 전류가 일반적으로 전압을 어느 정도의 각으로 리드하거나 지연시키므로 각각의 크기는 위상각에 의존하게 된다.

주: 순수 리액턴스 회로에서 전류와 전압은 90°만큼의 위상각 차이를 갖는다.

RLC 회로에서 R/Z의 비는 위상각 θ의 코사인이다. 그러므로 RLC 회로에서 평균 전력을 계산하는 것은 다음과 같다.

$$P = EI\cos\theta \qquad (5.28)$$

여기서

E = 회로에서 전압의 유횻값

I = 회로에서 전류의 유횻값

θ = 전압과 전류 사이의 위상각

P = 회로가 흡수한 평균 전력

주: 순수 저항 회로에서 평균 전력에 대한 식은 P = EI임을 기억하라. 순수 저항 회

로에서 cos θ는 1이므로 P = EI가 된다. 대부분의 경우 위상각은 90°와 0°의 값 둘 다 아니고 일반적으로 이 두 극단 사이 중간값을 갖는다.

예제 5.10

문제:

RLC 회로는 라인 전류 2 A와 500 V의 전압 공급원을 갖는다. 전류가 전압보다 60°만큼 리드할 때, 평균 전력은 얼마인가?

풀이:

$$\text{평균 전력} = 500 \text{ V} \times 2 \text{ A} \times 0.5 \text{ (주: Cos of } 60° = 0.5)$$
$$= 500 \text{ W}$$

예제 5.11

문제:

RLC 회로는 300 V의 전압 공급원과 2 A의 라인 전류를 가지고 있다. 전류는 전압보다 31.8°만큼 지연되어 나타난다. 이 경우 평균 전력은 얼마인가?

풀이:

$$\text{평균 전력} = 300 \text{ V} \times 2 \text{ A} \times 0.8499$$
$$= 509.9 \text{ W}$$

예제 5.12

문제:

주어진 조건: E = 100 V

I = 4 A

θ = 58.4°

이 경우 평균 전력은 얼마인가?

풀이:

$$\text{평균 전력} = 100 \text{ V} \times 4 \text{ A} \times 0.5240$$
$$= 209.6 \text{ W}$$

참고문헌 Reference

NREL (2000). *Ultracapacitor applications and evaluation for hybrid vehicles.* Accessed 12/12/22 @ https//www.nrel.gov/fyo9ost/45596.pdf.

6 기본적인 물리학 개념
Fundamental Physics Concepts

교육은 차량 엔지니어, 환경 엔지니어, 자동차 기술자가 현장 경험을 준비하도록 도움을 줄 수 있으나 실제적인 학습은 현장에서 이루어진다. 어느 한 분야의 엔지니어 혹은 숙련된 기술자가 되고자 하는 사람은 다음 두 가지 요소를 갖추어야 한다. 첫째로 다방면의 균형 있는 폭넓은 경험을 통해 전통적인 일반주의자를 양성하는 것이 필요하다. 엔지니어는 모든 영역에서 충분히 깊은 경험을 얻을 수 없더라도 그렇게 하려는 열정과 자세를 지녀야 하고, 폭넓은 연구 분야에 흥미를 가지며 충분한 지식이 있어야 한다. 엔지니어는 특정 분야의 교육으로 충족되지 않는 방대한 범위의 문제를 직면하므로 공학적 지식을 응용할 때 다양한 경험과 지식이 반드시 필요하다. 현장의 엔지니어는 사람들이 가진 심리학 및 사회학적 문제를 이해하는 능력과 더불어 역학, 구조, 차량 동역학에 필요한 계산을 수행하여 폭넓은 기술을 요구하는 상황을 처리할 수 있어야 한다. 열정을 가진 공학자는 다양한 전공자로부터 나올 수 있고, 특정 분야의 교육을 받은 학생이라도 다른 분야로 확장하는 것을 스스로 제한하지는 않아야 한다. 그러나 종종 특정 분야의 전문가들은 좁은 시각으로 피상적인 사고를 할 수 있으며, 차량 설계, 제작, 유지에 필요한 적응 능력과 다른 학문에 대한 이해가 부족할 수 있다.

둘째로 정량적 및 논리적 문제 해결을 위한 교육을 받아야 한다. 단순한 연산을 해결할 수 없는 비전문가는 특별한 도움 없이 필요한 정량적 지식을 획득하기가 어렵다. 수학 이외에도 엔지니어는 역학과 구조에 대한 좋은 기초적 지식을 보유해야 한다. 기계, 차량 구조, 역학, 재료, 동역학 및 프로세스에 작용하는 힘에 대한 공부의 기초를 다루지 않는 교육은 공학 실무자를 대략적인 해부학 지식만을 가진 흉부외과 의사와 동일한 위치에 놓이게 한다. 이들은 단순히 목표에 대하여 자신의 느낌을 의지해야 하고, 결국 환자에 대한 아쉬움을 남기게 된다.

—프랭크 R. 스펠먼(Frank R. Spellman), 1996년

서론 Introduction

차량 설계, 차량 엔지니어, 전문 차량 정비사와 같이 특정 직업에 따른 개별적 학습 내용이 중요하지만 우리는 안전, 편리, 작동, 자동차 생산을 결합하는 주요한 요소의 일반

적인 교육에 집중할 것이다. 기초 및 응용 과학(기술, 생물, 행동학적 문제 해결에 적용되는 수학, 자연 및 행동 과학)과 더불어 엔지니어링 및 기술 분야의 교육 및 현장 실습은 차량 엔지니어 또는 고급 차량 기술 설계자에게 필수적이다. 응용 역학, 재료의 특성, 전기 회로, 기계, 공학 설계의 이론, 차량 동역학, 컴퓨터 과학을 포함하는 주제는 이러한 분류에 포함된다.

이 장에서는 응용 역학, 특히 힘과 힘의 합력을 주로 다루는데, 실제 많은 경우 장비의 고장, 사고, 이로 인해 파생되는 부상은 기계, 재료, 구조에 너무 큰 힘이 작용하여 야기된다. 즉, 신뢰성과 안전을 보장하기 위해 시스템, 장치, 제품을 설계하고 점검하기 위해서 차량 엔지니어는 작용되거나 작용될 것으로 예상되는 힘을 계산할 수 있어야 한다. 이외에도 환경 엔지니어 등은 인체에 작용될 것으로 예상되는 물체의 힘(종종 간과되지만 리콜 및 소송을 회피하는 데 중요한 영역)을 계산할 수 있어야 한다. 응용 역학의 일부이거나 이와 관련된 중요한 공학 영역은 재료의 성질, 전기 회로와 기계(구성요소), 기계 설계 등이다. 이 책에서 이러한 모든 공학적 내용을 다룰 수는 없다. 대신 우리의 목표는 몇 가지 기본적인 개념과 차량 공학과의 관계를 살펴보는 것이다.

힘의 분해 Resolution of Forces

우리는 공학적으로 최적 성능을 제공하거나 일부 장치 또는 시스템에 고장이나 손상을 일으킬 수도 있는 '힘'에 대하여 관심을 기울인다. 이러한 힘은 다른 장치와 시스템에 이차적인 피해를 야기하고 사람에게 해를 끼칠 수도 있으며, 일반적으로 강한 힘은 약한 힘에 비해 고장이나 손상을 일으키기 쉽다.

차량 엔지니어와 상위 수준의 차량 기술자는 힘에 대하여 반드시 이해해야 한다. 사물(차와 사람)에 힘이 어떻게 작용하는지, 즉 (1) 힘의 방향, (2) 힘의 작용점, (3) 힘이 작용하는 면적, (4) 물체에 작용하는 힘의 분포 또는 집중, (5) 앞의 요소들이 재료의 강도를 평가할 때 얼마나 필수적인지를 이해해야 한다. 예를 들어 플라스틱 시트의 가장자리에 40 lb의 힘이 평행하게 가해지면 플라스틱 시트는 부서지지 않을 것이나, 만약 큰 망치로 같은 40 lb의 힘으로 시트의 중앙을 가격하면 플라스틱은 부서질 것이다. 한편 같은 힘이 플라스틱 시트와 같은 크기의 금속 패널에 가해지는 경우 금속 패널은 부서지지 않을 것이다.

다른 재료는 다른 강도 특성을 갖는 것을 경험을 통해 알 수 있다. 플라스틱 패널에 충격을 주면 파손을 야기하지만, 금속 패널에 충격을 주면 덴트(dent)를 야기할 것이다. 재료의 강도와 재료의 변형은 인가되는 힘과 직접 관련이 있다. 재료의 중요한 물리적, 기계적 및 기타 특성으로 다음과 같은 것들이 있다.

- 결정 구조
- 강도
- 녹는점
- 밀도
- 경도
- 취성
- 연성
- 탄성계수
- 마모 특성
- 팽창계수
- 수축
- 전도도
- 형상
- 환경 조건에 노출
- 화학 물질에 노출
- 파괴인성

이러한 모든 특성은 힘의 눌림, 부식, 잘림, 당김, 굴림, 비틀림에 따라 바뀔 수 있음을 주목해야 한다.

사물이 받는 힘은 사물이 견딜 수 있는 힘과 종종 다를 수 있다. 특정 사물은 망가지기 전에 최소한의 힘만을 견딜 수 있게 설계되었을 수 있다(예: 장난감 인형은 매우 부드럽고 유연한 재질로 설계되거나 아이가 넘어졌을 때 특정 부위에서 부러지도록 설계하여 부상을 방지함). 반면 어떤 장치들은 최대로 작용할 수 있는 하중과 충격을 견디게 설계되었을 수 있다(예: 지진을 견디도록 건축된 건물).

안전을 고려하여 바퀴 달린 차량에 들어가는 재료를 선정할 때 안전계수(safety factor, SF)가 활용된다. 안전계수(1988 ASSE에 의해 정의)는 부재, 재료, 구조 또는 장비의 극한 파괴강도와 일반적인 작동 시 실제 작용 응력 또는 안전하게 허용되는 하중 간의 설계 시 허용되는 비이다. 단순하게 보면 안전계수를 포함하는 것은 기계의 제작 시 사용되는 재료, 기계의 결합, 기계의 사용과 관련된 많은 미지수(예: 실제 하중의 부정확한 예측, 재료의 불균일성)를 허용하게 한다. 안전계수는 다양한 방식으로 결정될 수 있으며, 가장 일반적으로 사용되는 식은 다음과 같다.

$$SF = \frac{\text{파손을 야기하는 하중}}{\text{허용 응력}} \tag{6.1}$$

재료와 물체에 작용하는 힘은 재료에 작용하는 힘의 방향에 따라 분류된다. 예를 들어 만약 힘이 재료를 바깥쪽으로 잡아당기면 인장응력, 재료나 사물을 양쪽에서 누르면 압축응력이라고 부른다. 전단력은 재료나 사물을 절단하는 힘이다. 비틀림힘은 재료나 물체를 비틀리게 하고, 이들을 구부러지게 하는 힘은 굽힘응력이라고 한다. 지지력은 사물 또는 대상이 다른 사물과 대상을 누르거나 지탱할 때 발생하는 힘이다.

그렇다면 힘이란 무엇인가? 힘은 대개 정지된 상태 또는 사물이 직선에서 일정한 속도로 이동하는 것에 변화를 야기하는 영향으로 정의된다. 불균형 또는 합력의 작용은 힘의 작용 방향으로 물체를 가속시키거나 변형(자유롭게 움직일 수 없을 때)을 야기한다(후크의 법칙). 힘은 크기와 방향을 가진 벡터량(그림 6.1a와 b 참조)이고, SI 단위로 뉴턴(N)으로 표기한다(1 N은 3.6 ounce 또는 0.225 lb와 동일함).

뉴턴의 운동 제2법칙에 따라 합력의 크기는 합력이 작용하는 사물의 운동량 변화율과 동일하다. 즉, 질량을 가진 물체(kg)에 가속도(m/s^2)를 야기하는 힘(F)은 다음과 같다.

$$F = ma \tag{6.2}$$

환경공학 관점에서 힘 F와 그것이 작용하는 사물의 주요한 관계는 다음과 같다.

$$F = sA \tag{6.3}$$

여기서

    s = 힘 또는 단위면적당 응력(예: 제곱인치당 파운드)

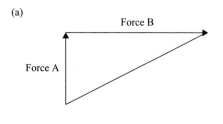

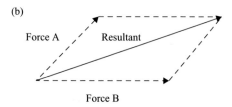

그림 6.1   (a와 b) 힘은 벡터량이다.

A = 힘이 작용하는 면적(제곱인치, 제곱피트 등)

주: 재료가 견딜 수 있는 응력은 재료와 하중 형태와의 함수이다.

둘 또는 둘보다 많은 힘이 종종 단일한 힘의 효과를 야기하는 것처럼 작용할 수 있는 데 이를 합력이라고 한다. 힘의 결합은 삼각형과 평행사변형 법칙의 두 가지 방법으로 수행될 수 있다. 삼각형 법칙은 두 개의 힘이 동시에 작용할 때 첫 번째 힘의 끝에 두 번째 힘을 벡터적으로 배치하여, 두 힘의 시작과 끝을 연결한 벡터를 통해 합력을 나타내는 방법이다(그림 6.1a 참조). 평행사변형 법칙은 두 개의 동시에 작용하는 힘이 벡터적으로 배치되어 하나의 교차점을 가리키거나 교차점으로부터 멀어지게 되면 하나의 평행사변형을 그려 두 힘의 합력을 나타내게 된다. 힘의 합력을 결정(그림 6.1b 참조)하기 위해서는 작용하는 두 힘의 방향과 크기를 알아야 한다. 삼각형 또는 평행사변형이 완성된 경우, 동시에 작용하는 힘 각각을 알거나, 힘들 중 하나와 합력을 안다면, 합력은 삼각법(사인, 코사인, 탄젠트) 또는 그래프 기법(주어진 힘 또는 힘들을 평행사변형 또는 삼각형에서 정확한 척도와 방향으로 배치하고, 같은 척도에서 나머지 힘을 측정하는 것)에 의해 손쉽게 계산할 수 있다.

슬링

엔지니어, 유지보수 기술자 등이 계산할 수 있는 몇 가지 예제를 살펴보자. 이 예제들은 다른 하중 조건에서 슬링(sling)을 리프트로 끌어 올리는 것을 고려한다.

주: 슬링은 일반적으로 크레인, 기중기 및/또는 호이스트와 하중 사이에 사용되어 하중을 들어 올려 원하는 위치로 이동시키는 데 사용된다. 엔지니어는 재료에 대한 지식과 슬링의 한계, 들어 올리는 재료의 종류와 조건, 들어 올리는 사물의 무게와 형태, 들어 올리는 하중과 슬링의 각도, 들어 올려지는 환경 모두 사물의 이동이 안전하게 진행되기 위해 평가해야 하는 중요한 고려 대상이다. 차량은 부품 교체를 포함한 조립 및 유지보수가 필요하며, 이러한 작업을 수행하기 위해서 여러 형태와 방식으로 슬링을 사용한다. 그러므로 이번 절에서 슬링에 대하여 논의하는 것은 중요하다.

예제 6.1

문제:

두 개의 슬링에 의해 지지되는 2,000 lb의 하중을 가정하자. 슬링은 하중과 60°의 각도를 이루고 있다(그림 6.2 참조). 이 경우 슬링 각각에 작용하는 힘은 얼마인가?

주: 이러한 형태의 문제를 풀 때는 그림 6.2에 보인 것과 같이 대략적인 다이어그램을 그리는 것이 효과적이다.

풀이:

힘의 분해를 통해 답을 제공할 수 있다. 삼각법을 사용하거나 그래픽 방법을 사용하여 문제를 풀 수 있다는 것을 기억하라. 평행사변형 법칙과 삼각법을 사용하여 다음처럼 문제를 풀 수 있다(그림 6.3과 같은 그림을 그려라).

　수직으로 작용하는 집중 하중(2,000 lb)을 수직선에 그리고 슬링의 다리는 하중과 서로 60° 각도를 이루며 **ab**와 **ac**로 나타낼 수 있다. 평행사변형은 교차점 **d**를 지나고 **ab**와 **ac**에 평행한 선을 그려 결정할 수 있다. 이때 **cb**와 **ad**가 교차하는 점을 **e**로 나타낼 수 있다. 힘 다이어그램에 보였듯이 슬링의 각 다리의 힘(예: **ab**)은 수직으로 작용(**ae**)하는 힘과 수평으로 작용(**be**)하는 힘, 두 힘의 합력이다. 힘 **ae**는 힘 **ad**의 절반 값을 가진다(수직으로 작용하는 전체 힘은 2,000 lb이므로 힘 **ae**는 1,000 lb가 됨). 절반의 관계는 **ab**와 **bd**가 이루는 각도에 관계없이 일정하게 유지된다. 이는 각도가 커지거나 작아짐에 따라 **ae**도 커지거나 작아지기 때문이며, 각도 변화에 관계없이 **ae**는 항상 **ad**/2이다. 힘 **ab**는 오른쪽 삼각형 **abe**에 의해 계산될 수 있다.

$$\text{사인 각도} = \frac{\text{마주 보고 있는 변}}{\text{빗변}}$$

$$\text{그러므로 } \sin 60° = \frac{ae}{ab}$$

$$\text{자리를 바꾸면 } ab = \frac{ae}{\text{sine } 60°}$$

$$\text{주어진 값을 대입하면 } ab = \frac{1,000}{0.866} = 1,155$$

　하중으로 인해 60°의 각도를 가진 슬링의 각 다리에 작용하는 무게는 1,155 lb이다. 하중은 수직력과 수평력으로 분해되므로 슬링에 작용하는 무게는 총 하중의 반보다 큰 값을 갖는다. 여기서 중요한 것은 각도가 작아질수록 슬링에 작용하는 하중(힘)이 커진다는 것이다. 예를 들어 15° 각도의 2,000 lb 하중에 대하여 각 다리에 작용하는 하중(힘)은

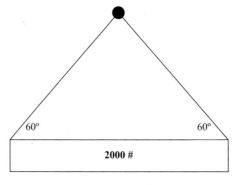

그림 6.2　예제 6.1에 대한 그림

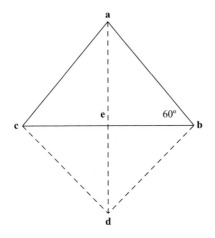

그림 6.3　예제 6.1에 대한 그림

3,864 lb로 증가한다.

　다른 각도들에서 2,000 lb 하중이 각 다리에 얼마나 큰 힘이 될지를 살펴보자(슬링을 들어 올리는 일반적인 각도들; 그림 6.4 참조).

　몇 가지 예제를 더 다루어 보자.

예제 6.2

문제:

3,000 lb의 하중을 두 개의 슬링을 이용하여 들어 올린다. 슬링의 끝이 하중과 이루는 각도는 30°이다. 이때 슬링 각각에 작용하는 하중은 얼마인가?

풀이:

$$\text{Sine A} = \frac{a}{c}$$

$$\text{Sine } 30 = 0.500$$

$$a = \frac{3,000 \text{ lb}}{2} = 1,500$$

$$c = \frac{a}{\text{Sine A}}$$

$$c = \frac{1,500}{0.5}$$

$$c = 3,000$$

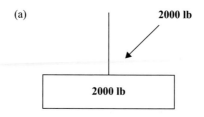

(a)

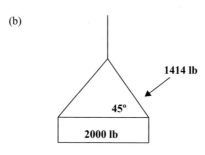

(b)

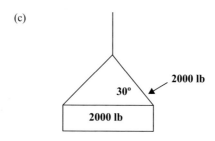

(c)

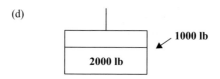

(d)

그림 6.4 (a~d) 예제 6.2에 대한 슬링 각도와 하중의 예

예제 6.3

문제:

10,000 lb를 지지하는 두 개의 로프 슬링이 주어진 경우, 왼쪽 슬링에 작용하는 하중(힘)은 얼마인가? 이때 하중과 슬링이 이루는 각은 60°이다.

풀이:

$$Sine\ A = \frac{a}{c}$$

$$Sine\ A = \frac{60}{0.866}$$

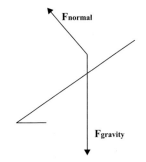

그림 6.5 경사면에 작용하는 힘

$$a = \frac{10,000}{2}$$

$$c = \frac{a}{\text{Sine A}}$$

$$c = \frac{5,000}{0.866}$$

$$c = 5,774 \text{ lb}$$

경사면

엔지니어가 종종 접하는 다른 일반적인 문제는 하중(예: 차량의 섀시)을 경사면(경사로) 위로 움직이기 위해 재료에 야기되는 힘을 분해하는 것이다. 이와 같은 형태의 작업 활동이 안전에 미치는 영향은 명백하다. 경사면에 작용하는 힘을 그림 6.5에 나타내었다. 완전히 적재된 카트를 경사로(경사면) 위로 끌어 올리는 데 요구되는 힘을 계산하는 일반적인 예를 살펴보자.

예제 6.4

문제:

완전히 적재된 400 lb의 차량이 경사로에서 끌어 올려지는 상황을 가정하자. 이 경사로는 수평방향 12 ft당 수직방향 5 ft만큼 올라갈 수 있다. (그림 6.6과 같은 대략적인 그림을 그려라.) 이 경우 경사로를 오르기 위해 요구되는 힘은 얼마인가?

　주: 예를 드는 목적이므로 마찰력은 무시하는 것으로 가정하자. 마찰이 없으면 카트가 수평방향으로 이동하기 위해 요구되는 일은 0이다. (일단 카트가 움직이기 시작하면 카트는 일정한 속도로 이동한다. 움직이기 시작할 때만 일이 요구된다.) 그러나 카트가 경사로를 오르기 위해 요구되는 힘, 또는 차량이 정지 상태를 유지(평형 상태)하기 위해 J만큼의 힘이 요구된다. 경사로 각도가 증가할수록 경사로를 올라가는 하중이 증가하므로, 이동을 위한

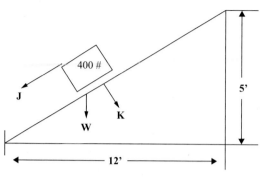

그림 6.6 예제 6.4에 대한 경사면

더 큰 힘과 일이 요구된다. (이는 카트가 마찰 없는 수평면에서 이동하는 경우와 다르다. 실제 상황에서 마찰은 절대 무시할 수 없으며 카트를 움직이기 위해 일이 요구된다.)

풀이:

관련된 실제 힘을 결정하기 위해서 힘의 분해를 사용할 수 있다. 첫 단계는 경사로 각을 결정하는 것이고, 이는 다음 공식에 의해 계산할 수 있다.

$$\tan (\text{경사로 각도}) = \frac{\text{반대면}}{\text{인접면}} = \frac{5}{12} = 0.42$$

$$\text{즉, arctan } (0.42) = 22.8°$$

이제 힘의 평행사변형을 그리고 삼각법을 적용하는 것이 필요하다(그림 6.7 참조). 카트 W의 무게(수직으로 작용하는 힘)는 두 가지 힘의 성분으로 분리될 수 있다. 하나의 힘 J는 경사면에 평행하게, 다른 힘 K는 경사면에 수직으로 작용한다. 경사면에 수직 성분 힘 K는 카트가 경사면을 오르려고 하는 움직임을 방해하지 않는다. 수평 성분 J는 카트가 경사면을 내려올 때 가속할 수 있는 힘을 나타낸다. 즉, 카트를 경사로 위로 끌어 올리기 위해서는

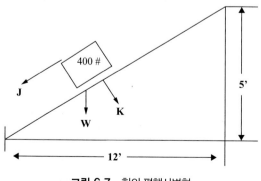

그림 6.7 힘의 평행사변형

J와 같거나 더 큰 힘이 요구된다.

삼각형의 닮은꼴의 원리를 적용하면 각도 WOK는 경사각과 같다.

$$OJ = WK$$

$$OW = 400 \text{ lb}$$

$$\text{sine}(WOK(22.8°)) = \frac{\text{반대면(WK)}}{\text{빗면(OW)}}$$

위치를 바꾸면 $WK = OW \times \text{sine}(22.8°)$

$$WK = 400 \times 0.388 = 155.2$$

즉, 22.8°의 경사각에서 카트를 끌어 올리기 위해 요구되는 힘은 155.2 lb이다(마찰을 무시할 때). 카트는 수직으로 바로 올리거나(400 pound × 5 feet = 2,000 foot-pound) 또는 경사로를 이용하여 끌어 올릴 수 있는데(155.2 pound × 13 feet = 2,000 foot-pound), 어떠한 방법을 사용해도 일의 전체 양은 동일하다는 것을 주목할 필요가 있다. 수직 리프트 대신에 경사로를 사용하면서 얻은 이점은 이동 시 더 적은 힘이 요구된다는 점이다(다만 더 먼 거리를 이동해야 하는 단점이 있음).

재료의 성질과 역학적 원리 Properties of Materials and Principles of Mechanics

위험을 인지하여 적절한 제어를 선택 및 실행하기 위해서 엔지니어는 재료의 성질과 역학적 원리를 잘 이해해야 한다. 이번 절은 먼저 재료의 성질로 시작하여 이후 폭넓은 역학적 개념을 다루고자 한다. 구체적으로는 정역학으로 시작하여 전기 기계에 대한 내용으로 마무리한다. 이 내용의 의도는 재료의 특성, 역학적 원리 등 자동차와 관련된 영역에서 필요한 광범위한 지식을 명확하게 설명하고, 적절히 융합된 지식을 통해 잘 훈련된 차량 엔지니어를 양성하는 데 도움을 주는 것이다.

재료의 성질

재료의 특성에 대해 말할 때, 우리는 무엇을 언급하며, 왜 엔지니어는 이 주제에 관심을 가져야 하는가? 이 질문에 대한 가장 좋은 대답은 다음 예를 통해 설명될 수 있다. 사전 설계 회의에서 설계 및 안전 엔지니어와 함께 일하는 차량 엔지니어는 조립 공장에서 대형 메자닌(두 층 사이에 지은 작은 층)의 제작 시, 많은 경우 특정 건축 재료에 사용되는 관련 데이터, 파라미터, 스펙에 노출될 수 있다(노출되어야 한다). 특정 메자닌을 제작할 때 크고 무거운 장비 부품을 보관하는 데 사용될 것이라는 점이 요구 조건이었다. 완성된 메자닌에 대한 요구 조건은 무거운 하중을 지탱할 수 있는 재료를 사용하여 메자닌 제작의 필요성을 야기한다.

예를 들어 설계 엔지니어가 알루미늄 합금(종류: No. 17ST)을 사용하는 계획을 가지고 있다고 하자. 이들은 메자닌을 제작하기 위해 No. 17ST를 사용하거나 필요한 수량을 결정하기 전에, 예상된 하중을 견딜 수 있는지 확인하기 위해 메자닌의 기계적 특성을 결정하는 것이 필요하다. (또한 안전을 고려하여 예상보다 훨씬 큰 하중을 처리할 수 있는 재료 유형을 선택할 것이다.)

「Mechanical Properties of Engineering Materials in Urquhart's Civil Engineering Handbook」 4판(1959)의 표를 사용하여 No. 17ST에 대해 다음 내용들을 확인한다(표 6.1).

하나의 질문은 "이러한 정보가 엔지니어에게 중요한가?"이다. 아니다. 정확히는 아니다. 엔지니어에게 중요한 것은 다음과 같다. (1) 이전에 설명한 절차가 실제로 완수되는 것, 즉 경험이 많은 엔지니어는 메자닌을 건설할 때 사용하기에 적절한 재료를 결정하는 데 실제로 시간을 할애한다. (2) 구체적인 용어로 이러한 정보에 노출될 때 환경 엔지니어는 설계 엔지니어가 말하는 것이 무엇인지와 내용의 중요성을 파악하기 위해 사용된 언어에 대한 충분한 이해가 있어야 한다. 볼테르(Voltaire)의 다음 문장을 기억하라. "나와 대화하기를 원한다면 용어를 정의하십시오."

우리의 대화가 가능하도록 몇몇 다른 공학 용어와 그것들의 정의를 살펴보자. 많은 공학 용어들은 Heisler의 「The Wiley Engineer's Desk Reference: A Concise Guide for the Professional Engineer」(1984)와 Giachino와 Weeks의 「Welding Skills」(1985)에서 찾을 수 있는데 이는 안전 엔지니어를 위한 표준 참고 서적이다.

응력(stress)—변형에 대한 재료의 내부 저항력. 단위면적에 작용된 하중의 항으로 측정된다(그림 6.8 참조).

변형(strain)—응력으로 야기된 변형. 단위인치당 변형량의 항으로 표현된다.

응력강도(intensity of stress)—단위면적당 응력, 제곱인치당 파운드로 표현된다. **A**

표 6.1 공학 재료 No. 17ST의 성질

극한 강도, psi(연성 재료의 압축에 대한 극한 강도로 정의됨, 일반적으로 항복점의 값을 취함)	Tension : 58,000 psi
	Compression : 35,000 psi, Shear: 35,000 psi
항복점 인장응력, psi	@ 35,000 psi.
탄성계수, 인장 혹은 압축, psi	10,000,000
탄성계수, 전단, psi	@ 3,750,000
단위 in³당 무게, lb	0.10

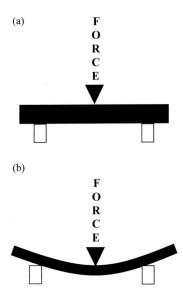

그림 6.8 (a) 응력―단위면적에 작용된 하중의 항으로 측정됨; (b) 변형―단위인치당 변형량의 항으로 측정됨

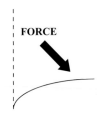

그림 6.9 탄성과 탄성한계―금속은 최대응력에 도달하지 않는 한 늘어나거나 변형 후 초기 형상으로 돌아오는 능력을 가지고 있다.

제곱인치 면적에 인장, 압축, 전단을 야기하는 균일하게 분포된 **P** 파운드의 힘. 응력이란 용어는 응력강도를 나타내기 위해 일반적으로 사용된다.

　　극한응력(ultimate stress)―파열이 발생하기 전 사물에서 발생할 수 있는 최대응력.

　　허용응력(allowable stress)[또는 **작업응력**(working stress)]―구조 또는 기계의 재료가 저항하도록 설계된 응력 강도.

　　탄성한계(elastic limit)―재료가 응력을 받고 응력이 제거된 후 원래 형상으로 돌아올 수 있는 최대응력 강도(그림 6.9 참조).

　　항복점(yield point)―응력이 작은 증가에도 길이의 변화가 급격하게 증가하는 응력 강도.

　　탄성계수(modulus of elasticity)―탄성한계보다 낮은 응력에서의 응력과 변형의 비.

그림 6.10   인장강도를 가진 금속은 양쪽으로 잡아당기는 힘에 저항한다.

그림 6.11   압축강도─압축력에 저항하는 금속의 능력

탄성계수를 확인하여 다양한 재료의 상대적인 강성을 쉽게 평가할 수 있음. 강도와 강성은 많은 기계와 구조 응용에 중요하다.

푸아송 비(Poisson's ratio)─탄성한계를 초과하지 않은 응력의 수직 하중 하에서 막대의 단위길이 변화에 대한 상대적인 직경 변화의 비.

응력강도(intensity of stress)─단위면적당 응력, 제곱인치당 파운드로 표현된다. **A** 제곱인치 면적에 인장, 압축, 전단을 야기하는 균일하게 분포된 **P** 파운드의 힘. 응력이란 용어는 응력강도를 나타내기 위해 일반적으로 사용된다.

인장강도(tensile strength)─금속을 양쪽으로 잡아당기는 힘에 저항하고자 하는 성질. 금속 평가 시 매우 중요한 요소 중 하나이다(그림 6.10 참조).

압축강도(compressive strength)─압축 시 재료의 저항하는 능력(그림 6.11 참조).

굽힘강도(bending strength)─하중이 작용하는 방향으로 부재가 굽혀지거나 휘어지게 하는 힘에 저항하는 성질. 실제로 인장응력과 압축응력의 조합으로 나타낸다(그림 6.12 참조).

비틀림 강도(torsional strength)─부재가 비틀리는 힘을 견디는 금속의 능력(그림 6.13 참조).

전단강도(shear strength)─부재가 다른 방향으로 작용하는 두 개의 동일한 힘을 견디는 능력(그림 6.14 참조).

피로강도(fatigue strength)─다양한 종류의 빠르게 반복되는 응력에 저항하는 금속의 성질.

충격강도(impact strength)─급하고 빠른 속도로 작용된 하중에 저항하기 위한 금속의 능력.

연성(ductility)─깨지거나 갈라짐 없이 늘이거나 구부리거나 비틀 수 있는 금속의

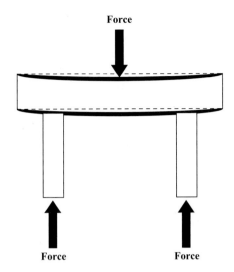

그림 6.12 굽힘강도(응력)―인장강도(응력)와 압축강도(응력)의 조합

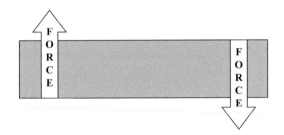

그림 6.13 비틀림 강도―비틀리는 힘에 저항하는 금속의 능력

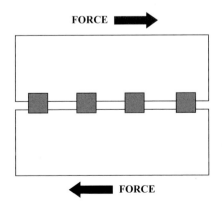

그림 6.14 전단강도―두 개의 동일한 힘이 반대방향으로 작용한다.

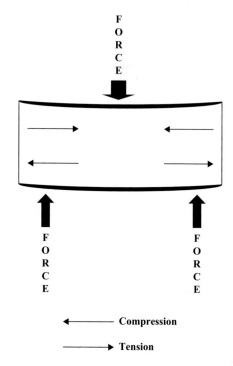

그림 6.15 굽힘이 작용하는 동안 보 단면에서의 응력 분포

능력(그림 6.15 참조).

경도(hardness)―압흔 또는 관통에 저항하는 강철의 성질.

취성(brittleness)―낮은 응력에서 금속이 쉽게 파손되는 상태.

강인성(toughness)―연성과 함께 강도로 고려될 수 있음. 강인한 재료는 파손 없이 많은 에너지를 흡수할 수 있다.

유연성(malleability)―금속이 압연, 압착, 단조 등에서 발생할 수 있는 결함 없이 압축력에 의해 변형되는 능력.

마찰력

앞에서 경사면의 원리를 논의할 때 우리는 마찰 효과를 무시하였다. 실제 사용 시에는 마찰을 무시할 수 없으며 마찰의 특성과 용도에 대해 어느 정도 이해하고 있어야 한다. 마찰은 미끄러지기 직전이거나 미끄러지고 있는 다른 사물과 접촉하는 사물에서 발생한다. 마찰은 걷고, 스키를 타고, 차량을 운전하고, 기계에 동력을 공급하는 것을 가능하게 한다. 하나의 사물이 다른 사물 위로 미끄러질 때 움직임을 방해하는 마찰력이 그들 사이에서 야기된다. 마찰력은 움직임에 저항하는 접촉면에 접하는 힘이다. 만약 사물이 움직이기 시작하면 저항은 운동 마찰력이 되고 이는 일반적으로 정지 마찰력보다 낮은 수치를 갖는다. 일반적인 인식과 달리 마찰력은 표면의 매끄러운 정도와 관련이 없고, 재료의 분자 구조와 연관성을 가진다. 마찰계수 M(재료에 따라 다름)은 두 사물 사이의 마찰력 F와 법선력 N의 비로 다음과 같이 표현된다.

$$M = \frac{F}{N} \tag{6.4}$$

사물의 무게(힘 N)가 변하더라도 건조한 표면에서의 마찰계수는 일정하다. 벽돌을 움직이는 데 요구되는 마찰력(F)은 무게의 변화에 따라 선형적으로 변한다. 마찰계수 는 접촉면에 독립적이므로 끄트머리, 모서리, 편평한 마루에서 하나의 벽돌을 미는 경 우 동일한 힘이 요구된다. 마찰계수는 특정한 일을 하기 위해 요구되는 힘을 결정할 때 유용하고, 이 값은 온도 변화에 미미하게 영향을 받는다. 마찰은 마모를 야기하며, 마모 를 완화하기 위해 윤활유가 사용된다.

압력

역학에서 압력은 단위면적당 받는 힘, 즉 다음 식으로 표현한다.

$$압력 = \frac{총 힘}{면적} \tag{6.5}$$

압력은 보통 단위면적당 힘으로 표현되며, 기체를 다룰 때는 제곱인치당 파운드로, 주어진 바닥 면적에서 무게를 다룰 때는 제곱피트당 파운드로 표현한다. 표면에 작용 하는 압력은 단위면적당 작용하는 수직력이다. 게이지압력은 절대압력과 대기압의 차 이이다.

비중

비중은 특정 재료의 무게와 동일한 체적을 가진 물의 무게에 대한 비이다. 이 수는 재료 의 무게를 동일한 체적의 물의 무게로 나눈 값이다. 단위체적당 재료의 무게는 밀도로 정의되므로 비중은 다음 관계식으로 표현할 수 있다.

$$비중 = \frac{사물의 밀도}{물의 밀도} \tag{6.6}$$

예를 들면, 특정 재료의 밀도는 0.24 lb/in³이며, 물의 밀도는 0.0361 lb/in³이다. 그러 면 해당 재료의 비중은

$$\frac{0.24}{0.0361} = 6.6$$

이다. 이 재료는 물보다 6.6배 무겁다. 사용하는 단위와 상관없이 비는 바뀌지 않으므로 다음 두 가지 측면에서 장점이 있다. (1) 같은 재료는 항상 같은 값을 갖는다. (2) 단위가 바뀌면 값이 바뀌는 밀도라는 개념보다 덜 헷갈린다.

힘, 질량, 가속도

뉴턴의 운동 제2법칙에 따라 질량에 작용하는 비평형 힘에 의해 야기된 가속도는 비평형 힘의 방향으로 작용하는 힘과 정비례하고 가속되는 총 질량과 반비례한다.

뉴턴의 운동 제2법칙을 수학적으로 표현하면 다음과 같이 나타낼 수 있다.

$$F = ma \tag{6.7}$$

이 식은 물리학과 공학에서 매우 중요한데 가속도를 힘과 질량의 두 항으로 단순하게 표현한다. 가속도는 걸린 시간 대비 속도의 변화로 정의되고 이를 통해 가속도가 어떻게 측정되는지 알 수 있다. 식 'F = ma'는 우리에게 무엇(비평형 힘)이 가속도를 야기하는지 알려 준다. 여기서 질량은 무게를 중력가속도로 나눈 값에 의해 얻어진다. 실용적인 관점에서 중력은 지구상에 항상 존재하므로 질량에 중력가속도를 곱하여 무게의 관점으로 생각할 수도 있다.

원심력과 구심력

원심력과 구심력은 공학자가 친숙하게 생각하는 두 용어이다. 원심력은 겉보기 힘(실제가 아닌)에 기초한 개념이다. 회전하거나 궤도를 도는(예: 줄에 묶여 빙빙 도는 공) 물체에 반경 바깥쪽으로 작용하는 힘으로 생각할 수 있으며, 이는 실제 힘인 구심력(물체의 반경 안쪽으로 작용하는 힘)과 균형을 이루게 된다.

이 개념은 작업이나 조립 중에 접하거나 차량에서 접하는 기계의 대부분이 빠르게 회전하는 바퀴와 플라이휠을 포함하므로 차량 공학에서 중요하다. 바퀴가 충분히 빠른 속도로 회전하는 경우 바퀴의 분자 구조가 원심력을 극복하기에 충분히 강하지 않다면 바퀴는 파손될 수 있다. 바퀴의 조각(파편)은 바퀴가 이루는 원호와 접한 방향으로 날아갈 수 있으므로, 안전에 영향을 미칠 것이 명백하다. 이러한 장치를 사용하거나 가까이 있는 작업자는 회전하는 부재가 파열될 때 심각한 부상을 입을 수 있다. 이것은 받침대 그라인더에서 연마 중인 바퀴가 튕겨 나갈 때 일어날 수 있다. 가장자리 속도는 원심력을 결정하고 또한 바퀴의 회전속도(rpm)와 직경과 상관성을 갖는다.

응력과 변형

재료에서 응력은 사물에 적용된 변형력의 척도이다. 변형(종종 응력과 동의어로 잘못 사용되는)은 실제로 형상의 변화(변형)로 인한 결과이다. 완전 탄성 재료의 경우 응력은 변형에 비례한다. 이 관계는 "탄성한계를 초과하지 않는 한 사물의 변형은 변형력의 크기에 비례한다"고 하는 후크의 법칙(Hooke's law)에 의해 설명된다. 탄성한계가 초과되지 않은 경우 힘이 제거되면 사물은 원래 크기로 돌아온다. 예를 들어 스프링이 1 N의 무게에 의해 2 cm 늘어나게 되면, 2 N의 하중이 적용되는 경우 4 cm만큼 늘어나게 된다. 그러나 적용된 무게가 스프링에 대한 탄성한계를 초과하게 되면 후크의 법칙이 더 이상 성립하지 않게 된다. 연속된 무게 증가는 스프링이 부서질 때까지 더 큰 연장을 야기한다. 응력 힘은 다음 세 가지로 분류된다.

1. 인장(또는 인장응력)—한 물체에 서로 반대로 작용하는 같은 힘. 물체를 연장함.
2. 압축응력—서로 동일하고 다른 방향을 나타내는 힘이 물체를 향해 적용되는 힘. 물체를 축소함.
3. 전단응력—물체에 같은 작용선과 판으로 적용되지 않는 동일하나 반대되는 힘. 체적 변화 없이 형상을 바꿈.

역학의 원리 Principles of Mechanics

이 절에서는 정역학, 동역학, 보, 바닥, 기둥, 전기 회로, 기계에 대한 기계공학적 원리를 다루고자 한다. 차량 엔지니어는 이 모든 것에 대해 어느 정도 숙지하고 있어야 한다.

주: 설계 사양을 검증해야 하는 안전공학자(안전을 염두에 두는)는 이 주제에 대해 단순히 숙지하는 수준을 넘어야 한다.

정역학

정역학은 정지된 물체의 거동 및 평형 상태의 힘과 관련된 역학의 한 종류이며 (움직이는 물체의 거동과 관련된) 동역학과 구분된다. 정역학에 작용하는 힘은 거동을 야기하지 않는다. 정역학의 응용 사례로는 볼트, 용접, 리벳, 하중 전달 부품(로프, 체인), 기타 구조 요소 등이 있다. 정역학의 일반적인 예로 볼트와 판을 조립하는 경우를 들 수 있다. 볼트는 인장력을 받으며 두 요소를 함께 고정한다.

용접

용접은 재료의 효율적인 사용 및 빠른 제작과 조립을 위해 금속들을 접합하는 방법이다. 용접을 통해 설계자는 새롭고 심미적으로 매력적인 디자인을 개발하고 사용할 수 있으며, 추가적인 연결판이 필요치 않다. 리벳, 볼트 등을 위한 구멍으로 인해 하중 전달 능력이 저하되는 것을 보완할 필요가 없으므로 무게를 절약할 수도 있다(Heisler, 1984). 단순히 보면 용접 과정은 야금 결합을 이용하여 두 개의 금속판을 결합하는 것이다. 대부분의 공정은 융착 기술을 사용하며, 가장 널리 사용되는 두 가지는 아크 용접과 가스 용접이다.

두 개의 금속을 접합하는 용접 과정에서 금속의 기계적 특성은 중요하다. 금속의 기계적 물성치는 적용된 하중에서 재료가 어떻게 거동하는지의 측정을 가능하게 한다. 다시 말해서 금속이 하나 이상의 하중을 받을 때 그 재료가 얼마나 강한지를 나타낸다. 여기서 중요한 것은 금속의 강도 특성을 알아 이를 활용하게 되면 안전하면서도 견고한 구조물을 제작할 수 있다는 것이다.

용접에서 용접공은 기본 금속과 비교하여 작업을 하기에 충분한 강도를 가진 용접물을 만들어야 한다. 즉, 용접공은 엔지니어처럼 금속의 기계적 특성에 관심을 가져야 한다.

동역학

동역학(역학에서 운동에너지)은 힘의 작용으로 야기된 사물의 거동에 대한 수학 및 물리학의 연구이다. 동역학에서 무게 중심, 변위, 속도, 가속도, 운동량, 운동에너지, 위치에너지, 일, 동력의 성질들은 중요하다. 예를 들어 차량 엔지니어는 이러한 물리적 성질을 바탕으로 회전 장비가 날아가 작업자에게 부상을 일으키지 않을지, 또는 움직이던 차량이 멈추는 데 요구되는 거리를 결정하는 일을 한다.

유압학과 공압학—유체역학

유체역학은 유체(액체와 기체는 유체로 간주됨)에 작용하는 힘에 관한 연구로, 유압학(액체와 관련)과 공압학(공기와 관련)은 유체역학 연구의 부분집합이다. 엔지니어는 많은 유체역학 문제와 응용 사례를 직면한다. 특히 화학 산업에 종사하거나 또는 화학 물질을 사용하거나 생산하는 공정에서 일하는 엔지니어는 액체 또는 기체의 흐름을 이해하여 이들의 거동을 예측하고 통제하는 것이 필요하다.

참고문헌 Reference

ASSE (1988). The American Society of Safety Engineers MSDS hyperglossar. Accessed 11/30/21@www.ilpi.com.msds/ref/asse.

Heisler, S. I., *The Wiley Engineer's Desk Reference*. New York: John Wiley and Sons, 1984.

7 차량동역학
Dynamics of Vehicle Motion

바퀴 달린 차량의 공학 및 설계에서 차량동역학은 움직이는 차량과 그것이 움직이는 방식에 대한 연구이다. 설계 및 공학 전문가는 차량의 기능과 기본적으로 추가되는 기능을 완전히 이해하는 것이 중요하다. 기본적으로 전기자동차는 가솔린, 디젤, 바이오 디젤, 수소로 구동되는 차량과 일반적으로 동일한 방식으로 작동한다. 전진 및 후진을 제공하는 연료원, 구동장치 및 기어박스가 있다. 즉, 바퀴 달린 차량에는 다음과 같은 하위 시스템/모듈이 포함된다.

- **전기차 전력 모듈**—전기차 견인, 전자 제어 장치(electronic control unit, ECU), 변속 제어 장치(transmission control unit, TCU), 모터, 기어박스(단일 속도 변속기, 구동축)를 포함
- **전기차 섀시 모듈**—서스펜션, 조향, 제동 및 주차, 타이어 및 휠을 포함
- **전기차 본체 모듈**—보닛, 도어, 루프, 트림 등을 포함

차량동역학(일명 차량역학—차량동역학은 확립된 역학을 다루고 기반으로 하는 공학의 하위집합임)으로 돌아가 보자. 간단히 말해서 바퀴 달린 차량의 차량동역학은 차량 운동에 대한 연구이다. 좀 더 구체적으로 말하면 차량동역학은 운전자 입력, 추진 시스템 출력, 주변 조건, 공기/표면/물 조건 등에 따라 차량의 전진 움직임이 어떻게 변하는지에 대한 연구이다. 간단하게 말해 차량동역학은 바퀴 달린 차량을 추진하는 데 필요한 에너지의 양과 차량을 움직이는 데 필요한 에너지의 양을 결정하는 데 관련된 제한 요소에 대한 연구이다.

다시 말하지만, 그것은 모두 움직임에 관한 것이다. 그렇다면 차량동역학에 영향을 미치는 요소는 무엇인가?

차량동역학에 영향을 미치는 요소는 구동계와 제동, 서스펜션과 조향, 질량 분포, 공기역학, 타이어 등 매우 다양하다. 바퀴 달린 차량 응용 분야에서는 차량 설계의 기본이 가장 중요하며 기본 물리학(역학)에 내장되어 있다. 순수한 과학적 영향 측면에서 차량동역학은 **물체의 가속도는 물체에 가해지는 순 힘에 비례한다**는 뉴턴의 운동 제2법칙에 관한 모든 것이다. 이 설명에서 '순 힘'이라는 용어는 바퀴가 달린 차량에 적용하는 힘의 양을 나타낸다.

차량동역학에 영향을 미치는 요인 Factors Affecting Vehicle Dynamics

앞에서 언급한 바와 같이 구동계와 제동, 서스펜션과 조향, 질량 분포, 공기역학, 타이어 등 차량동역학에 영향을 미치는 요소는 많고 다양하다. 구동되고 있는 차량에 작용하는 힘을 기반으로 차량 운동을 지배하는 역학에는 공기 저항, 구름 저항, 등판 저항, 선형 및 각 가속도 및 견인력이 포함된다. 차량동역학에 영향을 미치는 각 요소를 살펴보자.

구동 차량 레이아웃

차량동역학의 구동계 및 제동 요소 범주에서 구동 차량의 레이아웃은 구동 바퀴의 위치로부터 유도된다. 레이아웃은 전륜구동(FWD), 후륜구동(RWD), 사륜구동(4WD)의 세 가지 범주로 나눌 수 있다. 실제로 사용되는 엔진 위치와 구동 휠의 다양한 조합은 구동 차량이 사용되는 응용 분야에 따라 달라진다.

파워트레인

간단히 말해 파워트레인은 차량의 바퀴에 동력을 공급하는 장치로 구성된다.

제동 시스템

제동 시스템은 움직이는 시스템에서 에너지를 흡수하여 움직임을 제한하는 기계 장치로 구성된다.

서스펜션, 조향 및 타이어의 기하

- 바퀴 구동 차량의 서스펜션 및 조향 시스템에서 고려해야 할 사항 중 하나는 조향 기하학, 즉 **아커만 조향 기하학**(Ackermann steering geometry)이다. 이는 구동 차량을 조종하는 데 사용되는 연결 장치의 기하학적 배열에 초점을 맞춘 고려 사항이며 곡선 주위의 경로를 따를 때 타이어가 옆으로 미끄러지는 것을 방지하려는 의도이다. 기하학적 해결책은 모든 바퀴의 축이 공통 중심점을 갖는 원의 반경으로 배열되도록 하는 것이다(Norris, 1906). 이 모든 것이 무엇을 의미하는가? 이는 뒷바퀴가 고정되어 있는 '턴테이블 조향'에서 중심점이 뒷차축에서 연장된 선상에 있어야 함을 의미한다. 이 선에서 앞바퀴의 축을 교차하려면 조향할 때 안쪽 앞바퀴가 바깥쪽 바퀴보다 더 큰 각도로 회전해야 한다는 점에 유의하라(Norris, 1906).

　앞바퀴 두 개가 공통 피벗을 중심으로 회전하는 이전 턴테이블 조향 대신 각 바퀴는 자체 허브에 가까운 자체 피벗을 얻는다. 더 복잡하지만, 이 배열은 긴 레버 암 끝에 적용되는 노면 변화로 인한 큰 입력을 피하고 조향 휠의 앞뒤 이동을 크게 줄여 제어성을 향상시킨다(Norris, 1906).

비록 그 원리가 저속 기동에는 좋지만 중요한 동적 및 불만 효과를 무시한다 할지라도 현대의 구동 차량은 아커만 조향을 사용하지 않는다.

- 바퀴 구동 차량의 **차축 트랙**은 차축에 두 개의 바퀴가 있는 차량을 의미한다. 이는 차축의 허브 플랜지 사이의 거리이다(Car Handling Basics, 2022). 트랙은 동일한 축에 있는 두 바퀴의 중심선 사이의 거리를 나타낸다. 차축과 트랙은 일반적으로 밀리미터 혹은 인치로 측정된다(BMW M3 E46, 2022).
- **캠버**(camber) **각도**는 차량 바퀴가 만드는 각도 중 하나이다. 다르게 말하면, 앞이나 뒤에서 봤을 때 바퀴의 수직축과 차량의 수직축이 이루는 각도를 말한다.
- **캐스터**(caster) **각도**로 인해 휠이 이동 방향에 맞춰 정렬된다. 캐스터 변위는 조향축을 회전축 앞으로 이동시킨다.
- **지상고**(ride height 혹은 ground clearance)는 차량 타이어의 바닥면의 위치와 차량의 가장 낮은 지점(일반적으로 차축) 사이의 거리 혹은 공간이다.
- 차량의 **롤**(roll) **중심**은 서스펜션의 코너링 힘이 차체에 반응하는 개념적 지점이다.
- **스크럽**(scrub) **반경**은 타이어 중심선과 조향축 경사 사이의 노면 거리이다.
- **조향비**는 스티어링 휠(도 단위) 또는 핸들바의 회전과 바퀴 회전(도 단위) 사이의 비율이다. 전기 오토바이와 자전거의 경우 스티어링 휠이 앞바퀴에 부착되어 있기 때문에 스티어링 비율은 1:1이다. 대부분의 전기 승용차에서 비율은 12:1과 20:1 이다. (13~14의 비율은 빠른 것으로 간주되고 18 이상의 비율은 느린 것으로 간주된다.)
- **토**(toe)(혹은 **추적**)는 정적 기하학의 함수로서, 운동학적 혹은 순응 효과는 각 바퀴가 차량의 세로축과 이루는 대칭 각도이다.
- **휠 정렬**(브레이킹 혹은 트래킹)은 제조업체 사양에 맞게 휠 각도를 조정하는 과정이다.
- **휠베이스**(wheelbase)는 바퀴 구동 차량의 앞차축과 뒷차축 사이의 거리이다.

차량동역학의 일부 측면은 질량과 그 분포로 인해 발생한다. 질량 분포는 고체 내 질량의 공간적 분포이다. 여기에는 다음이 포함된다.

- **질량 중심**(center of mass)은 분포된 하중의 상대적인 부분의 합이 0이 되는 고유한 지점이다.

- **관성 모멘트**(moment of inertia)는 축이나 회전의 위치와 방향에 따라 관성 모멘트가 매우 다른 모멘트에 따라 달라진다.
- **롤 모멘트**(roll moment)는 힘과 거리의 곱으로, 차량이 종방향 축을 중심으로 회전하면서 롤을 야기한다.
- 서스펜션이 장착된 바퀴 구동 차량의 **스프링 질량**(sprung mass)은 서스펜션이 지탱하는 차량 전체 질량의 일부이며, 대부분의 경우 서스펜션 자체의 약 절반을 포함한다.
- 차량의 스프링하중량이라고도 불리는 **스프링하질량**(unsprung mass)은 직접 연결된 서스펜션의 질량이다.
- **중량 배분**은 바퀴 구동 차량에 중량을 배분하는 것이다.

차량동역학의 일부 측면은 공기역학 측면에 기인한다. 여기에는 다음이 포함된다.

- **자동차 항력계수**(drag coefficient)는 자동차 설계에서 일반적인 척도이다. 항력은 공기 흐름과 평행하고 동일한 방향으로 작용하는 힘이다.
- **자동차 공기역학**은 항력, 바람 소음을 줄이고 바퀴 구동 차량의 바람직하지 않은 양력을 방지하는 것과 관련된 연구이다.
- **압력 중심**(center of pressure)은 압력장의 총합이 물체에 작용하여 해당 지점을 통해 힘이 작용하는 지점이다.
- **다운포스**(downforce)는 바퀴 구동 차량의 공기역학적 특성에 의해 생성되는 하향 양력이다.
- **지면 효과**(자동차)는 자동차 공기역학에서 다운포스를 생성하기 위해 활용된 일련의 효과이다.

차량동역학은 바퀴 구동 차량의 타이어에 의해 직접적으로 영향을 받는다. 예를 들어 차량동역학에 영향을 미치는 흥미로운 요소 중 하나는 Magic Formula(마법 공식) 타이어 모델로 알려져 있다. Hans Pacejka가 개발한 마법 공식은 실제로 Pacejka가 지난 20년 동안 개발한 일련의 공식으로 구성되어 있다.

마법 공식의 중요성은?

사실 마법 공식은 합리적이고 정확하고 프로그래밍하기가 매우 쉬우며 더 중요하게는 신속하게 해결되기 때문에 전문적인 차량동역학 시뮬레이션에 널리 사용된다.

무엇을 위해 사용되나?

좋은 질문이다. 마법 공식은 앞서 언급한 바와 같이 Pacejka가 시간을 두고 개발한 일련의 타이어 디자인 모델이다.

그렇다면 마법 공식의 마법적인 점은 무엇인가?

우선, 선택한 방정식의 구조에 대한 특별한 물리적 기반은 없지만 다양한 타이어 구조 및 작동 조건에 적합하다. 즉, 마법 공식은 사용하기 쉬울 뿐만 아니라 여러 다른 응용 분야에 적용할 수 있다. 요구 사항을 충족하며 전문적인 차량동역학 시뮬레이션에 널리 사용되며 합리적으로 정확하고 프로그래밍하기 쉽고 신속하게 해결된다(Plasterk, 1989).

마법 공식과 함께 타이어와 관련된 차량동역학의 다른 측면에는 캠버 추력, 힘의 순환(즉, 차량 타이어와 도로 사이의 동적 상호작용에 대해 생각하는 유용한 방법), 접촉 패치(즉, 타이어와 도로의 공압 접촉), 코너링 힘, 지면 압력, 공압 트레일(즉, 타이어의 트레일), 반경방향 힘 변화(즉, 노면력 변화는 조향, 견인, 제동 및 하중 지지에 영향을 미치는 타이어의 특성이다)를 포함한다(Cortez, 2014). 슬립 각도가 도입되는 시점과 코너링 힘이 정상상태 값에 도달하는 시점 사이의 지연을 설명하는 공압 타이어의 특성을 **이완 길이**(relaxation length)라고 한다(Pacejka, 2005). **구름 저항**(rolling resistance)은 차체(타이어)가 표면에서 굴러갈 때 움직임에 저항하는 힘이다. 타이어가 회전할 때 발생하는 토크는 **자동 정렬 토크**(일명 **정렬 토크**, **정렬 모멘트**, **SAT** 혹은 **MS**)로 알려져 있다. 즉, 수직축을 중심으로 회전하는 경향이 있다. **미끄러짐**(skid)은 하나 또는 두 개의 타이어가 도로에 상대적으로 미끄러질 때 발생한다. **미끄러짐 각도** 또는 **측면 미끄러짐**은 바퀴가 가리키는 방향과 바퀴가 실제로 이동하는 방향 사이의 각도이다(Pacejka, 2005). 타이어와 관련된 차량동역학의 또 다른 특징은 **미끄러짐**(slip)이다. 이는 타이어와 타이어가 움직이는 노면 사이의 상대적인 움직임이다. 슬립의 하위집합은 차량이 미끄러지는 동안 한 방향으로 회전할 때 발생하는 **스핀아웃**이다. **조향비**는 스티어링 휠의 회전(도 단위)과 휠의 회전(도 단위) 사이의 비율을 나타낸다(Pacejka, 2005). 하중을 받은 타이어의 거동을 **타이어 하중 민감도**라고 한다.

순수 동역학

질량, 공기역학 및 타이어의 분포 외에도 차량동역학의 일부 속성과 측면은 순전히 동적이다. 예를 들어 **차체 처짐**은 바퀴 구동 차량 섀시의 강성 부족으로 나타난다. 차체 롤이라고 불리는 회전의 바깥쪽으로 바퀴가 달린 차량의 축 회전은 차량동역학의 순수한 동적 측면의 또 다른 예다. 순수한 동적 속성이나 측면을 위해 차량동역학에서 사용되는 또 다른 용어는 **범프 조향**이다. 범프 조향은 바퀴 하나가 바퀴 자국이나 구멍에 떨어지거나 범프에 부딪혀 바퀴가 달린 차량이 스스로 회전할 때 발생한다.

차량동역학 및 더 중요하게는 차량 작동에 영향을 미치는 순수 동역학의 여러 다른 요소, 속성 및 측면이 있다. 바퀴 구동 차량의 작동에 영향을 미치는 공기역학의 다른 요소, 속성 및 측면에는 방향 안정성, 임계 속도, 피치, 요, 롤, 속도 흔들림, 언더스티어, 오버스티어, 중량 이동이 포함된다. 차량 작동에 영향을 미치는 요소들이다.

그러나 바퀴 구동 차량에 대한 환경 영향과 관련된 차량동역학의 요소, 속성 및 측면을 요약해야 한다면 이는 바퀴 구동 차량에 작용하는 힘으로 귀결된다. 그리고 이러한 힘은 모두 공기역학에 관한 것이다. 적어도 공기역학은 우리가 시작하는 곳이다. 공기역학적 항력, 구름 저항, 선형가속도, 등반, 각가속도 등 이 모든 것을 설명함으로써 이를 수행하며 이는 차량을 추진하는 데 필요한 총 견인력과 동일하다.

공기역학[1] Aerodynamics

언제 어디서나 '공기역학'이라는 용어가 언급될 때마다 이 용어에 노출된 사람들은 이 용어를 항공기와 동일시하는 경향이 있다는 점은 흥미롭다. 그리고 이는 공기역학을 가장 간단한 용어로 생각하고 정의할 때 의미가 있다. 즉, 공기가 사물 주위를 이동하는 방식이며 항공기는 확실히 비행을 가능하게 하는 공기역학의 규칙에 따라 달라진다. 그러나 공기를 통해 움직이는 모든 것은 공기역학에 반응한다는 점을 지적하는 것이 중요하다. 하늘에 떠 있는 연은 공기역학에 반응하며 공기역학은 자동차, 트럭, 버스 및 기타 움직이는 물체 주위로 공기가 흐르기 때문에 바퀴가 달린 차량에도 영향을 미친다.

공기역학의 중요성을 설명하고 전기자동차에 미치는 영향에 대한 기본 정보를 제공하기 위해 우리는 비행의 네 가지 힘인 무게, 양력, 항력, 추력을 다루는 것부터 시작한다. 이러한 힘은 물체를 위아래로 움직이게 하고, 더 빠르게 또는 더 느리게 움직이게 한다. 각 힘의 존재 정도는 물체가 공기를 통해 이동하는 방식을 변경한다. 무게, 양력, 항력, 추력이라는 네 가지 힘을 각각 자세히 살펴보자.

무게

지구상에서 우리 주변의 모든 것은 **무게**(weight)를 갖는다. 이 힘은 중력이 물체를 끌어당기는 결과이다. 비행하려면 항공기는 중력의 반대방향으로 밀어낼 무언가가 필요하다. 물체의 무게는 미는 힘의 강도를 제어한다. 연을 날리는 것은 대형 항공기를 타고 위로 밀어올리는 것보다 훨씬 쉽다.

---

1 Much of the information in this section is adapted from NASA (2017) Aerodynamics. Accessed 6/1/22 @ https://www.nasa.gov/offices.

양력

항공기와 연을 위쪽으로 움직이는 데 필요한 밀어내는 힘을 **양력**(lift)이라고 한다. 쉽게 말하면 양력은 무게의 반대되는 힘이다. 다시 말하지만, 항공기와 관련하여 날아가는 모든 것에는 양력이 있어야 한다. 다시 말하지만, 항공기가 위로 이동하려면 무게보다 양력이 더 커야 한다. 그것은 모두 가벼운 공기에 관한 것이다. 열기구를 사용하면 내부의 뜨거운 공기가 주변 공기보다 가볍기 때문에 양력을 얻을 수 있다. 뜨거운 공기가 상승하여 풍선을 데려간다. 헬리콥터의 양력은 헬리콥터 상단의 로터 블레이드에서 나온다. 헬리콥터는 공중에서의 움직임을 통해 공중으로 떠오른다. 그러나 항공기의 양력은 날개에 달려 있다.

그렇다면 항공기의 날개가 어떻게 양력을 제공하는가?

대답은 이렇다. 양력을 제공하는 것은 항공기 날개의 모양에 달려 있다. 비행기의 날개는 위쪽이 구부러져 있고 아래쪽이 더 편평하다. 이 모양은 공기가 바닥 아래보다 위쪽으로 더 빠르게 이동하도록 만든다. 결과적으로 날개 상단에 가해지는 공기압이 줄어든다. 이 조건은 날개와 날개가 부착된 비행기를 위로 움직이게 만든다. 곡선을 사용하여 기압을 변경하는 것은 많은 항공기에서 사용되는 방법이다. 헬리콥터 블레이드, 연, 범선이 이 트릭을 사용한다.

항력

항력(drag)과 그것이 전기자동차에 미치는 영향에 대해 알아보기 전에 항력 효과와 관련된 몇 가지 정의를 내릴 필요가 있다. 먼저 공기(공기는 실제로 유체로 분류된다)와 같은 유체 환경에서 물체의 항력 또는 저항을 정량화하는 데 사용되는 무차원 수량인 항력계수(C_d)를 정의해야 한다. 두 번째로는 바퀴 구동 차량이라고 언급하는 경우, 논의되는 세부적인 내용이 철로 위의 열차에 적용될 수 있더라도, 실제로 다루고 있는 것은 고속도로, 거리, 경마장 또는 농장의 차량이다.

이제 항력에 대해 이야기해 보자. 이는 식 (7.1)을 통해 가장 잘 설명될 수 있다.

$$F_d = \frac{1}{2} pu^2 AC_d \qquad (7.1)$$

여기서

F_d = 항력(흐름 방향에 대한 정의)

p = 차량 운동의 유체역학적 질량 밀도

u = 물체에 대한 유속

A = 참조 영역

C_d = 항력계수(무차원)

주: 유체가 가스(공기)인 경우 C_d는 **레이놀즈 수**(Re)와 마하 수에 따라 달라진다. 기본적으로 Re는 다양한 유체 흐름(공기 흐름) 상황에서 흐름 패턴을 예측하는 데 도움이 된다. 낮은 Re 흐름은 층류 흐름(시트형 흐름)과 동일하지만 높은 Re 흐름에서는 난류 경향이 있다. 마하 수(M 또는 Ma)는 유체역학의 차원량으로, 경계를 지나는 유속과 국지적인 음속의 비율이다.

물체의 모양이 항력의 크기에 영향을 미친다는 점에 유의하라.

간단히 말해서 항력은 무언가의 속도를 늦추려는 힘으로 정의할 수 있다. 기본적으로 물체가 움직이기 어렵게 만든다. 기억해야 할 점은 공기 중에서 달리는 것보다 물 속에서 달리는 것이 더 어렵다는 것이다. 이것은 물이 공기보다 더 많은 항력을 유발하기 때문이다. 그림 7.1에 나타낸 것처럼 물체의 모양에 따라 항력의 크기도 다르다. 대부분의 둥근 표면은 평평한 표면보다 항력이 적다. 좁은 표면은 일반적으로 넓은 표면보다 항력이 적다. 간단히 말해서 표면에 닿는 공기가 많을수록 더 많은 항력이 발생한다는 것이다.

추력

항력과 반대되는 힘이 **추력**(thrust)이다. 추력은 바퀴 달린 전기자동차를 앞으로 나아가게 하는 추진력이다.

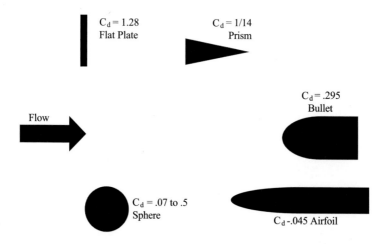

그림 7.1 항력에 대한 형상 효과―모든 객체는 동일한 정면 영역을 갖는다. (NASA accessed 05/31/22 @ www.grc.nasa.gov/www/Ke12/airplane/shapter.html.)

구름 저항

구름 저항(rolling resistance, 구름 마찰 혹은 구름 항력이라고도 함)은 표면에서 구르는 물체의 움직임에 저항하는 힘이다(그림 7.2 참조). 구름 저항은 다양한 방식으로 표현될 수 있지만 여기서는 일반적인 방정식을 사용한다.

$$F_r = c \cdot W \tag{7.2}$$

여기서

F_r = 구름 저항 혹은 구름 마찰 혹은 구름 항력(N, lb_f)

c = 구름 저항 계수(무차원수) ─ 구름 저항 계수 c는 휠 디자인, 구름 표면, 휠 치수와 같은 다양한 변수의 영향을 받는다(표 7.1 참조).

$W = m\, a_g$

m = 차량의 무게(kg, lb)

a_g = 중력가속도($9.81\ m/s^2$, $32.174\ ft/s^2$)

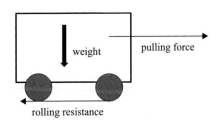

그림 7.2 구름 저항

표 7.1 몇 가지 일반적인 구름 마찰 계수

구름 저항 계수, c	일반적인 차량 타이어 표면 상태
0.006–0.01	아스팔트 위의 트럭 타이어
0.01–0.015	콘크리트, 아스팔트, 작은 자갈 위의 일반 자동차 타이어
0.02	타르나 아스팔트 위의 자동차 타이어
0.02	매끄러운 자갈 위의 자동차 타이어
0.03	크고 닳은 자갈 위의 자동차 타이어
0.04–0.08	단단한 모래, 흐트러진 자갈, 딱딱한 모래 위의 자동차 타이어
0.2–0.4	느슨한 모래 위의 자동차 타이어

등판(Hill Climbing)

평평한 도로를 일정한 속도로 주행하는 바퀴 구동 차량은 차량에 반대되는 두 가지 주요 힘, 즉 공기역학적 항력과 회전 저항을 경험한다. 그러나 동일한 차량이 언덕을 오르는 경우 중력도 고려해야 한다. 식 (7.3)은 언덕을 올라가는 데 필요한 힘을 계산하기 위해 일반적으로 사용되는 식 중 하나이다.

$$F_{uh} = mg \sin \psi \tag{7.3}$$

여기서

   F_{uh} = 오르막길을 이동하는 데 필요한 힘

   mg = m은 바퀴 구동 차량의 질량(kg), g는 중력($9.81 \ m/s^2$)

   Ψ = 평지를 기준으로 한 도로의 수직 각도(라디안)

그림 7.3은 여기서 sine이 적절한 함수인 이유를 보여 준다.

선형가속도

선형가속도(linear acceleration)는 움직이는 물체와 관련된 용어이다. 가속도는 움직이는 물체의 속도가 얼마나 빨리 변하는지를 측정하는 것이다. 따라서 가속도는 속도의 변화를 시간으로 나눈 값이다. 가속도는 속도와 힘이 모두 벡터량인 것처럼 크기와 방

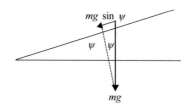

그림 7.3 그림에 나타낸 것처럼 등판력은 mg sin Ψ이다.

향을 모두 갖는다.

이제 가속도와 속도가 어느 정도 설명되었다. 이제 직선으로 움직이는 모든 물체의 속도가 주어진 시간 기간 동안 증가하거나 감소하면 가속된다는 점으로 시작하는 선형 가속도를 정의할 차례이다. 가속도는 속도가 증가하는지 감소하는지에 따라 양수 또는 음수일 수 있다. 따라서 가속도는 물체의 속도 변화율로 설명된다. 가속도는 물체의 속도가 변하는 빈도로 설명되는 벡터량이다. 따라서 우리는 간단히 다음과 같이 말할 수 있으며, 단위는 초당 미터 제곱 또는 $m \cdot s^{-2}$이다.

$$\text{Linear Acceleration} = \frac{\text{Change in Velocity}}{\text{Time Taken}} \tag{7.4}$$

각가속도

각가속도(angular acceleration)는 각속도의 시간 변화율을 나타내며 단위시간 제곱당 각도 단위(SI 단위는 초의 제곱당 라디안)로 측정되며 일반적으로 기호 알파(α)로 표시된다.

견인력

견인력(tractive force)은 단순히 우리가 논의한 모든 힘의 합이다. 이는 바퀴 구동 전기 자동차의 추진장치이다. 이 본문에서 사용된 견인력이라는 용어는 차량이 표면에 가하는 총 견인력을 의미한다.

참고문헌 Reference

BMW M3 E46. Car.info. Accessed 5/24/22 @ https://www.bmusa.com.

Car Handling Basics (2022). How to and Design Tips. Accessed 5/24/22 @ https://www.build-yourown race car.com/racecar-handling-basics-and-design/.

Cortez, P. (2014). Repairing persistent pulls, drifts, shimmies & vibration. Accessed 5/28/22 @ https://classic.artsautomotive.xom/GSP9700.htm.

Norris, W. (1906), Steering. Accessed 5/24/22 @ https://archive.org/details/modern steam roadw00norrich.

Pacejka, H. B. (2005). *Tyre and Vehicle Dynamics*, 2nd ed. Accessed 5/28/22 @ https://www. SAE.org, SAE International, p. 22.

Plasterk, K. J. (1989). The End of the First Era.: A Farewell to Hans Pacejka. Accessed 27 May, 2022 @ https://www.woldcat.org/issn/oo42-3114.

8 전동기
Electric Motors

모터(전동기) Motors

다양한 유형의 전기 모터와 기타 중요한 구성 요소가 배터리에 저장된 전기 에너지를 제공하는 동력 전달 장치인 파워트레인을 구성한다. 이 전기 에너지는 전기자동차를 바퀴로 움직이는 데 필요한 회전 동력으로 변환된다(그림 8.1 참조). 물론 전기 모터는 EV에 동력을 공급하는 것 외에 다른 용도로도 사용된다. 예를 들어 일반적인 상수도와 하수 처리장에 공급되는 전력의 최소 60%는 전기 모터에서 소비된다. 한 가지 확실한 점은 전기 모터가 산업 및 개인 소비자용으로 수행하는 작업의 종류가 거의 끝이 없다는 것이다. **전기 모터**는 전기 에너지를 기계 에너지로 변환하여 일을 수행하는 데 사용되는 기계이다. (발전기는 정반대의 역할을 한다. 즉, 발전기는 기계적 에너지를 전기 에너지로 바꾼다.)

앞서 우리는 전류가 전선을 통과할 때 전선 주위에 자기장이 생성된다는 점을 설명했다. 이 자기장이 고정된 자기장을 통과하면 자기장은 상대 극성에 따라 밀어내거나 끌어당긴다. 둘 다 양극이나 음극이면 서로 척력이 발생하고, 서로 극성이 반대이면 끌어당긴다. 이 기본 정보를 모터 설계에 적용하면, 전자기 코일이 감긴 전기자(아마추어, armature)가 축(shaft)을 중심으로 회전한다. 전기자와 축의 결합체를 회전자(rotor)라고 한다. 회전자는 영구자석의 극 사이에 조립되며 회전자 코일(전기자)의 각 끝은 축에 장착된 정류자(commutator)에 연결된다. 정류자는 축과 절연재료로 서로 절연된 구리 편(segment)으로 구성된다. 회전 전기자에 있는 전자석의 자극이 고정자의 영구자석으로 만들어진 자극을 지나갈 때 밀어내면서 계속 운동하게 된다. 서로 반대 극성의 극이 서로 가까워지면 서로 끌어당겨 계속 움직이게 된다.

EV에서 전기 모터의 중요성을 간략히 검토하면서 전기 구동 시스템에서 전기 모터가 배터리에 저장된 전기 에너지를 기계 에너지로 변환한다는 점을 다시 한 번 지적한다. 다시 말하면, 선기 모터는 회진자(모터의 움직이는 부분)와 고정자(모터의 고정 부분)로 구성된다. 영구자석 모터에는 공극으로 분리된 일련의 자석이 포함된 회전자와 전류가 흐르는 고정자(일반적으로 철제 링 형태)가 포함된다.

EV와 관련된 기술은 역동적이고 지속적으로 변화하며 EV 제조업체가 차량을 움

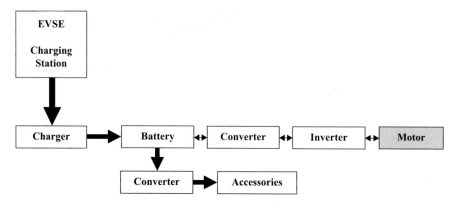

그림 8.1 전기 모터 및 전기 구동 시스템 구성 요소

직이는 데 사용되는 모터를 개선하려는 목표와 함께 발전하고 있다. 현재 연구개발
(R&D)의 대부분은 하이브리드 및 플러그인 전기 자동차의 모터 성능을 개선하는 것이
며, 특히 배터리를 개선하여 차량의 주행거리를 늘리고, 영구자석에 현재 사용되는 희
토류 재료의 사용을 줄이는 데 중점을 둔다.

　이를 알고 이해하는 사람은 거의 없지만, 희토류 원소(REE), 재료 및 금속은 현대
생활 방식에 매우 중요하다. 희토류 원소에 대한 지식이나 이해가 부족하다는 사실은
놀라운 일이다. 희토류 원소들은 전자제품, 전기 모터, 자석, 배터리, 발전기, 에너지 저
장 시스템(슈퍼커패시터/유사커패시터), 새로운 응용 분야 및 특수 합금 등 오늘날의
기술 혼합에서 매우 중요한 요소이기 때문이다. 희토류 원소는 의료, 운송, 발전, 석유
정제, 전자제품 등 미국 경제의 다양한 부문에서 사용된다.

　희토류 재료는 전력을 생산하기 위한 풍력 터빈, 태양광 발전을 위한 태양광 응용 분
야와 에너지 저장 시스템 등에 광범위하게 사용된다. REE는 화석 연료의 사용을 줄이
기 위한 전기자동차에도 사용된다.

　환경과 환경오염의 영향에 대한 우려로 인해 탄화수소 사용 및 의존에서 오염 중립
적이거나 거의 오염 중립적이고 재생 가능한 에너지 전력원으로 전환하는 추세(및 필
요성)가 일어나고 있다. 우리는 과거와 현재의 환경 파괴의 많은 책임이 있다는 것을
깨닫기 시작했다. 이 모든 사실은 오늘날에도 쉽게 드러난다. 더욱이 200년간의 산업
화와 급증하는 인구의 영향은 미래의 탄화수소 동력원 공급량을 훨씬 초과했다. 따라
서 재생에너지원의 도입이 급증하고 있으며, 이에 따라 에너지 생산에 사용되는 희토
류 물질의 활용도 급증하고 있다.

　그렇다면 왜 연구자들은 REE를 활용하지 않는 EV 모터를 개발하려고 하는가?

REE가 드물기 때문이 아니라 그렇지 않기 때문이다. 문제는 공급원이다. 가용적인 REE는 기본적으로 미국 이외의 국가에 의해 통제된다. 따라서 접근성은 미국 이외의 법인에 의해 통제될 뿐만 아니라 관련 비용도 통제된다. 제조업에서는 항상 경제성이 중요하다. 미국은 국가 내에 REE를 얻을 수 있는 지역을 보유하고 있지만, 한 곳을 제외하고는 REE가 활발히 채굴되고 있지 않다.

직류 전동기 DC Motors

직류 전동기(DC motor)의 구성은 본질적으로 직류 발전기(DC generator)의 구성과 동일하다. 그러나 직류 발전기는 기계 에너지를 전기 에너지로 변환하고 다시 기계 에너지로 변환한다는 점을 기억하는 것이 중요하다. 직류 발전기는 일반 출력 전기 단자에 적절한 직류 전압원을 연결하여 모터로 동작하도록 만들 수 있다. 계자 코일이 연결되는 방식에 따라 다양한 유형의 직류 전동기가 있다. 각각은 임의의 부하 특성 조건에서 유리한 특성을 가지고 있다.

분권 전동기(shunt motor)의 계자(field) 코일(그림 8.2 참조)은 전기자 회로와 병렬로 연결된다. 일정한 전압이 적용된 이러한 유형의 전동기는 부하 조건이 변하더라도 본질적으로 가변적인 토크를 발생시켜 일정한 속도로 유지한다. 이러한 부하는 선반, 형상기, 드릴, 밀링 머신 등과 같은 기계 작업장 장비에서 발견된다.

직권 전동기(series motor)의 계자 코일(그림 8.3 참조)은 전기자 회로와 직렬로 연결된다. 일정한 전압이 인가된 이러한 유형의 전동기는 가변 토크를 발생시키지만, 부하 조건에 따라서 속도는 폭넓게 변화한다. 즉, 중부하에서는 속도가 느리고, 경부하에서는 지나치게 높아진다. 직권 전동기는 일반적으로 전기 호이스트, 윈치, 크레인 및 특정 유형의 차량(예: 전기 트럭)을 구동하는 데 사용된다. 또한 직권 전동기는 내연기관 엔진의 시동을 거는 데에도 광범위하게 활용된다.

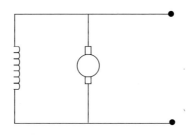

그림 8.2 직류 분권 전동기

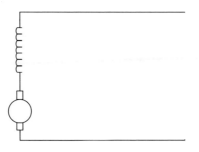

그림 8.3 직류 직권 전동기

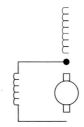

그림 8.4 직류 복권 전동기

복권 전동기(compound motor; 그림 8.4 참조)에는 전기자 회로와 병렬로 연결된 한 세트의 계자 코일과 전기자 회로와 직렬로 연결된 또 다른 계자 코일 세트가 있다. 이 유형의 전동기는 분권 전동기와 직권 전동기 사이의 절충안이다. 분권 전동기보다는 기동 토크가 증가하고 직권 전동기보다는 속도 변동이 적다.

직류 전동기의 속도는 가변적이며, 계자와 직렬로 또는 회전자와 병렬로 연결된 가변 저항에 의해 증가 또는 감소될 수 있다. 회전자 또는 계자 권선 중의 하나의 결선 방향(극성)을 반대로 바꾸면 회전 방향이 반대로 바뀐다.

교류 전동기 AC Motors

교류 전압은 저전압에서 고전압으로 또는 그 반대로 쉽게 변환될 수 있으며, 큰 손실 없이 효율적으로 훨씬 더 먼 거리로 송전할 수 있다. 따라서 오늘날 대부분의 발전 시스템은 교류를 발전한다. 따라서 이러한 논리에 따라 오늘날 사용되는 대부분의 전기 모터는 교류로 동작하도록 설계되었다. 그러나 교류 전원의 광범위한 가용성 외에도 교류 전동기를 사용하면 다른 이점이 있다. 일반적으로 교류 전동기(AC motor)는 직류 전동기보다 저렴하다. 대부분의 교류 전동기는 브러시와 정류자를 사용하지 않기 때문에 유지보수 및 브러시 마모 등의 많은 문제점이 없어지고 위험한 스파크 등이 발생하지 않는다. 교류 전동기는 아주 많은 용도에 사용할 수 있도록 다양한 크기, 모양, 등급으로 제조된다. 또한 다상 또는 단상 전원 시스템과 함께 사용하도록 설계된다. 이 장에서 교류 전동기 주제의 모든 측면을 다룰 수는 없으므로, 교류 전동기에서 가장 일반적이라고 할 수 있는 **유도 전동기**와 **동기 전동기**의 동작 원리를 주로 다룰 것이다.

유도 전동기

유도 전동기(induction motor)는 간단하고 견고한 구조와 우수한 동작 특성으로 인해 가장 일반적으로 사용되는 교류 전동기의 하나로, 고정자(고정 부분)와 회전자(회전 부분)의 두 부분으로 구성된다. 다상 유도 전동기의 가장 중요한 종류는 **삼상 유도 전동기**이다.

　중요사항: 삼상(3-θ) 시스템은 세 개의 단상(1-θ) 시스템의 조합이다. 3-θ 평형 시스템에서 전력은 세 개의 개별적이지만 동일한 전압을 생성하는 교류 발전기에서 나오며, 각 전압은 다른 전압과 120° 위상차가 있다. 1-θ 회로는 전기 시스템에 널리 사용되지만, 대부분의 교류 전류의 생성 및 분배는 3-θ으로 이루어진다.

　직류 및 교류 전동기의 구동 토크는 자기장 내에서 전류가 흐르는 도체와의 상호작용으로 만들어진다. 직류 전동기에서 자기장은 고정되어 있고 회전자에 있는 전류가 흐르는 도체로 이루어진 전기자가 회전한다. 회전자에 있는 전기자에 정류자와 브러시를 통해 직류 전류가 공급된다. **유도 전동기**에서 회전자의 전류는 고정자 자속에 의한 전자기 유도에 의해 공급된다. 교류 전원 공급 장치에 연결된 고정자 권선에는 두 개 이상의 위상이 다른 전류가 흐르고, 이에 의해 시변(time varying)적인 기자력(mmf)이 생성된다. 이 시변적인 기자력은 공극을 가로질러 회전하는 자기장을 만든다. 이 회전 자기장은 전동기의 부하와 관계없이 일정한 속도로 계속 회전한다. 고정자 권선은 직류 전동기의 전기자 권선 또는 변압기의 1차 권선에 해당한다. 회전자는 그 어떤 전원 장치에도 전기적으로 연결되어 있지 않다.

　유도 전동기는 동작 조건에서 고정자와 회전자 사이에서 상호유도(또는 변압기 동작)가 발생한다는 사실에서 그 이름이 유래되었다. 고정자에 의해 생성된 회전 자기장은 회전자 도체를 쇄교하면서 회전자 도체에 전압을 유도한다. 이 유도 전압으로 인해 회전자 전류가 흐르게 된다. 따라서 유도기의 토크는 이렇게 유도된 회전자 전류와 고정자의 회전 자기장 상호작용에 의해 발생한다.

　다양한 전기자동차 모델에 사용되는 유도 전동기의 장점과 중요한 특징은 기동 토크가 크고 신뢰성이 높다는 것이다. 그러나 유도 전동기는 나중에 설명할 매입형 영구자석(internal permanent magnetic, IPM) 전동기와 비교할 때 일정 수준의 전력밀도와
전반적인 효율 수준을 가진다는 점에 유의해야 한다. 유도 전동기는 오늘날 일부 생산
차량을 포함하여 다양한 산업 분야에서 널리 사용되고 있다. EV에 사용되는 유도 전동
기는 현재 문제가 조금 있다. 즉, 오래된 전동기로서 오래전부터 존재해 왔기 때문에 기
술 발전이 포화되어 경쟁력 있는 미래 전기차를 위한 가격, 무게, 효율, 부피 면에서 추
가적인(새로운) 개선을 얻기 힘들 것으로 보인다.

동기 전동기

전동기의 기본적 원리로 돌아가서, 동기 전동기를 시작하겠다. 유도 전동기와 마찬가
지로 **동기 전동기**(synchronous motor)에는 회전 자기장을 생성하는 고정자 권선이 있
다. 그러나 유도 전동기와는 달리 동기 전동기는 회전자의 계자의 여자를 위한 별도의
직류 전원이 필요하다. 또한 특별한 기동 장치와 방법이 필요하다. 여기에 기동 그리드
권선을 갖는 돌극형 계자를 포함한다. 종래의 동기 전동기의 회전자는 돌극형 교류 발
전기의 회전자와 유사한 구조를 가진다. 유도 전동기와 동기 전동기의 고정자 권선은
기본적으로 동일한 구조를 가진다.

동작 시에 동기 전동기 회전자는 회전하는 자기장과 보조를 맞추고 동일한 속도로
회전한다. 회전자가 고정자의 회전 자기장과 동기화가 안 되면 토크가 발생하지 않고
모터가 정지한다. 동기 전동기는 동기 속도로 회전할 때만 토크를 발생시키고 자기동
(self starting)이 안 되므로 회전자를 동기 속도로 올리기 위한 장치가 필요하다. 예를
들어 동기 전동기의 축에 직류 전동기를 연결하고 직류 전동기를 기동 및 구동하여 회
전시킬 수 있다. 동기 전동기가 동기 속도로 회전하게 된 이후 AC 전류가 동기 전동기
의 고정자 권선에 흐른다. 그러면 이제 기동용 직류 전동기는 직류 발전기 역할을 하여
동기 전동기의 회전자에 직류 계자를 제공한다. 그런 다음 부하를 동기 전동기의 축에
연결하여 운전이 이루어진다.

단상 전동기

단상(1-θ) 전동기(single-phase motor)는 계자 권선이 단상 전원에 직접 연결되기 때문
에 이 명칭으로 불린다. 이 전동기는 상업용 및 가정용 응용에 분수 마력 크기의 소형
전동기로 광범위하게 활용된다. 단상 전동기를 소형으로 사용하는 이점은 다른 유형의
전동기보다 제조 비용이 저렴하고 삼상 교류 전원이 필요하지 않다는 것이다. 단상 전
동기는 팬, 냉장고, 휴대용 드릴, 그라인더 등에 사용된다.

하나의 고정자 권선과 케이지형(농형) 회전자가 있는 단상 유도 전동기는 단상 전동

기 구조이므로 기동 시 필요한 회전 자기장이 없으므로 기동 토크가 없다는 점을 제외하면 농형 회전자가 있는 삼상 유도 전동기와 유사한 구조이다. 그러나 회전자가 외부 수단에 의해 속도를 높이면, 고정자의 전류에 의해 회전자에 유도된 전류와 고정자의 전류와 상호작용하여 회전 자기장을 생성하고, 회전자가 기동된 방향으로 계속 회전하게 된다.

단상 유도 전동기에 기동 토크를 제공하기 위해 여러 가지 방법이 사용된다. 이 방법들에 의해 전동기는 **분상**(split-phase), **커패시터**, **셰이딩**(shaded-pole), **반발 기동** 유도 전동기로 구분된다. 또 다른 단상 전동기는 **AC 직렬 전동기**(유니버설 모터, universal motor)이다. 여기서는 폭넓게 일반적으로 활용되는 단상 전동기에 관해 설명한다.

분상 전동기

분상 전동기(split-phase motor; 그림 8.5 참조)는 고정자에 기동(starting) 권선과 운전(running) 권선을 가지는 슬롯(slot) 적층으로 구성되어 있다.

주: 임피던스가 다른 두 개의 고정자 권선이 전기적으로 90도 위상을 가지고 배치되어 있으며 단상 전원에 병렬로 연결되었을 때 고정자 권선들에 의해 생성된 자기장은 회전하는 것처럼 보인다. 이것이 **위상 분할**의 원리이다.

기동 권선은 운전 권선보다 권선 턴수가 작고 권선의 선경이 작기 때문에 저항이 크고 리액턴스가 작다. 주권선(main winding)인 운전 권선은 슬롯의 아래쪽 절반을 차지하고, 기동 권선(보조 권선)은 위쪽 절반을 차지한다. 두 권선에 동일한 단상의 교류 전압이 인가되면 주권선의 전류는 기동 권선의 전류에 위상이 지연된다. 이러한 주권선과 기동 권선의 전류의 위상차 θ는 기동 토크를 생성할 수 있을 정도의 약한 회전 자기장을 제공하기에 충분한 위상차이다. 전동기가 기동되어 미리 정해진 속도에 도달하면 일반적으로 75%의 동기 속도(회전 자기장의 속도), 전동기의 축에 장착된 원심력 스위

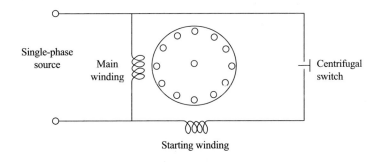

그림 8.5 분상 전동기

치가 오픈되어 기동 권선이 분리된다. 기동 토크가 낮은 분수 마력 분상 전동기는 세탁기, 오일 버너, 환풍기 팬, 목공 기계 등의 다양한 장비에 사용된다. 기동 권선의 결선 (리드)을 반대로 바꾸면 분상 전동기의 회전 방향이 반대로 바뀐다.

커패시터 전동기

커패시터 전동기(capacitor motor)는 변형된 형태의 분상 전동기로서 기동 권선과 직렬로 커패시터가 연결된다. 커패시터 전동기는 전원에 영구적으로 연결된 보조 권선 (기동 권선)과 직렬 커패시터로 동작한다(그림 8.6 참조). 직렬의 커패시턴스는 기동을 위한 기동 커패시터(starting capacitor)와 상시 운전을 위한 운전 커패시터(running capacitor)로 두 개가 사용되는 경우도 있다. 이 경우, 전동기가 동기속도에 가까워지면 원심력 스위치가 오픈되어 기동 커패시터와 연결된 부분을 분리한다. 전동기가 기동이 되어 속도가 증가한 후 기동 권선의 연결이 끊어지는 전동기를 **커패시터 기동 전동기**라고 한다. 기동 권선과 커패시터가 운전 회로에 지속적으로 연결되도록 설계된 경우의 전동기를 **커패시터 운전 전동기**라고 한다. 커패시터 전동기는 그라인더, 드릴 프레스, 냉장고 압축기 및 상대적으로 높은 기동 토크가 필요한 부하를 구동하는 데 사용된다. 기동 권선의 결선(리드의 극성)을 반대로 바꾸면 커패시터 전동기의 회전 방향이 반대로 바뀐다.

셰이딩 전동기

셰이딩 전동기(shaded-pole motor)에는 돌극(salient pole)형의 고정자와 농형(케이지형) 회전자가 활용된다. 돌극형 고정자는 전체 자기회로가 적층되어 있고 각 극의 일부가 **셰이딩 코일**(shading coil)이라고 불리는 단락 코일을 설치하기 위해 분할되어 있다는 점을 제외하면 직류 전동기의 고정자와 유사하게 보인다(그림 8.7 참조). 셰이딩 코일은 일반적으로 구리로 된 단일 밴드 또는 스트랩이다. 셰이딩 코일의 효과는 자극 일부분에서 자계의 작은 스위핑(sweeping) 동작을 만들어 자계가 맥동하게 된다. 셰이딩

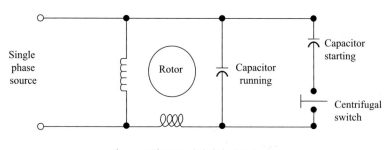

그림 8.6 커패시터 전동기

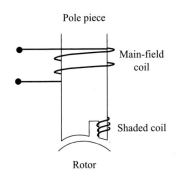

그림 8.7 셰이디드 자극(shaded pole)

코일이 감긴 자극 부분에서 만들어지는 이러한 약간의 자기장의 이동은 작은 기동 토크를 생성한다. 따라서 셰이딩 전동기는 자기동(self starting)이 가능하다. 이 전동기는 매우 작은 크기로 제작되어 일반적으로 소형 팬, 소형 가전제품 및 시계를 구동하기 위한 최대 1/20 hp의 전동기로 활용된다.

　동작 시에 주 자극의 자속이 증가하면 셰이딩 코일에 자속이 쇄교하게 되고, 이로 인해 셰이딩 코일에는 쇄교하는 급격한 자속의 증가를 억제하기 위해 기전력(emf)과 전류가 유도된다. 따라서 셰이딩 코일 근처에 있지 않은 자극 부분에서 자속의 더 큰 상승이 일어난다. 자속이 최댓값에 도달하면 자속의 변화율은 영이 되고, 셰이딩 코일의 전압과 전류는 영이 된다. 이때 자속은 전체 자극 면에 보다 균일하게 분포된다. 그런 다음 주 자속이 영으로 감소함에 따라 셰이딩 코일의 유도 전압과 전류는 극성이 반전되고, 이때의 기자력(mmf)은 셰이딩 코일이 감긴 철심 코어 부분의 자속이 급격히 감소하는 것을 억제하게 된다. 그 결과 주 자속은 자극에서 셰이딩 코일이 감기지 않은 철심 부분에서 먼저 상승하고, 그 이후 셰이딩 코일이 감긴 철심 부분에서 상승하게 된다. 이 동작은 자극 면을 통과하는 자속을 셰이디드 자극(shaded pole)으로 이동시키는 것과 동일하다. 이러한 이동 자기장은 회전자 도체를 쇄교하여 전류를 유도하고 이에 의해 이동 자기장이 회전하는 방향으로 회전자가 돌아가게 만든다. 셰이딩 코일을 활용한 기동 방법을 적용한 매우 작은 전동기는 주로 소형 팬, 소형 가전제품 및 시계 구동용의 최대 약 1/25 hp의 소형 전동기로 활용된다.

반발 기동 전동기

직류 전동기와 마찬가지로 반발 기동 전동기(repulsion-start motor)는 정류자와 브러시가 있는 권선형 회전자를 가지고 있다. 고정자는 적층되어 있으며 분포된 단상 권선이 감겨 있다. 이런 단순한 고정자의 형태는 단상 유도 전동기와 유사하다. 또한 이 전동기에는 정류자에서 브러시를 제거하고 정류자 주위에 단락 링을 연결해 주는 원심력 장치가 있다. 이 동작은 동기 속도의 약 75%에서 일어난다. 이후 전동기는 단상 유도 전동기의 특성으로 동작하게 된다. 이 유형의 전동기는 1/2에서 15 hp 범위의 사이즈로 만들어지며, 높은 기동 토크가 필요한 응용 분야에 사용된다.

직권 전동기

직권 전동기(series motor)는 교류 또는 직류 회로 모두에서 동작 가능하다. 일반 직류 직권 전동기가 교류 전원 공급 장치에 연결되면 직렬 계자의 높은 임피던스로 인해 전동기가 끌어오는 전류가 낮다. 그 결과 운전 토크가 낮아진다. 그러므로 계자의 리액턴스를 최소로 줄이기 위해 교류 직권 전동기는 가능한 한 작은 턴수를 가지도록 만들어진다. 자극에서의 전기자 반작용(armature reaction)을 저감시키기 위해 **보상 권선**(그림 8.8 참조)이 사용된다. 직류 직권 전동기와 마찬가지로 교류 직권 전동기에서도 부하가 감소함에 따라 속도가 높은 값으로 증가한다. 전기자 전류가 커지면 토크가 증가하므로 이 전동기는 기동 토크 특성이 양호하다. 교류 직권 전동기는 저주파수에서 보다 효율적으로 동작한다. 분수 마력 교류 직권 전동기는 **유니버설 전동기**(universal motor)라고 불리며 보상 권선을 가지지 않는다. 이 전동기는 팬이나 드릴, 그라인더, 톱과 같은 휴대용 도구를 작동시키는 데 광범위하게 사용된다.

IPM 전동기

IPM(internal permanent magnet) 전동기가 상대적으로 비싸긴 하지만 높은 출력밀도와 넓은 운전영역에서 고효율의 운전 특성을 유지하기 때문에 EV 제조업체에서 IPM 전동기를 적용하고 있다. 높은 비용은 자석과 회전자 제작에 드는 높은 가격으로 인한 결과이다. 이 두 가지 요인 모두 비용이 많이 든다. 현재 거의 모든 하이브리드 및 플러그인 전기자동차는 희토류 영구자석을 사용하며 이는 비용의 상당 부분을 차지한다. 희토류 자석은 제한된 가용성으로 인해 비싸다. IPM 전동기에 사용되는 희토류 자석

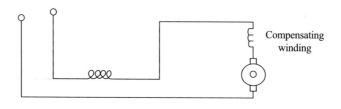

그림 8.8 교류 직권 전동기

의 비용이 증가하고 있는 것으로 보이지만(거의 모든 다른 제품 또는 서비스와 마찬가
지로) EV 제조업체는 대체품으로 더 실용적이고 저렴한 것이 발견될 때까지 이러한 자
석을 사용할 가능성이 높다.

스위치드 릴럭턴스 전동기(SRM)

스위치드 릴럭턴스 전동기(switched reluctance motor, SRM)는 단순하고 견고한 구조
로 인해 제작이 용이하고 제조 원가가 저렴해서 풍력 발전 같은 재생에너지 시스템 및
전기자동차와 같은 산업 응용 분야에서 관심을 받고 있다. 견고한 구조는 높은 온도와
속도를 견딜 수 있다. 그러나 장점과 함께 단점도 있다. 이러한 전동기는 다른 전동기보
다 상대적으로 더 큰 소음과 진동을 발생시키기 때문에 이를 차량에 적용하기 위해서
는 기술적 도전이 필요하다. 또 다른 문제는 스위치드 릴럭턴스 전동기가 다른 종류의
전동기보다 효율이 낮으며, 전기 구동 시스템의 전체 비용을 증가시키는 추가 센서와
복잡한 모터 컨트롤러가 필요하다는 것이다.

9 직류/직류 변환 장치
DC/DC Converters

서론 Introduction

그림 9.1은 다양한 유형의 전기자동차용 전기 구동 시스템에 사용되는 DC/DC 컨버터(벅-부스트 컨버터라고도 함)를 보여 주고 강조한다. DC/DC 컨버터는 모터, 기타 차량 및 부품의 전압 요구 사항을 수용하기 위해 배터리 전압(일반적으로 200~450 V)을 높이거나(부스트) 낮추는(벅) 데 사용된다. 내부 영구자석 모터와 같이 차량 전기 모터에 더 높은 전압이 필요한 경우 부스트 DC/DC 컨버터가 필요하다. 대부분의 차량 시스템(조명, 엔터테인먼트 및 기타 액세서리)과 같이 구성 요소에 더 낮은 전압이 필요한 경우 전압을 12~42 V 수준으로 낮추는 벅 DC/DC 컨버터가 필요하다. 개선된 변환기 개발에 대한 연구가 활발하고 진행 중이다. 목표는 효율성을 높이고, 부품을 소형화하거나 부품 수를 줄이고, 모듈식(즉, 작은 기능을 수행하는 여러 부품을 포함하지만 제거나 교체가 가능한 장치 및 모듈의 목적을 충족하기 위해 결합된다는 점에서 모듈식), 확장 가능한 장치(즉, 더 많은 사용량을 수용할 수 있는 용량을 허용한다는 의미에서 확장 가능)를 가능하게 하는 것이다.

용어 및 정의

갈바닉 절연—전기회로를 분리하여 표류 전류를 제거하는 기술. 직접적인 전도 경로는 허용되지 않는다.

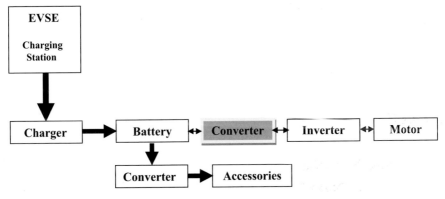

그림 9.1 컨버터를 강조하는 바퀴 구동 차량 기반 전기 구동 시스템 구성 요소

강압(벅 컨버터)—출력 전압이 입력 전압보다 낮은 컨버터(예: 벅 컨버터).

공진—트랜지스터 양단의 전압과 전류를 형성하여 전압이나 전류가 0일 때 트랜지스터가 전환되도록 하는 LC 회로이다.

메인스트림 컨버터 토폴로지—비절연 유형에는 부스트, 벅-부스트 및 벅이 포함된다. 절연 유형에는 플라이백, 포워드, 푸시풀, 하프브리지, 풀브리지가 포함된다. 다양한 변형이 가능한 기타 토폴로지에는 SEPIC(단일 종단 1차 인덕터 변환기), Cuk 변환기, 전류 공급 벅, 탭 인덕터, 다중 출력 및 인터리빙이 포함된다.

불연속 전류 모드(DCM)—유도 에너지 저장 장치의 전류와 자기장은 0에 도달하거나 0을 넘을 수 있다. 전류는 사이클 동안 변동하며 각 사이클이 끝나거나 그 전에 0으로 내려간다.

소음—원치 않는 전기 및 전자기 신호 소음, 일반적으로 전환 아티팩트이다.

승압(부스트 컨버터)—입력 전압보다 높은 전압을 출력하는 컨버터(예: 부스트 컨버터).

연속 전류 모드(CCM)—유도 에너지 저장 장치의 전류와 자기장은 결코 0에 도달하지 않는다. 전류는 변동하지만 결코 0으로 떨어지지 않는다.

입력 잡음—컨버터가 날카로운 부하 에지로 입력을 로드하는 경우 컨버터는 공급 전력선에서 RF 잡음을 방출할 수 있다. 이는 일반적으로 변환기의 입력 단계에서 적절한 필터링을 사용하여 방지된다.

출력 잡음—이상적인 DC-DC 변환기가 일정한 출력 전압으로 평탄한 출력을 생성하더라도 이러한 변환기는 일정 수준의 전기 잡음이 중첩된 DC 출력을 생성한다. 스위칭 컨버터는 스위칭 주파수와 고조파에서 스위칭 잡음을 생성한다. 더욱이 모든 전자 회로에는 어느 정도의 열 잡음(회로에 흐르는 전자의 열적 교반으로 인해 발생하는 잡음)이 있다. 일부 전기/전자 무선 주파수 및 아날로그 회로에는 노이즈가 거의 없는 전원 공급 장치가 필요하기 때문에 선형 레귤레이터를 사용하면 일정한 전압 출력을 유지하고 기본적으로 가변 저항기처럼 작동하여 출력 결과의 평균값을 유지하도록 지속적으로 조정된다.

코일 통합형 DC/DC 컨버터—단일 통합 솔루션에서 소수의 구성 요소(전력 제어 IC, 코일, 용량, 저항기)로 장착 공간을 줄인다.

하드 스위칭—토폴로지에서 트랜지스터는 전체 전압과 전체 전류에 노출되면서 빠르게 전환된다.

RF 잡음—스위칭 변환기는 본질적으로 스위칭 주파수와 고조파에서 전파를 방출한다. Split-Pi, 순방향 변환기, 연속 전류 모드의 Cuk 변환기와 같이 삼각형 스위칭 전류를 생성하는 스위칭 변환기는 다른 스위칭 변환기보다 고조파 잡음을 덜 생성한다 (Hoskins, 1997). RF 잡음은 전자석 간섭(EMI)을 유발한다. 허용 가능한 수준은 요구 사항에 따라 다른데, 예를 들어 RF 회로에 대한 근접성은 단순히 규정을 충족하는 것 보다 더 많은 억제가 필요하다.

DC/DC 컨버터는 절연형 컨버터와 비절연형 컨버터로 분류할 수 있다.

절연형 또는 비절연형 컨버터?

그렇다.

차이점은 무엇인가?

좋은 질문이다. 차이점은 비절연형 DC/DC 컨버터에는 단일 스위치와 단일 다이오 드가 있고 에너지를 저장하기 위한 인덕터와 커패시터도 있을 수 있으며 일반적으로 부스트, 벅-부스트 또는 벅 컨버터로 구성된다는 것이다. 절연형 DC/DC 컨버터는 앞 서 정의한 기본 토폴로지에서 파생되며 플라이백, 포워드, 푸시풀, 하프브리지 및 풀브 리지 토폴로지도 포함한다.

비절연 및 절연 컨버터 토폴로지(구성)

비절연 컨버터

- **부스트 컨버터(비절연)**—공급 장치에서 부하로의 전류를 낮추면서 전압을 높이는 승압 컨버터이다.
- **벅-부스트 컨버터**—벅 컨버터와 부스트 컨버터의 원리를 단일 회로에 결합하고 AC 또는 DC 입력에서 조정된 DC 전압을 제공하는 일종의 스위치 모드 전원 공 급 장치이다.
- **벅 컨버터(강압 컨버터)**—이 DC-DC 전력 컨버터는 공급(입력)에서 부하(출력)까 지 전압을 단계적으로 낮춘다(평균 전류는 더 적게 소비). 컴퓨터에서 전압을 변 환하는 데 자주 사용되는 SMPS(스위치 모드 전원 공급 장치)는 일반적으로 두 개 이상의 반도체(다이오드와 트랜지스터)를 포함하며, 현재 추세는 다이오드를 두 번째 트랜지스터와 적어도 하나의 에너지 저장 요소, 커패시터, 인덕터, 또는 둘의 조합으로 교체하는 것이다.

절연형 컨버터

- **플라이백 컨버터**—입력과 출력 사이의 **갈바닉 절연**을 통해 AC/DC 및 DC/DC 변 환 모두에 사용된다. 이는 인덕터가 분할되어 변압기를 형성하는 벅-부스트 컨버

터이다. 증폭된 전압 비율을 촉진하여 절연의 추가적인 이점을 제공한다.

- **순방향 컨버터**—이 DC/DC 컨버터는 변압기를 사용하여 변압기 비율에 따라 출력 전압을 높이거나 낮추고 부하에 갈바닉 절연을 제공한다. 이 유형의 컨버터에는 다중 출력 권선이 있어 더 높은 전압 출력과 더 낮은 전압 출력을 동시에 제공할 수 있다.

- **푸시풀 컨버터**—이 컨버터는 DC/DC 컨버터의 일종으로, 기본적으로 DC 전원 공급 장치의 전압을 변경하기 위해 변압기를 사용하는 스위칭 컨버터이다.

- **하프브리지 컨버터**—플라이백 및 순방향 변환기와 마찬가지로 하프브리지 변환기는 입력 전압보다 높거나 낮은 출력 전압을 공급하고 변압기를 통해 전기 절연을 제공할 수 있는 변환기 유형이다.

- **풀브리지 컨버터**—이는 전력 변압기 전체에 걸쳐 브리지 구성에 네 개의 활성 스위칭 부품을 사용하는 DC-DC 컨버터 구성이다. 풀브리지 컨버터는 극성을 반전시키고 동시에 여러 출력 전압을 제공하는 것 외에도 입력 전압을 높이거나 낮추는 것과 함께 절연을 제공하는 일반적으로 사용되는 구성 중 하나이다.

참고문헌 Reference

Hoskins, K. (1997). Making-5V Quiet, section of Linear technology Application Note 84. Accessed 6/12/22 @ http://www.linear.com/docs/4173.

10 인버터
Inverters

전기자동차 인버터에 대한 정보 The 411 on Electric Vehicles Inverters

그림 10.1에서는 바퀴 구동 전기자동차 파워트레인 구성의 인버터를 보여 준다. 인버터는 전기자동차의 파워트레인에 포함될 뿐만 아니라 주요 구성 요소이기도 하다. 그림 10.1에 나타낸 인버터는 모터를 구동하기 위해 배터리(배터리가 DC 전압과 전류를 생성함)의 DC 에너지를 AC 전력으로 변환하는 데 필요하다. 인버터는 모터 컨트롤러 역할과 표류 전류로 인한 잠재적인 손상으로부터 배터리를 격리하는 필터 역할도 한다. 또한 배터리는 DC 전압과 전류를 생성하고 일부 전기자동차를 포함하여 대부분의 소비자 제품은 AC에서 작동하므로 도로에서 AC 장치를 사용하려면 차량 전력 인버터가 필요하다.

바퀴 구동 차량 및 기타 유형의 차량에 인버터를 사용하는 데 새로운 것은 없다. 현재 인버터는 소방 플랫폼, 구급차, 레저용 차량, 버스, 그리고 보트처럼 바퀴가 없는 차량에 사용된다. 전동화된 바퀴 구동 차량의 생산이 증가함에 따라 현재 인버터에 대한 새롭고 잠재적으로 더 강력한 수요가 발생하고 있으며 앞으로 이러한 목적을 위한 사용이 크게 증가할 것이다.

기존 차량 인버터는 저전압으로 작동하며 12~24 V DC(VDC) 및 6 kW 미만의 저전력(배터리 및 교류 공급 제한)으로 제한된다. 이 책(또는 다른 곳)에서 '바퀴 구동 전

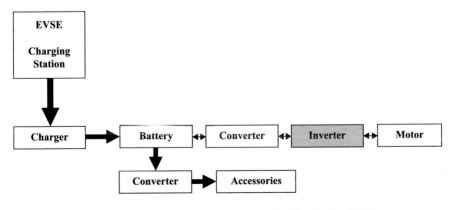

그림 10.1 인버터를 강조한 바퀴 달린 차량의 전기 구동 시스템 부품

기 자동차'라고 부르는 배터리 전기, 하이브리드 전기 및 기타 연료 전지 애플리케이션은 48~800 VDC 범위의 더 높은 DC(이 점을 기억하라) 전압에서 작동한다. 킬로와트 범위에서 이 차량은 10~200 kW를 출력한다.

전기자동차 — 현재와 미래

현재 탄화수소 차량에서 전기 구동 차량으로 전환하려는 움직임이 진행 중이다. 이러한 움직임 뒤에는 수많은 동기가 있으며, 지구 기후 변화가 주요 원인 추세 요인이다. 실제로 현재 자동차 시장에서 전기자동차가 진전을 보이는 추세이다. 평균 휘발유 가격이 갤런당 5달러 이상(상승하는 것처럼 보임)으로 인해 바퀴 구동 전기자동차가 이러한 차량 중 하나를 구매하려는 욕구의 초점이 된 것은 놀라운 일이 아니다. 휘발유 가격과 휘발유 가용성으로 인해 일부 잠재적인 차량 고객은 전기자동차를 수력 구동 차량의 대체품으로 생각하게 되었다.

따라서 전기자동차 제조업체는 제품에 필요한 유일한 판매 포인트로서 휘발유와 디젤의 높은 비용에만 의존한다고 생각할 수도 있다. 그러나 이것은 사실이 아니다. 바퀴 구동 차량 제조업체 간의 경쟁은 제조업체와 판매자가 구매자의 관심을 끌고 최종 판매를 이끌어 내기 위해 '인센티브' 또는 '추가 혜택'을 제공해야 하는 중요한 요인이다.

좋다. 그렇다면 전기자동차의 잠재적 구매자의 관심을 끌 수 있는 인센티브와 추가 혜택은 무엇인가?

일부 차량, 특히 도로 주행 차량의 경우 표준 전기 제품에 사용할 수 있는 110 VAC 콘센트가 차량에 포함될 수 있다. 또한, 하이브리드 전기 '건설업자' 트럭의 특별한 기능은 작업을 위해 특수 트럭이 필요한 사람들에게 매력적이다. 하이브리드 전기 건설업자 트럭은 사다리 랙이 있는 서비스 바디를 갖추고 있다. 건설업자에게 중요한 것은 장비를 운반하고 작업을 완수하는 데 도움이 되는 고품질 차량을 보유하는 것이다. 이러한 유형의 트럭을 사용하면 건설업체는 거의 모든 것을 운반할 수 있는 능력과 다양성을 얻을 수 있다. 하이브리드 전기 건설업자 트럭은 다양한 기능과 다양한 차체 길이로 제공되며 기본적으로 작업 현장에 완벽한 차체를 갖추고 있다. 도구와 액세서리는 안전하게 보관되며 쉽게 찾아서 사용할 수 있다. 오프로드 전기 하이브리드 및 전기 자동차의 경우 군용, 건설용, 농업용 하이브리드와 EV가 실제 판매 포인트이다. 특히 이러한 하이브리드와 전기자동차는 쉽게 사용할 수 있는 전력이 제한된 상황에서 작동할 수 있기 때문에 더욱 강력한 판매 포인트이다.

따라서 하이브리드와 전기자동차, 트럭의 전망은 밝다. 이러한 밝은 미래는 소위 '커넥티드 차량'(자동차)에도 적용된다. 게다가 대용량 인버터는 큰 매력을 갖고 있어서

군용, 농업용, 건설용으로 판매되고 있다. 또한 다양한 종류의 연료 전지는 운송 수요에 영향을 미치는 혁신적인 기술이 될 가능성이 높다.

주: 연료 전지와 다양한 혁신에 대해서는 이 책의 뒷부분에서 다룬다.

자, 지금까지 이 모든 것은 탄화수소 구동 차량으로부터 전기자동차나 연료전지 구동 차량으로의 전환에 긍정적이고 고무적이다. 차량의 전기적, 기계적 특성과 관련하여 전기 차량은 일반적으로 교란에 대한 민감도가 낮다고 할 수 있다. 대부분의 경우 전기자동차는 독립형 바퀴 달린 차량이다. 전기자동차의 규모에 관련해서는 크기와 무게가 중요하며 작고 가벼워야 한다. 신뢰성과 부품 수명 요구 사항은 중요하며 목표는 10년, 150,000마일, 5,000시간의 차량 부품 수명을 보장하는 것이다.

결론: 비용이 가장 중요한 지표이다.

고려해야 할 사항이 더 있다. 오늘날의 전기자동차용 인버터는 없거나, 부족하거나, 저가형이 부족하다. 비용이 큰 요인이다. 또한 주어진 출력에 대해 인버터의 크기는 더 작아야 한다. 또한 진동, 충격 및 극한의 온도를 처리할 수 있는 기능이 내장되어 있어야 한다. 인버터는 더 높은 전력 성능을 제공하도록 설계되어야 하며 불행하게도 현재 이 급성장하는 시장에 사용할 수 있는 인버터 유형은 거의 없다.

인버터 사용 및 가용성과 관련한 중요한 문제가 있다. 예를 들면 성능이 문제이다. 높은 출력이 필요하지만 작은 패키지로 어려운 환경에서도 생존하고 제대로 작동할 수 있다. 또한 일부 기존 인버터에 내장된 기능이 필요하지 않은 경우도 많다.

그리고 비용 문제가 있다. 사실, 바퀴 달린 전기자동차, 하이브리드 전기자동차, 연료전지 자동차는 일반 사람들에게는 너무 비싸다. 그러나 시장 점유율과 관련하여 고급 차량용 인버터 시장은 경쟁업체들에게 활짝 열려 있다(기본적으로 보호되지 않음). 그러나 많은 경쟁업체들은 시장이 발전하기를 기다리는 데 지쳐서 적어도 당분간은 물러나 있다.

11 전기차의 기화기

EV's Carburetor

서론 Introduction

배터리로 구동되는 바퀴 달린 차량을 작동하는 것과 관련하여 대부분의 운전자는 차량에 동력을 공급하는 것과 관련된 파워트레인에 대해 별로 생각하지 않고 단순히 차량에 탑승하여 시동을 걸고 어디로든 운전한다. 더욱이 배터리 구동 차량 운전자에게 자신의 차량에 대해 질문하고, 차량이 어떻게 작동하는지 구체적으로 설명할 수 있는지 묻는다면, 그들은 아마 "글쎄요, 차에 탄 후 모터에 시동을 걸고 밖으로 나갑니다."라고 말할 것이다.

이 답변이 표준적이라는 점에는 의심의 여지가 거의 없다. 그러나 같은 운전자들에게 배터리로 작동되는 바퀴 달린 차량이 기계적으로나 전기적으로 어떻게 작동하는지 등을 더 자세히 알고 있는지 물었더니 일반적인 응답은(컨퍼런스에서 100명 이상의 참가자를 대상으로 한 비과학적인 조사에 근거해) "글쎄요, 차에 탄 후, 모터에 시동을 걸고, 배터리 전력으로 모터와 차량을 구동하고 출발합니다."였다.

나는 이것이 표준적인 대답이라고 생각했다. 나는 같은 사람들에게 배터리와 견인 모터 사이의 파워트레인을 구성하는 다른 전기 또는 기계 구성 요소에 대해 알고 있는지 물었다. 당연히 응답자 중 극소수만이 파워트레인을 구성하는 다른 구성 요소들, 특히 전기 구성 요소들의 이름을 지정하고 식별할 수 있었다. 그러나 일부 응답자는 전체 배터리 구동 차량 시스템을 실행하는 소위 '블랙박스'라고 불리는 컴퓨터가 포함된 일부 유형의 전자 장치를 이해했다고 언급했다.

응답자 중 EV와 하이브리드 차량을 판매하는 자동차 대리점을 운영하는 사람이 있었는데 그녀는 EV 견인 모터가 전기자동차의 가장 중요한 부분이라고 내게 말하고는 덧붙였다. "배터리, 저항기, 커패시터, 인덕터, 다이오드, 트랜지스터 같은 나머지 전자 구성 요소들은 화려한 장식일 뿐이죠." 나의 기술진은 그러한 전기/전자 구성 요소들이 EV를 제어하는 데 필수적이라고 말했다.

EV의 파워트레인 구성 요소들에 대한 이 설명은 EV 구동렬 요소 중 일부를 묘사하는 설명에서 내가 들은 가장 훌륭하고 정확한 것이다. 이 장에서는 EV의 컨트롤러에 중점을 두고 EV에는 모터에 연결된 배터리 이상의 것들이 포함되어 있다는 점에 주목한다. 사실 배터리는 DC 전원을 공급한다. 배터리에 직접 연결했을 때 단일 속도로 작동하는 DC 브러시 모터를 제외하고는, 이 책 앞부분에서 설명한 다른 모터는 배터리에 직접 연결했을 때 작동하지 않는다. EV를 구동하기 위해 어떤 모터를 사용하려면 배터리에서 나오는 전압의 특성을 변조, 즉 수정하거나 변경해야 한다. 이러한 전압 특성의 변화는 배터리의 DC 전기를 AC로 변환하거나 AC의 주파수를 변경함으로써 발생한다. 이러한 다양한 배터리 전압 특성의 변화는 차량의 작동뿐만 아니라 차량의 작동을 **제어**하기 위해서도 필요하다. 방금 언급한 핵심 단어는 '제어'이다. 속도 및 기타 차량 기능을 제어하는 수단은 제어기라고 불리는 장치에 의해 제공된다. 마치 가솔린 구동 자동차의 기화기와 같이 제어기는 다양한 전압을 생성하도록 하여 속도 및 가속도를 제어하는 기능을 제공한다. 차량을 한 가지 속도로만 작동하는 것은 거의 의미가 없으며 절대적으로 안전하지 않다.

제어기 Controllers

바퀴가 달린 전기자동차(EV)의 제어기는 일반적으로 전자식 도구 또는 패키지라고 한다. 이는 배터리와 모터 사이에서 작동하여 전기자동차의 속도와 가속도를 제어하는 도구/패키지이며 앞서 언급한 바와 같이 가솔린 구동 자동차의 기화기와 유사한 기능을 한다. 제어기가 수행하는 가장 간단한 작업은 배터리의 직류(DC)를 교류(AC)로 변환하고(주: AC 모터에만 해당) 배터리의 에너지 흐름을 조절하는 것이다. 제어기는 기화기와 달리 차량이 반대방향으로 갈 수 있도록 모터 회전을 역전시키는 기능도 수행한다. 또한 브레이크를 밟을 때 모터를 발전기로 변환해서, 움직임에 의해 생성된 운동 에너지가 배터리를 재충전하는 데 사용될 수 있다. 이 기술은 회생 제동으로 알려져 있으며 뒷부분에서 다룬다.

DC 모터가 장착된 초기 전기자동차 모델에서는 간단한 가변 저항 유형이 차량의 가속도와 속도를 제어했다. 이 초기 설정의 문제점은 최대 전류 및 전력(전압이 아님, 전압은 펌프이고 움직이지 않음을 기억할 것)이 항상 배터리에서 공급되었다는 것이다. 저속에서 작동할 때 최대 전력이 필요하지 않을 때는 모터에 공급되는 전류를 줄이기 위해 높은 저항이 사용되었다. 이 특정 시스템에서는 배터리 에너지의 상당 부분이 저항기의 에너지 손실로 낭비되었다. 사용 가능한 전력은 고속에서만 사용되었다. 현재 사용되는 최신 제어기는 펄스폭 변조라는 전자 프로세스를 통해 속도와 가속도를 조정한다(그림 11.1 참조). 이러한 변조는 전자 스위칭 장치에 의해 제공된다. 이러한 전자 장치에는 물리적으로 움직이는 부품이 없고 물리적 접촉도 없기 때문에 일반적으로 비접촉 스위치라고 한다. 전기자동차 견인 모터 제어기에 사용할 수 있는 다양한 유형의 비접촉 스위치들이 있다. 이러한 비접촉 스위치들 중 일부에는 트랜지스터, SCR,

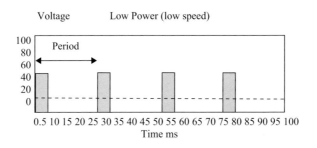

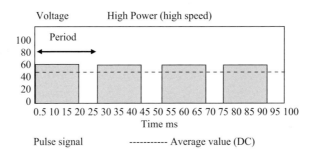

그림 11.1 DC 펄스폭 변조. (Idaho National Laboratory (INL) Advanced Vehicle Testing Activity accessed June 21 2022 @ https:avt.inl.gov.)

MOSFET, TRIAC, IGBT가 포함된다.

우리는 트랜지스터와 전자 스위칭 장치로 돌아가겠지만 먼저 전기자동차 견인 모터를 구동하고 가속하는 '기화기'를 구성하는 회로 요소를 설명하고 논의해야 한다.

제어기 구성품/요소

전기자동차의 생산 및 사용이 급속히 증가함에 따라 신뢰성, 가용성 및 설치 공간을 희생하지 않고 더 높은 온도와 전압을 처리할 수 있는 최첨단 부품을 생산, 공급 및 사용하는 데 새로운 과제가 제시되었다. 가장 중요한 첨단 부품 중 하나는 자동차 EV 전자 부품의 다양한 애플리케이션에 사용되는 커패시터이다.

전기자동차 제어기가 무엇인지, 어떻게 작동하는지 정확히 이해하려면 앞에서 소개되고 논의된 몇 가지 전기/전자 요소들을 검토하고 다이오드와 트랜지스터 및 그 기능에 대해 논의해야 한다. 이러한 구성품 및 요소에는 저항기, 인덕터, 커패시터, 다이오드, 트랜지스터가 포함된다. 먼저 트랜지스터와 그 기능을 검토해 보자.

저항기

저항기의 기호는 R이고, 저항은 옴(Ω) 단위로 측정된다. 전기는 전도체(전선)를 통해 쉽고 효율적으로 이동하며, 통과 시 방출되는 다른 에너지는 거의 없다. 반면에 전기는 저항기를 통해 쉽게 이동할 수 없다. 전기가 저항기를 강제로 통과할 때, 전기의 에너지가 빛이나 열 같은 다른 형태의 에너지로 종종 바뀐다. 전구가 빛나는 이유는 저항기인 텅스텐 필라멘트를 통해 전기가 강제로 흐르기 때문이다.

저항기는 일반적으로 회로에 흐르는 전류를 제어하는 데 사용된다. **고정 저항기**는 회로에 일정한 양의 저항을 제공한다. **가변 저항기**(전위차계라고도 함)는 조명 시스템의 조광기 스위치와 같이 다양한 양의 저항을 제공하도록 조정될 수 있다. 저항기는 또한 전압 강하가 발생하는 곳에서 항상 회로의 부하 역할도 한다. 그림 11.2는 회로도에서 저항기를 지정하는 데 사용되는 기본 기호들 중 일부를 보여 준다.

전기자동차에 사용되는 저항기의 주요 목적은 전기 에너지를 전기 견인 모터의 회전 운동으로 변환하는 것이다. 최초의 전기자동차 제어기는 스위치와 저항기를 사용하여 모터 속도를 직접 제어했다. 시간이 흐르고 기술이 발전함에 따라 가속도와 속도의 제어용으로서 다른 구성 요소들이 저항기를 대체하고 있다. 현대적인 전기자동차의 모터 속도 제어에 직접적으로 관여하지는 않지만 전기 회로에 전류 흐름이 있을 때마다 저항이 항상 존재한다는 점을 기억하기 바란다. 또한 현대적인 제어 전자 장치들은 어떤 형태로든 저항을 구성의 핵심 요소로서 사용하고 의존한다. EV는 많은 양의 전력

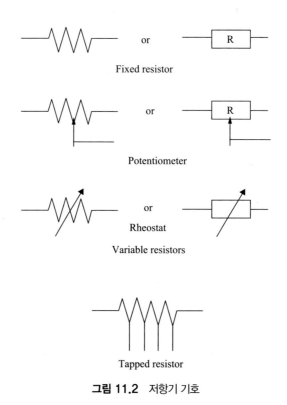

Fixed resistor

Potentiometer

Rheostat

Variable resistors

Tapped resistor

그림 11.2 저항기 기호

에 저항하고 소비하도록 설계된 표준 정격 전력 5 W의 전력 저항기를 사용한다. (표준 저항기는 큰 전력을 소비하지 않는다.) 전력 저항기는 소형 물리적 패키지로 제공되며, 가능하면 크기를 작게 유지하여 높은 전력을 소비하도록 설계된다.

인덕터

인덕터는 EV 제어기가 작동하는 데 필요한 필수 전자기 원리 중 하나를 제공한다. 앞에서 설명했던 자기장에 관한 다음 핵심 사항을 상기하자.

- 전류가 흐르는 전선 주위에는 힘의 장이 존재한다.
- 이 장은 전선 주위에, 전선에 수직인 평면에서, 전선이 원의 중심에 있는 동심원 형태를 갖는다.
- 자기장의 강도는 전류에 따라 달라진다. 큰 전류는 큰 장을 생성한다. 작은 전류는 작은 장을 생성한다.
- 도체를 가로지르는 자력선이 절단되면 도체에 전압이 유도된다.

앞서 우리는 **저항성** 회로를 연구했다. (즉, 저항기는 전류 흐름에 유일하게 반대로 나타났다). 인덕턴스와 커패시턴스라는 두 가지 다른 현상이 DC 회로에는 어느 정도 존재하지만, AC 회로에서는 주요 현상이다. 인덕턴스와 커패시턴스 둘 다 나중에 다루게 될 **리액턴스**라고 불리는 전류 흐름에 대해 약간 반대로 나타난다. 그러나 리액턴스를 조사하기 전에 먼저 인덕턴스와 커패시턴스를 알아야 한다.

인덕턴스는 전류 흐름의 시작, 중지, 또는 변경에 반대하면서 명백히 나타나는 전기 회로의 특성 그 자체임을 상기하기 바란다. 인덕턴스를 설명하기 위해 간단한 비유를 사용할 수 있다. 우리는 무거운 짐(무거운 물건이 가득 담긴 수레 등)을 미는 것이 얼마나 어려운지 잘 알고 있다. 부하를 계속 움직이는 것보다 부하를 움직이기 시작하는 데 더 많은 일이 필요하다. 이는 부하가 **관성**의 성질을 갖고 있기 때문이다. 관성은 속도의 **변화**에 반대하는 질량의 특성이다. 그러므로 관성은 어떤 면에서는 우리를 방해할 수도 있고 다른 면에서는 도움이 될 수도 있다. 인덕턴스는 관성이 기계 물체의 속도에 미치는 영향과 마찬가지로 전기 회로의 전류에 동일한 영향을 미친다. 인덕턴스의 효과는 때로는 바람직할 때도 있고 바람직하지 않을 때도 있다.

중요사항: 간단히 말해서 인덕턴스는 전류 흐름의 변화에 반대하는 전기 도체의 특성이다.

인덕턴스는 해당 회로를 통과하는 전류의 **변화**에 반대하는 전기 회로의 특성이므로 전류가 증가하면 자체 유도 전압이 이러한 변화에 반대하고 증가를 지연시킨다. 반면

그림 11.3 인덕터의 회로도 기호

에 전류가 감소하면 자기 유도 전압이 전류 흐름을 보조(또는 연장)하여 감소를 지연시키는 경향이 있다. 따라서 순수 저항성 회로에서처럼 유도 회로에서는 전류가 **빠르게** 증가하거나 감소할 수 없다.

AC 회로에서 이 효과는 전압과 전류 사이의 **위상** 관계에 영향을 미치기 때문에 매우 중요하다. 앞서 우리는 전압(또는 전류)이 교류 발전기의 별도 전기자에 유도되면 위상이 틀릴 수 있다는 것을 배웠다. 이 경우 각 전기자에서 생성된 전압과 전류는 동일한 위상이다. 인덕턴스가 회로의 한 요소인 경우 **동일한** 전기자에 의해 생성된 전압과 전류는 위상이 다르다. 우리는 나중에 이러한 위상 관계를 조사할 것이다. 이제 우리의 목표는 전기 회로에서 인덕턴스의 특성과 효과를 이해하는 것이다.

인덕턴스 L을 측정하는 단위는 헨리(henry)[미국 물리학자 헨리(Joseph Henry)의 이름에서 유래]이며, 일반적으로 소문자 henry로 쓰고, H로 축약된다. 그림 11.3은 인덕터의 회로도 기호를 보여 준다. 인덕터를 통과하는 전류가 초당 1 A의 속도로 변할 때 인덕터에 1 V의 emf가 유도되면 인덕터의 인덕턴스는 1 H이다. 유도된 전압, 인덕턴스, 시간에 따른 전류 변화율 간의 관계는 수학적으로 다음과 같이 표현된다.

$$E = L \frac{\Delta I}{\Delta t} \qquad\qquad (11.1)$$

여기서

  E = 유도기전력(단위 V)

  L = 인덕턴스(단위 H)

  ΔI = Δt 초 동안 전류(단위 A)의 변화량

주의: 기호 Δ(델타)는 값의 변화를 의미한다.

H는 인덕턴스의 큰 단위이며 비교적 큰 인덕터에 주로 사용된다. 작은 인덕터의 인덕턴스에서 활용되는 단위는 밀리헨리(milihenry, mH)이며, 훨씬 더 작은 인덕터에서의 단위는 마이크로헨리(microhenry, μH)이다.

앞서 설명한 것처럼, 도체의 전류 흐름은 항상 도체 주변이나 도체와 연결되는 자기장을 생성한다. 전류가 변하면 자기장이 변하고 도체에 emf가 유도된다. 이 emf는 전류를 전달하는 도체에서 유도되기 때문에 **자체유도 기전력**(self-induced electromotive force)이라고 한다.

주의: 완벽하게 직선 길이의 도체에도 약간의 인덕턴스가 있다.

유도기전력의 방향은 emf를 유도하는 장이 변하는 방향과 명확한 관계가 있다. 회로의 전류가 증가하면 회로와 연결된 자속도 증가한다. 이 자속은 도체에 영향을 주며, 전류와 자속의 증가에 반대되는 방향으로 도체에 emf를 유도하게 되며 이를 **역기전력**(counter-electromotive force, cemf)이라고 부른다. 유도기전력과 역기전력 두 용어는 이 책 전반에서 동의어로 사용된다. 마찬가지로 전류가 감소하면 emf가 반대방향으로 유도되어 전류의 감소를 막게 된다.

중요사항: 방금 설명한 효과는 **렌츠의 법칙**(Lenz's law)으로 요약되는데, 이는 모든 회로에서 유도된 emf가 항상 이를 생성한 효과의 반대방향임을 말한다.

도체의 각 부분 주위의 전자기장이 동일한 도체의 다른 부분에 영향을 주도록 도체를 형성하면 인덕턴스가 증가한다. 도체의 루프는 도체의 두 부분이 서로 인접하고 평행하게 놓이도록 고리 모양으로 되어 있다. 도체의 두 부분을 Conductor 1과 Conductor 2로 각각 명기하였다. 스위치가 닫히면 도체를 통한 전자 흐름이 도체의 **모든** 부분 주위에 일반적인 동심원 장을 형성하는데, 단순화를 위해 이를 두 도체에 수직인 단면에 나타내었다. 실제로 자기장은 두 도체에서 동시에 발생하지만 Conductor 1에서 발생하는 것으로 간주되며, 이것이 Conductor 2에 미치는 영향이 주목될 것이다. 전류가 증가함에 따라 장은 바깥쪽으로 확장되어 Conductor 2의 일부에 영향을 준다. 결과적으로 Conductor 2에 유도된 emf는 점선 화살표와 같이 나타난다. 렌츠의 법칙에 따르면 이는 배터리 전류 및 전압의 방향과 **반대**이다.

다음 네 가지 주요 요인이 도체 또는 회로의 자체 인덕턴스에 영향을 준다.

1. **권선 수**―인덕턴스는 도선의 권선 수에 따라 달라진다. 즉, 더 많이 감을수록 인덕턴스는 증가한다. 인덕턴스를 줄이려면 감은 횟수를 줄여야 한다.
2. **권선 사이의 간격**―인덕턴스는 권선 사이의 간격이나 인덕터의 길이에 따라 달라진다.
3. **코일 직경**―더 큰 직경의 인덕터는 더 큰 인덕턴스를 갖는다.
4. **코어 재료의 종류**―앞에서 언급했듯이 **투자율**(permeability)은 얼마나 쉽게 자기장이 재료를 통과하는지에 대한 척도이다. 투자율은 또한 코일 내부의 재료로 인해 자기장이 얼마나 더 강해질지를 알려 준다. 코일의 인덕턴스는 코어가 자성체인 경우 전류의 크기에 영향을 받는다. 코어가 공기인 경우 인덕턴스는 전류와 무관하다.

핵심: 코일의 인덕턴스는 감은 횟수가 증가함에 따라 매우 빠르게 증가한다. 또한 인덕턴스는 코일의 길이를 짧게 하거나, 단면적을 크게 하거나, 코어의 투자율을 높이면

증가한다.

전압이 전류에 비례한다는 저항의 기본 관계와 달리 인덕터의 경우 전압은 전류의 미분에 비례한다. 나중에 살펴보겠지만 인덕터의 품질은 제어기가 작동하도록 하는 필수 전자기 원리 중 하나이다.

커패시터

앞서 우리는 **커패시턴스**가 회로의 **전압** 변화에 반대하는 전기 회로의 특성이라는 것을 배웠다. 즉, 인가 전압이 증가하면 커패시턴스가 변화에 반대하여 회로 전체의 전압 증가를 지연시킨다. 인가 전압이 감소하면 커패시턴스는 회로 전반에 걸쳐 더 높은 원래 전압을 유지하는 경향이 있으므로 감소가 지연된다.

커패시턴스는 전기장에 에너지를 저장할 수 있는 회로의 특성으로도 정의된다. 많은 전기 회로에는 자연 커패시턴스가 존재한다. 그러나 이 책에서는 커패시터라고 불리는 장치를 통해 회로에 설계된 커패시턴스에만 관심이 있다.

앞에서 언급한 바와 같이 **커패시터** 또는 콘덴서는 **유전체**(dielectric; 접두사 'di-'는 '통과' 또는 '가로지름'을 의미)라고 불리는 절연 물질로 분리된 두 개의 금속 전도판으로 구성된 제조된 전기 장치이며, 널리 사용되는 커패시터의 회로도 기호는 그림 11.4에 나와 있다.

커패시터가 전압원에 연결되면 짧은 전류 펄스가 발생한다. 커패시터는 이 전하를 유전체에 저장한다(나중에 살펴보겠지만 충전 및 방전이 가능). 그러나 상당한 양의 커패시터를 형성하려면 금속 조각의 면적이 상당히 넓어야 하고 유전체의 두께가 매우 얇아야 한다.

핵심: 커패시터는 본질적으로 전기 에너지를 저장하는 장치이다.

커패시터는 전기 회로에서 다양한 방법으로 사용된다. 이는 사실상 직류(AC 전류는 아님)에 대한 장벽이기 때문에 회로의 DC 부분을 차단할 수 있다. 이는 튜닝된 회로의 일부일 수 있다. 이것의 응용 사례 중 하나는 라디오를 특정 방송국에 튜닝하는 것이다.

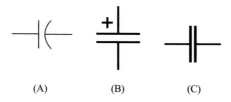

(A)   (B)   (C)

그림 11.4   커패시터의 회로도 기호: (A) 표준 전자 커패시터; (B) 전해(극성형) 커패시터; (C) 세라믹 커패시터

DC 회로에서 AC를 필터링하는 데 사용될 수 있다. 이들 중 대부분은 이 책의 범위를 넘는 고급 응용 사례이다. 그러나 AC 이론의 기본을 위해서는 커패시턴스에 대한 기본적인 이해가 필요하다.

중요사항: 커패시터는 DC 전류를 전도하지 않는다. 커패시터 플레이트 사이의 절연은 전자의 흐름을 차단한다. 앞서 우리는 커패시터를 전압원에 처음 연결할 때 짧은 전류 펄스가 있다는 것을 배웠다. 커패시터는 공급 전압까지 빠르게 충전된 다음 전류가 멈춘다.

중요사항: 커패시터에서는 전자가 절연체이기 때문에 유전체를 통해 흐를 수 없다. 커패시터를 충전('채우기')하려면 일정한 양의 전자가 필요하기 때문에, 이것을 **용량**(capacity)이 있다고 말한다. 이 특성을 **커패시턴스**라고 한다.

EV에 사용되는 커패시터는 EV 전자 장치 및 하위 시스템에 완벽한 구성 요소이기 때문에 적층 세라믹 커패시터(multilayer ceramic capacitor, MLCC)이다.

EV에 사용하기에 완벽한 구성 요소인가?

그렇다. MLCC는 크기가 작고 고온에서 작동 가능하며 표면 실장이 용이한 폼 팩터를 제공하기 때문이다.

EV의 커패시터 요구 사항은 정확히 어떤 것인가?

MLCC는 전기자동차의 제어 전자 장치의 핵심 요소 중 하나가 되었기 때문에 다음과 같은 까다로운 요구 사항을 충족해야 한다.

- **증가된 전압 범위**—EV 시스템은 고전압 배터리 시스템을 기반으로 하기 때문에 커패시터는 플러그인 하이브리드 전기자동차의 경우 250~400 V, 상용차의 경우 800 V, 하이브리드 전기자동차(HEV)의 경우 48 V와 같이 증가된 전압 범위에 맞게 정격화되어야 한다.
- **초고속 충전소**—EV가 몇 분 안에 재충전할 수 있는 탄화수소 기반 차량과 경쟁할 수 있는 유일한 방법이므로, EV는 빠르게 재충전해야 한다.
- **고온을 견딜 수 있는 능력**—고온 환경은 구성 요소 작동에 해로울 수 있다. EV의 고온 환경 뒤에 있는 구동 장치는 EV 제어 시스템에 고온 환경을 조성하기 위해 결합된 증가된 전압, 더 높은 변환 주파수, 작은 설치 공간(소형화)의 조합이다.
- **혹독한 작동 조건**—자동차 등급 커패시터는 엄격한 표준을 충족해야 하며, 극도로 가혹한 작동 조건에서 기계적 성능 이상의 성능을 요구하는 가장 까다로운 환경을 견뎌야 한다.

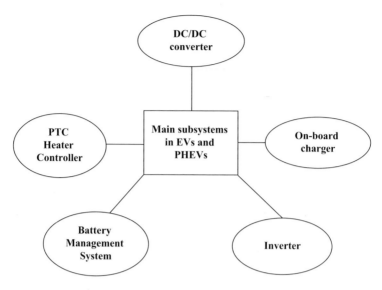

그림 11.5 MCCL이 일반적으로 사용되는 EV 및 PHEV의 주요 하위시스템들

EV에서의 MCCL 사용

그림 11.5에는 EV 및 PHEV에서 주요 하위시스템으로 사용되는 MCCL이 나와 있다. 이러한 다섯 가지 공통 하위시스템에서의 사용은 모든 종류의 전기자동차 작동에 중요하다. 사실 EV, HEV, PHEV 관련 기술의 발전은 하위시스템 전자 장치를 대상으로 하는 커패시터 기술(계속 진화 중)의 변화를 촉발시켰다. 제어 회로 내부의 온도가 높기 때문에, 변환 플라스틱 필름 커패시터는 더 이상 모든 응용에 적합하지 않으며, 세라믹 MLCC가 EV 하위시스템에서 점점 더 많이 사용되고 있다(그림 11.5 참조).

이제 이러한 하위시스템의 과제와 요구 사항, 그리고 각 하위시스템에 일반적으로 사용되는 MLCC 유형을 살펴보자.

그림 11.5에서 전기자동차의 하위시스템 중 하나는 배터리 관리와 관련이 있다. 간단히 말해서 배터리 관리 시스템(battery management system, BMS)은 배터리 스택 내의 셀을 제어하고 모니터링하도록 설계되었다. 여기에는 차량 배터리를 부족충전/과도충전으로부터 보호하는 것도 포함된다. 또한 배터리 관리 시스템은 셀 간 전류를 관리하여 셀 밸런싱을 수행하고, 배터리 셀의 전압, 전류, 온도 및 기본적으로 배터리의 전반적인 상태를 모니터한다. 배터리 관리 시스템은 배터리에 대한 진단 데이터를 수집하고 제공하는 역할도 한다.

그림 11.5에 표시된 또 다른 하위시스템은 온보드 충전기(on-board charger, OBC)이다. 견인 모터 배터리는 일반적으로 온보드 충전기를 통해 48~800 V 범위에서 충

전된다. OBC는 전력망의 AC를 차량 배터리를 충전하는 DC로 변환하는 기능을 한다. 또한 역률 보정(power factor correction, PFC)을 제공하여 전원 공급 장치에 대한 입력 전류를 형성하여 효율성을 최대화하고 고조파를 줄인다.

역률은 왜 중요한가?

역률이 중요한 이유는 전기자동차와 역률이 낮은 부하의 전력망에서는 실제 계량되는 것보다 더 큰 발전 용량이 필요하기 때문이다. 전력망에 연결되면 에너지 및 수요 요금으로 기록되지 않는 비용이 전기 시설에 부과된다. 전력 회사에서 공급하는 총 전력 또는 피상 전력을 구성하는 전력에는 두 가지 유형이 있다. 첫 번째는 **유효 전력(실제 전력**이라고도 함)이다. 킬로와트로 측정되며, 장비가 작업을 수행하는 데 사용되는 전력이다. 두 번째는 **무효** 전력이다. 유도 장치가 작동하는 데 필요한 자기장을 생성하는 데 사용되는 전력이다. kVAR(kilo-volt-amp-reactive) 단위로 측정된다.

- **유효 전력(실제 전력)(P)**—작업을 수행하는 전력(W)
- **무효 전력**—작업을 수행하지 않는 전력(때때로 '와트 없는 전력'이라고도 함)(VAr)
- **복소 전력**—유효 전력과 무효 전력의 벡터 합(VA)
- **피상 전력**—복소 전력의 크기(VA)

유효 전력과 무효 전력의 벡터 합을 복소 전력이라고 한다. 역률은 **유효 전력**과 **피상 전력**의 비율이다. 완전 부하 유도 전동기의 역률은 모터 유형과 모터 속도에 따라 80%에서 90%까지의 범위를 가진다. 역률은 모터의 부하가 감소함에 따라 악화된다. 실내 난방기, 오래된 형광등, 또는 고방전 램프와 같은 기타 전기 장치도 역률이 낮다. 역률은 앞서거나 뒤처질 수 있다. 전압 및 전류 파형은 저항성 AC 회로에서 동위상이다. 그러나 유도 전동기와 같은 반응성 부하는 자기장에 에너지를 저장한다. 이 에너지가 회로로 다시 방출되면 전류 및 전압 파형이 위상에서 벗어나게 된다. 그러면 전류 파형이 전압 파형보다 뒤처진다.

역률을 개선하면 전압이 향상되고, 시스템 손실이 감소하며, 시스템 용량이 확보되고, 낮은 역률에 대한 요금이 청구되는 전력 비용이 절감되므로 이점이 있다. 역률은 회로의 무효 전력 성분을 줄임으로써 개선될 수 있다. 유도 전동기에 커패시터를 추가하는 것은 무효 전력을 제공하므로 역률을 교정하는 가장 비용효율적인 방법일 것이다. 동기식 모터는 역률 보정을 위한 커패시터의 대안이다.

역률 조정 외에도 온보드 충전기는 생성된 DC 전압을 위아래로 조정하여 배터리에 올바른 DC 레벨을 제공한다. 세라믹 커패시터(열을 처리할 수 있기 때문에)는 OBC의 기본 섹션에 포함되어 있으며 EMI 또는 AC 라인 필터로 기능할 수 있다. PFC 입력 용량은 AC 정류기에서 생성된 맥동 DC 전압을 평탄화하는 역할을 하며 비교적 높은 정전 용량을 가져야 한다. 패키지에 포함되면 커패시터는 출력 필터로 작동하여 AC 전류의 리플 코포인트를 제거하고 전력 변환기의 출력 전압을 평활화한다.

그림 11.5에 표시된 DC-DC 컨버터와 관련하여 EV 하위시스템에 사용되는 이 구성 요소는 고전압 배터리와 12 V 저전압 시스템 간에 에너지를 전달하는 데 필요하다. 고전압 시스템은 견인 모터와 시동기 및 에어컨과 같은 액세서리에 필요한 전력을 제공한다. 저전압 시스템은 센서, 안전 및 인포테인먼트 시스템(예: 난방, AC, 라디오, 전화, GPS, 객실 조명, 인터넷 액세스)과 같은 구성 요소에 사용된다. 고온 조건으로 인해 필름 커패시터 대신 세라믹 커패시터가 DC-DC 변환기에 사용된다.

MCCL을 일반적으로 사용하는 또 다른 전기자동차 하위시스템은 인버터(inverter)이다(그림 11.5 참조). 모터를 구동하기 위해 배터리(배터리는 DC 전압과 전류를 생성함)의 DC 에너지를 AC 전원으로 변환하려면 인버터가 필요하다는 점을 기억하라. 인버터는 모터 제어기 역할과 표류 전류로 인한 잠재적인 손상으로부터 배터리를 격리하는 필터 역할도 한다. 또한 배터리는 DC 전압과 전류를 생성하고 일부 전기자동차를 포함하여 대부분의 소비자 제품은 AC로 작동하므로 도로에서 AC 장치를 사용하려면 차량용 전력 인버터가 필요하다. 인버터는 가속 중에 DC를 AC로 변환하고 제동 중에 AC를 DC로 변환한다.

그림 11.5에 표시된 전기자동차의 또 다른 중요한 하위시스템은 정온도 계수(positive temperature coefficient, PTC) 히터 제어기(자기조절히터라고도 함)이다. PTC는 온도에 따라 저항이 크게 증가하는 전기 저항 히터이다(온도가 낮을 때 많은 양의 열을 생성하는 저항의 큰 양의 온도 계수). PTC는 연소 엔진의 폐열이 있는 가스/디젤 구동 차량과 달리 EV에는 HVAC 시스템에서 사용할 수 있는 이러한 종류의 폐열이 없기 때문에 EV에 필요하다. PTC는 승객에게 편안한 객실 환경을 제공하고 배터리에 최적의 작동 온도를 제공한다. 이렇게 하면 추운 온도에서도 배터리가 차량을 적절하게 시동하고 충전할 수 있다. 이러한 PTC 중 일부는 특정 온도에서 저항이 급격히 변화하도록 설계되었다. 이러한 구성 요소는 인가된 전압이나 열 부하가 변하더라도 온도를 유지하는 경향이 있기 때문에 자체 조절된다(Process Heating, 2005; Fabian, 1996). PTC 히터는 차가울 때 전기 저항이 낮아 전체 전류가 흐르고 열이 발생하는 특수 소재를 사용한다. 중요한 것은 이 속성이 전류 흐름을 제한하고 과열을 방지하는 자동 안전 기능 역할을 한다는 것이다. 이 하위시스템에는 스너버(즉, 전기 충격을 '스너브'하는 데 사용되는 장치) 및 1차 2차 절연 목적을 위한 고전압 커패시터가 필요하다.

슈퍼커패시터: 필요성

연비 개선에 초점이 맞춰지면서 전 세계 시장에서는 전기자동차 채택과 수요가 급증하고 있다. 그리고 달러를 벌 수 있는 방법을 찾으려는 미국식 방법이 있다. 달러를 벌어들일 수 있는 방법을 찾기 위한 지속적인 탐색은 현재의 리튬 배터리의 성능과 용량을 뛰어넘는 에너지 저장 방법 및 필요 시 에너지를 더 빨리 사용할 수 있게 만드는 더 나은 방법을 찾는 것에서 시작되기 때문에 세라믹 커패시터, 슈퍼커패시턴스, 이중층 커패시턴스 및 의사커패시턴스 같은 용어들이 연구와 토론의 중심에 올라와 있다. 기록에 따르면 슈퍼커패시터는 다른 커패시터보다 커패시턴스 값이 훨씬 높지만 전압 제한이 낮은 고용량을 갖는 커패시터이다. 의사커패시터(pseudocapacitor)는 전기화학적 커패시터의 일부로, 전기 이중층 커패시터와 함께 구성되어 슈퍼커패시터를 생성한다. 어떤 이름으로든 슈퍼커패시터에 대한 논의가 증가한 이유는 연구자들이 에너지 저장 방법, 용량 및 장치를 개선하는 방법을 적극적으로 연구하고 있기 때문이다. 배터리에서 생산된 전기를 사용하여 전기자동차에 전력을 공급하고, 기타 보조 목적으로 저장 용량을 늘리고, 슈퍼커패시터를 통해 다른 차량서비스를 제공하는 방법을 고안하는 것은 흥미롭고 유익한 결과를 가져올 수 있기 때문에 이는 전기자동차 과학에서 중요하다.

결론: 슈퍼커패시터는 EV와 HEV의 배터리 조합에 사용되는 성능이 잘 조사되어 있다. 충전 시간, 매우 안정적인 전기적 특성, 더 넓은 온도 범위, 더 긴 수명과 관련하여 배터리를 능가하는 슈퍼커패시터의 능력은 효율성을 높이고 무게와 부피를 줄이기 위해 지속적으로 실험되고 있는 매우 긍정적인 특성이며 시간이 지남에 따라 실험을 통해 계속해서 발전해 나갈 것이다.

다이오드: 단방향 밸브

다이오드의 회로도 기호는 그림 11.6에 나와 있다. **다이오드**는 주로 한 방향으로 전류를 전도하는 2단자 구성 요소이다. 한 방향에서는 저항이 0이거나 낮으며, 다른 방향에서는 일반적으로 무한한 저항을 갖는다. 실제 실습 및 사용에서는 방열판이 부착되지 않은 전기자동차에서 다이오드를 찾기가 어렵다. 그것은 모두 열에 관한 것이다. 다이오드는 너무 뜨거워져 영구적으로 고장 날 수 있기 때문에 항복 영역에서 고장 날 수 있다. 이는 전류와 전압이 음의 방향으로 높기 때문이다.

트랜지스터

트랜지스터의 회로도 기호는 그림 11.7에 나와 있다. 간단히 말해서 트랜지스터는 전기 신호와 전력을 증폭하거나 전환하는 데 사용되는 반도체 장치이다. 트랜지스터가

그림 11.6   다이오드의 회로도 기호

그림 11.7   트랜지스터의 회로도 기호

기본 구성 요소 중 하나라고 주장하는 것은 절제된 표현이다. 이는 현대 전자공학의 현대적인 기초이다. 반도체 재료로 만들어진 반도체 재료에는 일반적으로 전자 회로에 연결하기 위한 단자가 세 개 이상 있다. 트랜지스터는 신호를 증폭할 수 있다. 트랜지스터 단자 중 한 쌍에 적용된 전압 또는 전류는 다른 단자 쌍을 통해 흐르는 전류를 제어한다. 이것이 발생하면 신호 또는 제어된 출력 전력이 제어 입력 전력보다 높을 수 있으며 이때 증폭이 발생한다.

가장 일반적으로 사용되는 전력 트랜지스터는 MOSFET이다. 그러나 2022년 현재 IGBT(절연 게이트 바이폴라 트랜지스터)는 두 번째로 가장 일반적으로 사용되는 트랜지스터이며 많은 EV에 사용하기 위해 선택되는 트랜지스터이다. IGBT의 회로도 기호는 그림 11.8에 나와 있다.

사용 시 IGBT는 주로 전기자동차의 고효율 및 고속 전자 스위치로 사용된다. EV

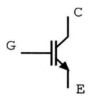

그림 11.8   IGBT 트랜지스터의 회로도 기호

컨트롤러에서 IGBT는 게이트에 적용되는 다양한 폭의 펄스이다. 배터리에서 회로의 나머지 부분으로 적절한 양의 에너지가 흐르도록 하기 위해 펄스폭이 제어되고 커패시터나 인덕터 또는 둘 다에 저장된다. 이러한 저장 장치 또는 장치들로부터 견인 모터에 의해 에너지가 원활하게 회전 운동 하게 된다.

상태의 변화 A Change of State

전기 견인 모터 컨트롤러의 작동은 상태 변화를 기반으로 한다. 먼저 산업 및/또는 기타 응용 분야에 사용되는 표준 AC 및 DC 모터 컨트롤러를 살펴보겠다. 이 유형의 컨트롤러의 목적은 먼저 모터를 시작하고 정지하는 것이다. 둘째, 표준 모터 컨트롤러는 퓨즈나 회로 차단기를 통해 단락 보호 기능을 제공한다. 셋째, 표준 모터 컨트롤러는 저전압/고전압 보호 기능을 통해 모터를 보호한다. 마지막으로 표준 모터 컨트롤러는 기본적으로 모터의 작동 상태를 변경한다(예: 트랙션 모터의 속도를 높이거나 낮추는 등).

일부 동작의 상태를 변경하는 것은 역학뿐만 아니라 자연에서도 일반적인 관행이다. 예를 들어 자연 및 제어된 작동에서 물과 같은 물질의 증발은 액체가 액체에서 기체 상태로 변할 만큼 충분히 높은 에너지 수준에 도달할 때 발생한다. 이러한 자연 변화에는 응결 용융, 동결, 승화 및 침전도 포함된다. 바퀴가 달린 차량의 전기적 작동에서 컨트롤러는 트랙션 모터가 제어되고 운전자의 지시에 따라 반응할 수 있도록 상태 변경을 수행한다. EV에서는 많은 제어 기능이 발생하지만 가장 중요한 제어 중 하나는 속도이다.

견인 모터의 속도 제어는 DC 또는 AC 모터에 의해 수행되지만 각각의 작동은 다르다. DC 모터에서 속도를 높이려면 컨트롤러가 모터 단자에 대한 전압을 높여야 한다. 이렇게 하면 모터 권선의 전류 흐름이 증가하고 결과적으로 토크도 증가한다. AC 모터의 컨트롤러는 다르게 작동한다. 컨트롤러의 속도를 높여야 할 때 가장 중요한 것은 주파수 파형을 높이는 것이다. 그런 다음 컨트롤러는 주파수 파형을 변조하여 실제로 차량 속도를 제어한다.

DC 또는 AC 컨트롤러의 상태 변경은 대략적으로 방금 언급한 대로 발생하며 다음 절에서 자세히 설명한다.

DC 컨트롤러

간단한 DC 스텝다운 컨트롤러가 없었다면 현대식 전기자동차는 불가능했을 것이다. 다양한 DC/DC 컨트롤러를 사용할 수 있지만 기본적인 기능은 동일하다. 선택한 설계는 고전압을 저전압으로 전환하는 강압 제어 또는 저전압 입력을 고전압 출력으로 전환하는 승압 컨트롤러일 수 있다.

일반적으로 전기자동차의 배터리 출력은 수백 볼트 DC로 높다. 높은 출력은 좋은 일이긴 하지만, 주행 중에 있는 차량 내부의 구성 요소들은 전압 요구 사항이 다양하며 대부분 훨씬 낮은 전압에서 작동한다. 이에는 에어컨, 라디오, 대시보드 표시, 내장 컴퓨터, 백업 카메라 및 기타 디스플레이가 포함된다.

바퀴 달린 전기자동차를 설계할 때는 너무 무겁지 않은 배터리를 포함하는 것이 중요하다. DC 모터는 배터리가 제공하는 전압의 최대 세 배를 사용하기 때문에 이는 어려운 일이다. 따라서 배터리 크기와 무게를 줄이기 위해서는 올바른 컨트롤러가 필요하다. 이를 달성하는 데는 옴의 법칙이 중요하다. 물론 DC/DC 컨트롤러는 전기공학의 하위 집합이고 바퀴 달린 전기자동차에 전력을 공급하는 방법은 많지만 모든 방법은 전기 원리를 준수해야 하기 때문이다.

간단한 승압 컨트롤러는 일련의 온오프 펄스를 생성하는 데 작동한다. 이러한 펄스는 연마되어야 한다. 즉, 전류가 일정하고 전압이 오프 사이클에 대한 온 상태의 지속 시간에 의해 발생하는 상태 변화에 의해 결정되는 일관된 DC 공급으로 평활화되어야 한다. 이러한 상태 변화는 커패시터와 인덕터의 조합을 사용하여 수행된다.

전기자동차 견인 모터가 DC 대신 AC로 구동되는 경우 컨트롤러는 신호의 음수 부분을 제거하는 일련의 다이오드를 통해 수신 신호를 실행한다는 점을 제외하면 DC/DC 컨트롤러와 거의 동일한 방식으로 작동한다. 그 결과 저항기, 인덕터 및 커패시터의 조합을 사용하여 원하는 전압으로 평활화할 수 있는 양의 파동이 생성된다.

결론 The Bottom Line

전기자동차 구동 모터 제어기는 전기자동차 견인 모터의 출발, 주행, 전진 및 후퇴, 속도, 정지 등 전기자동차 의 전자부품을 제어하는 데 사용되는 핵심 제어 장치이다. 우리의 목적을 위해 트랙션 모터 컨트롤러는 전기자동차의 두뇌라고 생각하면 된다.

참고문헌 Reference

Fabian, J. (1996). Heating with PTC thermistors. EBN. *UBM Cannon. 41. 12A*.
Process Heating, 2005. How to specify a PTC Heater for an Oven of Similar appliance. Accessed 06/25/22 @ https://www.world.cast.org/issn/1077.

12 회생 제동 및 기타
Regenerative Braking and More

감속 및 정지 Slowing and Stopping

잘 관리되고 완벽하게 작동하는 전기자동차를 운전할 때, 운전자가 차량에 시동을 걸고 가속 페달을 밟을 때 차량은 운전자가 원하는 선택에 따라 전진 또는 후진한다. 운전자가 천천히 가고 싶을 때 원하는 속도와 안전 속도에 도달하기 위해 가속 페달을 조작할 수 있다.

자, 방금 언급한 모든 내용은 잘 관리되고 완벽하게 작동하는 바퀴 달린 차량을 운전하는 것에 대해 전혀 새로운 것이 아니다. 따라서 질문은 내연기관 자동차와 전기차 간의 차이점이 무엇인가에 대한 것이다. 우선 내연기관 자동차와 전기자동차 사이에는 여러 가지 차이점이 있다고 말하는 것이 안전하고 정확하다. 지금까지 두 운송 방식의 여러 가지 차이점들이 지적되고 논의되었다. 그러나 내연기관 자동차의 감속 및 정지와 전기자동차의 감속 및 정지는 다르다. 즉, 사용되는 기술이 다른데, 전기자동차의 제동 작동은 속도를 늦추고 완전 정지를 실행하는 것이다. 이 장에서는 전기자동차에 사용되는 제동 시스템의 차이점에 대해 설명한다.

회생 제동에 관한 정보 The 411 on Regenerative Braking

회생 제동은 전기자동차 또는 하이브리드 전기자동차의 주요 장점 중 하나이다. 왜 그런가? 회생 제동을 사용하면 전기자동차나 하이브리드 전기자동차가 감속하면서 전기를 수집할 수 있다. 전통적인 제동은 많은 양의 에너지 손실을 초래하며, 이는 교통 상황에서 소비 증가와 브레이크 마모로 이어진다. 전기자동차(EV)에서는 회생 제동이 기계식 브레이크가 아닌 전기 모터에 의해 이루어진다. 이는 EV 운전자가 브레이크를 덜 사용할 수 있다는 장점이 있다. 물론 EV에도 기존 제동 시스템이 있다.

회생 제동은 어떻게 작동하는가?

앞서 언급한 바와 같이 기존의 휘발유 구동 차량의 제동은 상당한 양의 에너지 손실을 초래한다. EV의 재생 시스템에서는 그렇지 않다. 그러나 제동 과정에서 사용되는 모든 에너지를 배터리 충전과 같은 다른 목적을 위해 포착하는 것은 불가능하다. 포착된 에너지는 차량을 가속하는 과정에서 축적된 에너지이다. 급제동이 시작되면 제동 에너지가 손실된다.

회생 제동이 무엇인지, 그리고 그것이 EV에서 어떻게 작동하는지에 대한 자세한 논의를 진행하기 전에, EV 구성에서 고려해야 하는 수학을 통해 몇 가지 기초적인 과학 내용을 살펴보는 것이 중요하다.

회생 제동과 관련된 사람들의 첫 번째 관심사 중 하나는 시스템에 관련된 운동에너지를 결정하는 것이다. 이렇게 플라이휠 시스템에 운동에너지를 저장하는 시스템들 내에서, **운동에너지 회수 시스템(KERS)**은 제동 시 차량의 운동에너지를 저장소에 저장하여 추후 플라이휠의 가속 시에 사용한다. 플라이휠을 사용하여 에너지를 저장하는 경우 해당 에너지는 일반적인 에너지 방정식으로 설명될 수 있다.

$$E_{in} - E_{out} = \Delta E_{system} \tag{12.1}$$

여기서

E_{in} = 플라이휠에 들어가는 에너지

E_{out} = 플라이휠에서 나오는 에너지

ΔE_{system} = 플라이휠 에너지 변화

이 방정식을 사용할 때 제동 중에 플라이휠의 위치에너지, 엔탈피(즉, 시스템 에너지에 압력과 부피의 곱을 더한 총 열), 압력, 혹은 부피에는 변화가 없다고 가정한다. 우리는 오직 운동에너지만 고려한다. 차량이 제동 중일 때 플라이휠에 의해 에너지가 분산되지 않는다. 기본적으로 플라이휠에 들어가는 유일한 에너지는 자동차의 초기 운동에너지이다. 식 (12.1)은 다음과 같이 단순화될 수 있다.

$$\frac{mv^2}{2} = \Delta E_{fly} \tag{12.2}$$

여기서

m = 차량의 질량

v = 제동 직전 차량의 초기 속도

차량의 초기 운동에너지의 백분율은 플라이휠에 의해 모아진다. 이 백분율은 η_{fly}로 표시할 수 있다. 이는 플라이휠이 저장하는 회전운동에너지이다. 이는 효율성에 관한 것이며 에너지는 운동에너지로 유지되고 다른 유형의 에너지로 변환되지 않기 때문이다. 플라이휠이 저장할 수 있는 에너지 양은 제한되어 있으며 회전운동에너지의 최대 양에 따라 달라진다. 이것은 어떻게 결정되는가? 이는 플라이휠의 관성과 각속도에 관

한 것이다. 차량이 유휴 상태일 때 시간이 지나도 회전운동에너지가 거의 손실되지 않으므로 플라이휠의 초기 에너지 양은 플라이휠에 분배되는 최종 에너지 양과 동일하다고 가정할 수 있다. 따라서 플라이휠에 분배되는 운동에너지의 양은 다음과 같다.

$$KE_{fly} = \frac{\eta_{fly}mv^2}{2} \tag{12.3}$$

회생 제동과 관련하여 이는 기계식 플라이휠과 유사한 방정식을 갖는다. 기본적으로 2단계 회생 제동 프로세스에는 모터/발전기 및 배터리가 포함된다. 운동에너지를 발생시키는 것은 발전기이며, 이에 따라 발전기에 의해 전기 에너지로 변환된다. 이 에너지는 배터리에 의해 화학 에너지로 변환된다. 이 프로세스는 플라이휠보다 효율성이 낮다는 점을 주목하는 것이 중요하다. 발전기의 효율은 다음과 같이 나타낼 수 있다.

$$\eta_{gen} = \frac{W_{out}}{W_{in}} \tag{12.4}$$

여기서

W_{in} = 발전기에 대한 일

W_{out} = 발전기에 의해 생성된 일

그러면 식 (12.5)를 이용하여 발전기가 생산하는 전력을 결정하는 방법을 살펴보자.

$$P_{gen} = \frac{\eta_{gen}mv^2}{2\Delta t} \tag{12.5}$$

여기서

Δt = 자동차가 브레이크를 밟는 시간

m = 자동차의 질량

v = 제동 직전 자동차의 초기 속도

효율성 비교 및 대조

미국 에너지부(DoE)는 내연기관으로 구동되는 자동차와 전기자동차 간의 흥미로운 비교 및 대조를 제공한다. 그림 12.1은 DoE가 제공한 내연기관(ICE)으로 구동되는 자동차와 관련된 내용으로, 고속도로 주행과 도시 주행 중 동일한 ICE 차량의 효율성을 비교한 것이다.

핵심 사항 중 일부는 다음과 같다.

• 회복 효율이 높을수록 회복량이 높아진다.
• 전기 모터와 바퀴 사이의 효율이 높을수록 회복력이 높아진다.

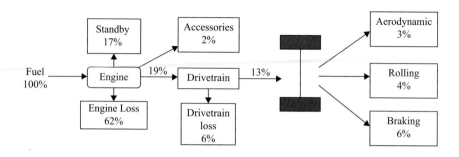

Urban driving

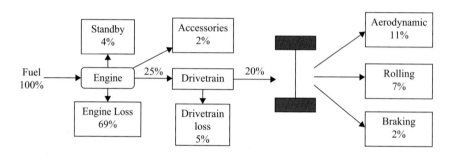

Highway driving

그림 12.1 도시 주행과 고속도로 주행에서의 ICE 작동 효율성 비교. (An adaption from US DOE (2022) *All-Electric Vehicles*. Office of Energy Efficiency & Renewable Energy Accessed July 1, 2022 @ https://fueleconomy.gov/feg/evtech.shtml.)

- 제동 비율이 높을수록 회복량이 높아진다.
- 회복률은 운전이 이루어지는 장소에 따라 다르다. 예를 들어 고속도로에서는 그 비율이 대략 3%이고, 도시 지역(도시)에서는 그 비율이 14%에 달할 수 있다.

결론 The Bottom Line

전기자동차에서 회생 제동은 에너지 회수 메커니즘이다. 움직이는 차량의 속도가 줄어들면서, 운동에너지가 즉시 사용하거나 필요할 때까지 저장할 수 있는 형태로 변환되는 메커니즘이다. 또한 이 메커니즘에서 전기 견인 모터는 차량의 운동량을 사용하여 브레이크 디스크에서 열로 손실될 에너지를 회수한다. 이는 브레이크의 마찰로 인해 과도한 운동에너지가 원치 않는 폐열로 변환되는 다른 기존 브레이크 시스템이나 저항

브레이크(즉, DC 구동 모터가 발전기로 사용되고 모터 회전자 및 연결된 부하의 운동 에너지를 전기 에너지로 변환)와는 다르다. 전기 모터를 발전기로 사용하여 에너지는 회수되지만, 저항기에서 열로 즉시 소산된다. 재생을 통해 차량의 전반적인 효율성을 향상시키는 가장 큰 장점은 기계 부품이 너무 빨리 마모되지 않아 브레이크 시스템의 수명이 연장된다는 점이다.

13 배터리 전원 대안
Battery Power Alternatives

서론 Introduction

지금까지의 내용에서는 배터리로 구동되는 차량에 중점을 두었으며, 이는 전기로 구동되는 차량에 대해서 의미가 있다. 그러나 차량에 동력을 제공하는 기술, 시스템, 제품은 있지만, 배터리 구동 시스템은 아니라는 점을 주목하는 것이 중요하다. 구체적으로 이러한 대체 기술, 시스템 및 제품을 간단히 연료 전지라고 부를 수 있다. 이번 장은 연료 전지에 관한 것이다. 이유는? 현재 많은 제조업체들 또는 다른 곳들이 전기 구동 차량에 초점을 두고 있기는 하지만, 기술은 역동적(진행 중)이고 우리는 미래 운송수단에서의 요구 사항 및 목적을 위한 전력 시스템을 개발하기 위해 지속적으로 노력하고 있음을 인지하는 것이 중요하다. 따라서 차량에 전력을 공급하는 대체 방법을 포괄적으로 다루려면, 특히 전력을 저장하고 이를 사용하여 차량을 포함한 다양한 시스템에 전력을 공급하는 다른 방법이 있다는 점을 주목하는 것이 중요하다.

연료 전지 Fuel Cells

나는 연료 전지 자동차가 개인 이동수단의 주 동력원이었던 내연기관의 100년 통치를 마침내 끝낼 것이라고 믿는다. 소비자는 효율적인 전력원을 얻게 되고, 지역사회는 배출가스 제로에 도달하며, 자동차 제조업체는 또 다른 비즈니스 기회, 즉 성장 기회를 얻으면서, 모두가 승리하는 상황이 될 것이다.
— **윌리엄 C. 포드 주니어(William C. Ford, Jr.), 포드자동차 회장, 국제모터쇼,**
2000년 1월

나는 언젠가는 물이 연료로 사용될 것이며, 물을 구성하는 수소와 산소가 단독으로 또는 함께 사용되어 무궁무진한 열과 빛의 원천을 제공할 것이라고 믿는다.
— **쥘 베른(Jules Verne), 「신비의 섬」, 1874년**

'셀(cell)'이라는 용어에 대해 교육 수준, 사회적, 문화적, 경제적 배경에 따라서, 번개의 색깔, 크기, 모양만큼 다양한 초기 의미들이 떠오를 수 있다. (여담이지만 번개는 아직 개발되지 않은 '재생 가능' 에너지의 거대한 원천이다.) 어떤 사람들은 셀이라는 용어가 식물 세포, 동물 세포, 세포 구조, 세포 생물학, 세포 도표, 세포막, 인간의 기억, 세포 이론, 세포벽, 세포 부분, 세포 기능, 벌집 세포, 감옥 셀, 전해 셀(전기분해 생성용), 항공 가스 셀(풍선에 들어 있는), 교회 셀(즉, 수도원이나 수녀원을 설명하는 데 사용됨), 혹은 현재 확실히 더욱 일반적으로 쓰이는 휴대폰과 관련된 용어를 지칭하는 것으로 생각할 수도 있다.

이러한 목록에는 이 책의 주제인 전기자동차 과학과 관련된 용어가 없다는 것을 눈치 챘을 것이다. 어떤 사람들은 모든 종류의 생물학적 세포 메커니즘 및/또는 부품/소기관 및 휴대폰이 파괴되지 않는 한 재생될 수 있는 에너지 장치, 생산자 또는 소비자의 유형이라고 주장하지만, 이 점에 대해 논쟁하거나 문제 삼으려는 의도는 아니다. 대신, 중요한 유형의 셀이 위의 목록에 포함되어 있지 않으며, 포함되어야만 한다는 것이 나의 요점이다. 우리는 종종 전기 전지, 전기화학 전지, 갈바니 전지, 볼타 전지를 배터리라고 지칭한다. 우리가 무엇이라고 부르든 이러한 유형의 전지는 화학 에너지로부터 전기 에너지를 생성하는 장치이며, 일반적으로 전해질에 배치된 두 가지 서로 다른 전도성 물질로 구성된다. (이 논의에 태양 전지도 포함시킬 수 있지만, 이 책 앞부분에서 이러한 전지에 대해 논의하였다.)

연료 전지와 관련된 용어 및 응용에 대한 기본 논의로 넘어가기 전에, 연료 전지가 다른 전지(휴대폰)만큼 주변 어디서든 흔하게 논의되는 주제가 아니더라도, 예를 들어 우리가 휴대폰을 언급하는 것처럼 연료 전지도 흔히 언급하게 될 날이 (조만간) 올 것이라는 예측에 주목하는 것이 중요하다. 휴대폰이 우리의 통신에 전력을 공급하고 전송하는 것처럼, 연료 전지는 우리의 삶에 전력을 공급할 것이다.

핵심 용어

연료 전지와 관련된 주요 용어는 '용어해설'에 정의되어 있다. 그러나 이 장에 제시된 내용의 이해를 돕기 위해 연료 전지와 관련된 주요 구성 요소 및 작동을 다음과 같이 정의한다.

가스—천연 가스, 희석되지 않은 액화 석유 가스(증기 상만이 해당됨), 액화 석유 가스-공기 혼합물, 또는 이들 가스의 혼합물과 같은 연료 가스.

- **액화 석유 가스(LPG)**—프로판, 프로필렌, 부탄(일반 부탄 또는 이소부탄) 및 부틸렌과 같은 탄화수소 또는 이들의 혼합물로 주로 구성된 물질이다.
- **액화 석유 가스-공기 혼합물**—액화 석유 가스는 원하는 발열량과 활용 특성을 생성하기 위해 공기로 희석되어 상대적으로 낮은 압력과 일반 대기 온도에서 분포된다.

- **천연 가스**—주로 기체 형태의 메탄(CH_4)으로 구성된 탄화수소 가스와 증기의 혼합물이다.

가스 확산—무작위 분자 운동으로 인해 발생하는 두 가지 가스의 혼합. 가스는 매우 빠르게 확산되고, 액체는 훨씬 더 느리게 확산되며, 고체는 매우 느린(그러나 종종 측정 가능한) 속도로 확산된다. 분자 충돌은 액체와 고체에서 확산을 느리게 만든다.

개질—수소 함유 연료가 증기, 산소 또는 둘 다와 반응하여 수소가 풍부한 가스 흐름을 생성하는 화학 공정.

개질기—연료 전지에 사용하기 위해 천연 가스, 프로판, 가솔린, 메탄올, 에탄올 같은 연료에서 수소를 생성하는 데 사용되는 장치.

개질유—연료 전지에 사용하기 위해 수소 및 기타 제품으로 가공된 탄화수소 연료.

개질 휘발유—혼합된 연료(가솔린)로 기존 휘발유에 비해 평균적으로 휘발성 유기 화합물과 유독성 대기 배출을 크게 줄인다.

갤런당 마일(MPGE)—1갤런(114,320 Btu)에 해당하는 에너지 함량.

고분자: 단순 분자의 반복된 연결로 구성된 천연 또는 합성 화합물.

고분자 전해질 막(PEM)—전해질로 사용되는 고체 고분자 막을 통합한 연료 전지이다. 양성자(H^+)는 양극에서 음극으로 이동한다. 작동 온도 범위는 일반적으로 $60 \sim 100°C$ 이다.

고분자 전해질 막 연료 전지(PEMFC 또는 PEFC)—적절한 산이 함침된 고체 수성 막을 통해 양극에서 음극으로 양성자(H^+)가 이동하는 산성 기반 연료 전지의 한 유형이다. 전해질은 고분자 전해질 막(PEM)이라 불린다. 연료 전지는 일반적으로 낮은 온도($<100°C$)에서 작동한다.

고체 산화물 연료 전지(SOFC)—전해질이 고체, 비다공성 금속 산화물, 일반적으로 Y_2O_3 및 O^{-2}로 처리된 산화지르코늄(ZrO_2)인 연료 전지의 일종으로, 음극에서 양극으로 이동된다. 개질 가스에 포함된 모든 CO는 양극에서 CO_2로 산화된다. 작동 온도는 일반적으로 $800°C$에서 $1,000°C$ 사이이다.

극저온 액화—질소, 수소, 헬륨 및 천연 가스와 같은 가스가 매우 낮은 온도의 압력하에서 액화되는 과정.

내연기관(ICE)—연료를 연소하여 엔진 내부의 연료에 포함된 에너지를 운동으로 변환하는 엔진이다. 연소 엔진은 연소 생성물 가스의 팽창으로 생성된 압력을 사용하여 기계적 작업을 수행한다.

나피온(Nafion®)—일반적으로 PEM 연료 전지의 전해질인 고체 폴리머 형태의 설폰

산이다.

메탄올(CH₃OH)—하나의 탄소 원자를 함유하는 알코올. 이는 일부 고급 알코올과 함께 고옥탄가 가솔린 성분으로 사용되며 유용한 자동차 연료이다.

멤브레인—연료 전지의 양극 및 음극 구획에서 가스를 분리하는 배리어 필름뿐만 아니라 전해질(이온 교환기) 역할을 하는 연료 전지의 분리 층이다.

반응기—화학 반응(예: 연료 전지의 촉매 작용)이 일어나는 장치 또는 공정 용기.

반응물—화학 반응이 시작될 때 존재하는 화학 물질.

발열—열을 방출하는 화학 반응.

발열량(전체)—연소 생성물이 가스와 공기의 초기 온도로 냉각될 때, 연소 중에 생성된 수증기가 응축될 때, 그리고 필요한 모든 보정이 적용되었을 때, 일정한 압력에서 1 ft^3 가스가 연소되어 생성된 영국 열 단위(Btu)의 수.

- **상한(HHV)**—모든 연소 생성물을 원래 온도로 되돌리고 연소로 형성된 모든 수증기를 응축시켜 측정한 연료의 연소열 값이다. 이 값은 물의 기화열을 고려한 것이다.

- **하한(LHV)**—모든 연소 생성물을 기체 상태로 유지하여 측정한 연료의 연소열 값이다. 이 측정 방법은 물의 기화에 투입되는 열에너지(기화열)를 고려하지 않은 것이다.

배기 배출—물, 미립자 및 오염 물질을 포함하여 엔진 배기 포트 하류의 개구부를 통해 대기로 배출되는 물질이다.

복합재—정해진 특징과 성질을 얻기 위해 거시적 규모에서 구성이나 형태가 다른 재료를 결합하여 만든 재료. 구성 요소들은 그들의 고유성을 유지한다. 물리적으로 식별할 수 있으며 서로 간에 상호작용을 나타낸다.

부분 산화—연료가 이산화탄소와 물로 완전히 산화되는 대신 부분적으로 일산화탄소와 수소로 산화되는 연료 개질 반응이다. 이는 개질기 이전에 연료 흐름에 공기를 주입함으로써 달성된다. 연료의 증기 개질에 비해 부분 산화의 장점은 흡열 반응이 아닌 발열 반응이므로 자체 열을 생성한다는 것이다.

분산—어떤 영역이나 부피에 흩어져 있는 공간적 특성을 나타낸다.

불순물—순수한 물질 또는 혼합물에 포함된 바람직하지 않은 이물질.

산소(O₂)—공기의 약 21%를 구성하는 무색, 무미, 무취의 이원자 가스.

산화—원자, 분자 또는 이온에 의해 하나 이상의 전자가 손실되는 현상.

산화제—산소와 같이 전기화학 반응에서 전자를 소모하는 화학 물질이다.

수소(H_2)―수소(H)는 우주에서 가장 풍부한 원소이지만 일반적으로 다른 원소와 결합되어 있다. 수소 가스(H_2)는 두 개의 수소 원자로 구성된 이원자 가스로 무색, 무취이다. 수소는 광범위한 농도에서 산소와 혼합될 때 가연성이 있다.

수소가 풍부한 연료―휘발유, 디젤 연료, 메탄올(CH_3OH), 에탄올(CH_3CH_2OH), 천연가스, 석탄 등 상당한 양의 수소를 함유한 연료이다.

수소화물―수소 가스가 금속과 반응하여 형성되는 화학 화합물. 수소 가스를 저장하는 데 사용된다.

수착―한 물질이 다른 물질을 흡수하거나 유지하는 과정.

알칼리성 연료 전지(AFC)―전해질이 농축된 수산화칼륨(KOH)이고 수산화 이온(OH^-)이 음극에서 양극으로 운반되는 일종의 수소/산소 연료 전지이다.

압축기―가스의 압력과 밀도를 높이는 데 사용되는 장치이다.

압축 수소 가스(CHG)―고압으로 압축되어 상온에서 저장되는 수소 가스.

압축 천연 가스(CNG)―주로 압축된 가스 형태의 메탄으로 구성된 탄화수소 가스와 증기의 혼합물이다.

액체―고체와는 달리 쉽게 흐르지만 기체와는 달리 무한정 팽창하는 경향이 없는 물질이다.

액화 석유 가스(LPG)―주로 프로판, 프로필렌, 노르말 부탄, 이소부틸렌, 부틸렌과 같은 탄화수소 또는 탄화수소 혼합물로 구성된 모든 물질이다. LPG는 일반적으로 혼합물을 액체 상태로 유지하기 위해 압력을 가하여 저장된다.

액화 수소(LH_2)―액체 형태의 수소. 수소는 액체 상태로 존재할 수 있지만 극저온에서만 존재할 수 있다. 액체 수소는 일반적으로 $-253°C(-423°F)$에서 보관해야 한다. 액체 수소 저장을 위한 온도 요구 사항은 수소를 액체 상태로 압축하고 냉각하기 위해 에너지를 소비해야 한다.

액화 천연 가스(LNG)―액체 형태의 천연 가스. 대기압에서 $-162°C(-259°F)$의 액체 상태인 천연 가스이다.

양극―산화(전자 손실)가 일어나는 전극이다. 연료 전지 및 기타 갈바니 전지의 경우 양극이 음극 단자이다. 전해 전지(전기 분해가 일어나는 곳)의 경우 양극은 양극 단자이다.

양극판―한 셀의 노드 역할과 인접 셀의 음극 역할을 하는 연료 전지 스택의 전도성 판이다. 플레이트는 금속 또는 전도성 폴리머(탄소 충전 복합재일 수 있음)로 만들어질 수 있다. 플레이트에는 일반적으로 유체 공급을 위한 흐름 채널이 포함되어 있으며 열 전달을 위한 도관도 포함될 수 있다.

양이온—양전하를 띤 이온.

에너지 밀도—주어진 연료 측정에서 잠재적 에너지의 양.

에너지 함량—주어진 연료 중량에 대한 에너지 양.

에탄올(CH_3CH_2OH)—두 개의 탄소 원자를 포함하는 알코올이다. 에탄올은 무색의 투명한 액체이며 맥주, 와인, 위스키에서 발견되는 것과 동일한 알코올이다. 에탄올은 셀룰로오스 물질로부터 생산되거나 효모로 설탕 용액을 발효시켜 생산될 수 있다.

엔진—열에너지를 기계 에너지로 변환하는 기계.

연료—연소 또는 전기 화학과 같은 과정에서 변환을 통해 열이나 전력을 생성하는 데 사용되는 재료.

연료 전지—일반적으로 수소와 산소로부터 전기 화학 공정을 통해 전기를 생산하는 장치이다.

연료 전지 스택—직렬로 연결된 개별 연료 전지. 연료 전지는 전압을 높이기 위해 적층된다.

연료 전지 중독—촉매에 결합된 연료의 불순물로 인해 연료 전지 효율이 저하되는 현상.

연료 프로세서—연료 전지에 사용하기 위해 천연 가스, 프로판, 가솔린, 메탄올, 에탄올과 같은 연료로부터 수소를 생성하는 데 사용되는 장치이다.

연소—연료, 열, 산소의 적절한 조합에 의해 생성되는 타는 불. 엔진에서는 연소실에서 발생하는 공기-연료 혼합물의 급속한 연소이다.

연소실—내연 기관에서 공기-연료 혼합물이 연소되는 피스톤 상단과 실린더 헤드 사이의 공간.

열 교환기—통과하는 뜨거운 냉각제의 열을 팬에 의해 통과하는 공기로 전달하도록 설계된 장치(예: 라디에이터).

온실 가스(GHG)—온실 효과에 기여하는 지구 대기의 가스.

온실 효과—태양 복사(가시광선, 자외선)가 지구 대기에 도달할 수 있지만 방출된 적외선 복사가 지구 대기 밖으로 다시 전달되는 것을 허용하지 않는 대기 가스로 인해 지구 대기가 온난화되는 현상.

와트(W)—초당 수행되는 1줄(J)의 일에 상응하는 전력의 단위. 746와트는 1마력에 해당한다. 와트(W)는 스코틀랜드의 엔지니어이자 증기기관 설계의 선구자인 제임스 와트(James Watt, 1736~1819)의 이름에서 따온 것이다.

용융 탄산염 연료 전지(MCFC)—용융 탄산염 전해질을 포함하는 연료 전지 유형이다. 탄산 이온(CC_3^{-2})은 음극에서 양극으로 이동한다. 작동 온도는 일반적으로 650℃에 가깝다.

음극—환원(전자 획득)이 일어나는 전극이다. 연료 전지 및 기타 갈바니 전지의 경우 음극이 양극 단자이다. 전해 전지(전기 분해가 발생하는 곳)의 경우 음극은 음극 단자이다.

음이온—음으로 하전된 이온(양극에 끌리는 이온).

인산 연료 전지(PAFC)—전해질이 농축 인산(H_3PO_4)으로 구성된 연료 전지 유형.

인화성 한계—가스의 인화성 범위는 인화성 하한계(LFL)와 인화성 상한계(UFL)로 정의된다. 두 한계 사이에는 점화 시 연소할 수 있는 가스와 공기의 비율이 적절한 가연성 범위가 있다. 인화성 하한계 이하에서는 연소할 연료가 충분치 않다. 인화성 상한계를 초과하면 연소를 지원할 공기가 충분하지 않다.

인화점—물질이 연소되기 시작하는 매우 특정한 조건에서 가장 낮은 온도.

재생 연료 전지—수소와 산소로부터 전기를 생산하고 태양열이나 다른 공급원의 전기를 사용하여 잉여 물을 산소와 수소 연료로 나누어 연료 전지에서 재사용할 수 있는 연료 전지.

전극—전자가 전해질에 들어오거나 나가는 전도체이다. 배터리와 연료 전지에는 음극(양극)과 양극(음극)이 있다.

전기 분해—화학 결합을 깨는 반응을 일으키기 위해 전기를 사용하고 다른 적절한 매질의 전해액을 통과하는 과정(예: 물을 전기분해하여 수소와 산소를 생성함).

전류 수집기—전자를 수집(양극 측)하거나 전자를 분산(음극 측)하는 연료 전지의 전도성 물질이다. 전류 수집기는 미세 다공성(유체가 통과할 수 있도록)이며 촉매/전해질 표면과 양극판 사이에 위치한다.

전해질—연료 전지, 배터리 또는 전해조의 한 전극에서 다른 전극으로 하전된 이온을 전도하는 물질이다.

중량퍼센트(wt.%)—중량%라는 용어는 중량 기준으로 저장된 수소의 양을 나타내기 위해 수소 저장 연구에서 널리 사용되며, 질량%라는 용어도 가끔 사용된다. 이 용어는 수소를 저장하는 물질 또는 전체 저장 시스템(예: 물질 또는 압축/액체 수소는 물론 단열재, 밸브, 조절기 등과 같이 수소를 담기 위해 필요한 탱크 및 기타 장비)에 사용될 수 있다. 예를 들어 시스템 기준으로 6 wt.%는 전체 시스템 중량의 6%가 수소라는 의미이다. 재료 기준으로 중량%는 수소의 질량을 재료의 질량과 수소의 질량으로 나눈 값이다.

중량 에너지 밀도—주어진 연료 중량의 위치에너지.

증기 개질—천연 가스와 같은 탄화수소 연료를 증기와 반응시켜 제품으로서의 수소를 생산하는 프로세스이다. 이는 대량 수소 생산을 위한 일반적인 방법이다.

직접 메탄올 연료 전지(DMFC) — 연료가 기체 또는 액체 형태의 메탄올(CH_3OH)인 연료 전지의 한 유형이다. 메탄올은 수소를 생산하기 위해 먼저 개질되는 대신 양극에서 직접 산화된다. 전해질은 일반적으로 PEM이다.

질소(N_2) — 대기의 78%를 차지하는 무색, 무미, 무취의 이원자 가스이다.

질소산화물(NO_x) — 질소와 산소의 모든 화합물. 질소산화물은 연소 과정에서 자동차 엔진 및 기타 발전소 연소실의 높은 온도와 압력으로 인해 발생한다. 햇빛이 있는 상태에서 탄화수소와 결합하면 질소산화물이 스모그를 형성한다. 질소산화물은 기본적인 대기 오염 물질이다. 자동차 배기가스 배출 수준의 질소산화물은 법으로 규제된다.

천연 가스 — 연료로 사용되는 단순 탄화수소 성분(주로 메탄)의 자연 발생 가스 혼합물이다.

체적 에너지 밀도 — 주어진 연료량의 위치에너지.

촉매 — 소모되지 않고 반응 속도를 높이는 화학 물질. 반응 후에는 반응 혼합물로부터 잠재적으로 회수될 수 있으며 화학적으로 변하지 않는다. 촉매는 필요한 활성화 에너지를 낮추어 반응이 더 빠르게 또는 더 낮은 온도에서 진행될 수 있도록 한다. 연료 전지에서 촉매는 산소와 수소의 반응을 촉진한다. 보통 백금 분말을 카본지나 천에 아주 얇게 코팅하여 만들어진다. 촉매는 거칠고 다공성이므로 백금의 최대 표면적이 수소나 산소에 노출될 수 있다. 촉매의 백금 코팅된 면은 연료 전지의 멤브레인을 향한다.

촉매 중독 — 불순물이 연료 전지의 촉매에 결합하는 과정(연료 전지 중독)으로, 원하는 화학 반응을 촉진하는 촉매의 능력이 저하된다.

탄화수소(HC) — 탄소와 수소를 함유한 유기 화합물로, 일반적으로 석유, 천연 가스, 석탄과 같은 화석연료에서 파생된다.

터보압축기 — 반응물 압력과 농도를 높이기 위해 공기나 기타 유체를 압축하는 기계(연료 전지 시스템에 공급되면 반응함).

터보차저 — 배기가스에서 에너지를 추출하는 터빈으로 구동되는 압축기를 사용하여 연료 전지 발전소에 들어가는 유체의 압력과 밀도를 높이는 데 사용되는 장치.

터빈 — 유체 흐름의 에너지로부터 회전 기계 동력을 생성하는 기계이다. 원래 열 또는 압력 에너지 형태의 에너지는 터빈의 고정 및 이동 블레이드 시스템을 통과하여 속도 에너지로 변환된다.

투자율 — 얼마나 쉽게 자기장이 재료를 통과하는지에 대한 척도.

파스칼(Pa) — 파스칼은 국제단위계(SI)에서 파생된 압력 또는 응력 단위이다. 단위면적당 수직력을 측정한 것이다. 이는 평방미터당 1뉴턴과 같다.

플렉시블 연료 차량 — 동일한 연료 탱크에 넣을 수 있는 다양한 연료 혼합물(예: 휘발유와 알코올 혼합물)로 작동할 수 있는 차량.

하이브리드 전기자동차(HEV)—배터리 구동 전기 모터와 기존 내연기관을 결합한 자동차이다. 차량은 성능 목표에 따라 배터리나 엔진 중 하나 또는 동시에 두 가지 모두로 작동할 수 있다.

흑연—부드럽고 검은색이며 광택이 있고 기름진 느낌을 주는 탄소 형태로 구성된 광물이다. 흑연은 연필, 도가니, 윤활제, 페인트 및 광택제에 사용된다.

흡열—에너지(보통 열 형태)를 흡수하거나 필요로 하는 화학 반응이다.

흡착제—다른 물질을 흡수하거나 흡착하는 경향이 있는 물질.

수소 연료 전지 및 기타 유형[1] Hydrogen Fuel Cells and Other Types

수소 연료 전지 및 기타 연료 전지에 대한 자세한 논의를 제시하기 전에 전지에 대한 몇 가지 일반적인 사실을 나열하는 것이 중요하다. 최근까지 수많은 사람들이 수소와 연료 전지에 대해 들어 보진 않았지만 이러한 기술은 폭발적으로 많이 등장하고 있으며, 상업용 건물에서 운송에 이르기까지 에너지 분야의 가장 큰 문제 중 일부를 해결할 수 있는 잠재력을 가지고 있다. 사실 대부분의 사람들은 태양열, 풍력, 배터리 전력에 더 익숙하지만 연료 전지 기술은 국가의 다양한 에너지 결합에 추가될 수 있다. 다음에 나올 내용을 받아들이기 위해, 수소와 연료 전지에 대해 알아야 할 몇 가지 사항이 있다.

- 수소는 지구상에서 가장 풍부한 원소이다. 더욱이 수소는 중량 기준 에너지 함량이 매우 높은 대체 연료이다. 그리고 엄청난 양의 수소가 물, 탄화수소 및 기타 유기 물질에 갇혀 있다는 점을 주목하라. 수소는 화석연료, 바이오매스(즉, 식물 기반 물질), 그리고 풍력, 태양광 또는 그리드 전기와 함께하는 물 전기 분해를 포함한 여러 가지 국내 자원에서 생산될 수 있다. 수소의 환경적 영향과 에너지 효율성은 수소 생산 방법에 따라 달라진다.

- 수소와 연료 전지는 건물, 자동차, 트럭, 휴대용 전자 장치 및 백업 전력 시스템에 전력을 공급하는 등 광범위한 응용 분야에 전력을 공급하는 데 사용될 수 있다. 연료 전지는 그리드마다 독립적이기 때문에 데이터 센터, 통신 타워, 병원, 비상 대응 시스템, 심지어 국방을 위한 군사 애플리케이션과 같은 중요한 기능들에 대한 매력적인 옵션이다.

- 연료 전지는 탄화수소 연료의 연소로 인한 배출가스를 생성하지 않으므로, 배터리

---

[1] Information in this section is from USDOE (2008) Hydrogen, Fuel Cells & Infrastructure Technologies Program. Accessed @ http://www1.eere.energy.gov/hydrogenandfuelcells/production/basics.html.

로 구동되는 차량처럼 매력적이다. 연료와 산소의 지속적인 공급이 있는 한 배터리와 다르게 연료 전지는 소모되거나 재충전이 필요하지 않다. 연료 전지 차량은 기존 휘발유·경유차에 비해 천연 가스로 수소를 생산할 경우 이산화탄소를 최대 절반까지 줄일 수 있고, 풍력, 태양광 등 신재생에너지로 수소를 생산할 경우 90%까지 줄일 수 있다. 배기관에서는 물만 배출되며 오염 물질은 없다.

- 연료 전지 구동 차량은 오늘날의 휘발유 자동차와 유사하다. 현재 연료 전지 전기 자동차는 수소 연료 탱크 하나로 300마일 이상의 주행거리를 가질 수 있다. 좋은 소식은 단 몇 분 만에 연료를 주입할 수 있고, 연료 주입 방법이 주유소와 거의 동일하다는 것이다. 연료 전지 엔진에는 움직이는 부품이 없기 때문에 오일을 교환할 필요가 없다. 더욱이 연료 전지는 내연기관보다 두 배 이상 효율적이기 때문에, 연료 전지 자동차는 가솔린을 사용하는 기존 차량보다 수소 탱크를 사용하여 더 멀리 이동한다. 이는 연비가 두 배로 향상되면서 수소 양이 약 절반만 필요하다는 것을 의미한다.

- 수소 연료 충전소는 전국적으로 증가하고 있으며, 캘리포니아에는 30개 이상의 소매 수소 연료 충전소가 운영되고 있으며, 충전소 수를 100개 이상으로 늘릴 계획이 있다. 미국 북동부 지역에는 개통 준비가 된 여러 충전소들이 있다. 기존 주유소에 수소를 설치하겠다는 현재 계획은 치밀한 계획(그리고 실용적 사고와 비슷한 상식)의 결과이다. 이러한 노력들은 수소 고객에게 휘발유나 디젤 연료를 구매하는 것과 같은 방식으로 충전소를 찾고 수소에 접근할 수 있다는 확신을 주고 있다. 고객 수요가 증가함에 따라 다른 시장도 발전할 것으로 예상된다.

단 하나의 전자와 하나의 양성자를 포함하는 수소(화학 기호 H)는 지구상에서 가장 간단한 원소이다. 수소는 이원자 분자이다. 각 분자에는 두 개의 수소 원자가 있다. (이 것이 순수 수소가 일반적으로 H_2로 표시되는 이유이다.) 지구상에 원소로 풍부하지만 수소는 다른 원소와 쉽게 결합하며 거의 항상 물, 탄화수소나 알코올과 같은 다른 물질의 일부로 발견된다. 수소는 모든 식물과 동물을 포함하는 바이오매스에서도 발견된다.

- 수소는 에너지원이 아니라 에너지 운반체이다. 수소는 사용 가능한 에너지를 저장하고 전달할 수 있지만 일반적으로 자연에서는 그 자체로 존재하지 않는다. 이를 함유한 화합물로부터 생산되어야 한다.

- 수소는 원자력, 천연 가스와 석탄, 바이오매스 그리고 태양광, 풍력, 수력 또는 지열 에너지를 동반한 기타 재생가능 에너지원을 포함한 다양한 국내 자원을 사용하여 생산될 수 있다. 이러한 국내 에너지원의 다양성으로 인해 수소는 유망한 에너

지 운반체이자 국가 에너지 안보에서의 중요 요소가 되었다. 다양한 자원 및 공정 기술(또는 경로)을 사용하여 수소를 생산하는 것은 이상적이며 기대를 받고 있다.

• DoE는 거의 0에 가까운 순 온실가스 배출을 초래하고 재생에너지지원, 원자력에너지 및 석탄(탄소 격리와 결합된 경우)을 사용하는 수소 생산 기술에 중점을 둔다. 전반적인 에너지 수요에 맞는 충분한 청정 에너지를 보장하려면 에너지 효율성도 중요하다.

• 열분해(천연 가스 개질, 재생 가능한 액체 및 바이오 오일 처리, 바이오매스와 석탄 가스화), 전해(다양한 에너지 자원을 이용한 물 분해), 광분해(생물학적 및 전기화학적 재료를 통한 햇빛을 이용한 물 분해) 등 다양한 공정 기술을 통해 수소를 생산할 수 있다.

• 수소는 대규모 중앙 시설(사용 지점에서 50~300마일), 소규모 반중앙 시설(사용 지점에서 25~100마일 내에 위치)에서 생산 및 배포(사용 지점 근처 또는 사용 지점)될 수 있다. 분산형 생산과 중앙 집중형 생산에 대해 더 자세히 알아보기 바란다.

• 수소가 시장에서 성공하려면 사용 가능한 대안과 가격 경쟁력이 있어야 한다. 소형 차량 운송 시장에서 이러한 경쟁적 요구 사항은 수소를 2~3달러/gge(휘발유 갤런 환산)의 가격으로 세금 없이 이용할 수 있어야 함을 의미한다. 이 가격으로 인해 수소 연료 전지 차량은 비교 가능한 기존 내연기관 또는 하이브리드 차량과 마일당 비용 기준으로 소비자에게 동일한 비용을 부담하게 한다.

• DoE는 다양한 수소 생산 기술의 연구 개발에 관여된다. 일부는 다른 것보다 개발이 더 진행되고 있다. 일부는 전환 기간(2015년 시작) 동안 비용 경쟁력이 있을 수 있고, 다른 일부는 장기적인 기술로 간주된다(2030년 이후 비용 경쟁력).

수소가 생산된 장소에서 충전소나 고정 발전소의 디스펜서로 수소를 이동하려면 인프라가 필요하다. 인프라에는 연료를 운반하는 파이프라인, 트럭, 철도 차량, 선박, 바지선은 물론 연료를 싣고 내리는 데 필요한 시설과 장비가 포함된다.

수소 인프라를 위한 전달 기술은 현재 상업적으로 이용 가능하며, 현재 여러 미국 회사가 대량으로 수소를 제공하고 있다. 수소가 오랫동안 산업 응용 분야에 사용되었기 때문에 인프라 중 일부는 이미 구축되어 있지만, 소비자가 에너지 운반체로 수소를 널리 사용하는 것을 지원하기에는 충분하지 않다. 수소는 체적 에너지 밀도가 상대적으로 낮기 때문에 운송, 저장 및 사용 지점까지의 최종 전달에 상당한 비용이 소요되며 에너지 운반체로 사용하는 것과 관련된 에너지 비효율성이 일부 발생한다.

중앙, 반중앙, 분산 생산 시설에서 사용 지점까지 수소를 전달하는 옵션과 균형은 복잡하다. 수소 생산 전략의 선택은 비용과 전달 방법에 큰 영향을 미친다. 예를 들어 대규모 중앙집중식 시설은 규모의 경제로 인해 상대적으로 낮은 비용으로 수소를 생산할 수 있지만, 중앙에서 생산된 수소의 공급 비용은 반중앙 또는 분산 생산 옵션의 공급 비용보다 높다(사용 지점이 더 멀기 때문). 이에 비해 분산형 생산 시설은 배송 비용이 상대적으로 낮지만, 수소 생산 비용은 더 높을 수 있다. 생산량이 적다는 것은 수소 단위당 장비 비용이 높아진다는 것을 의미한다.

　　수소 전달의 주요 과제에는 전달 비용 절감, 에너지 효율성 향상, 수소 순도 유지 및 수소 누출 최소화가 포함된다. 수소 생산 옵션과 하나의 시스템으로 통합된 수소 전달 옵션 간의 균형을 분석하기 위해서는 추가 연구가 필요하다. 국가적인 수소 배송 인프라를 구축하는 것은 큰 도전이다. 개발에는 시간이 걸리며 다양한 기술의 조합이 포함될 가능성이 높다. 배송 인프라 요구 사항과 리소스는 지역 및 시장 유형(예: 도시, 주간 고속도로 또는 농촌)에 따라 다르다. 수소에 대한 수요가 증가하고 전달 기술이 개발 및 개선됨에 따라 인프라 옵션도 발전할 것이다.

수소 저장

300마일 이상의 주행거리를 달성하기 위해 차량에 충분한 수소를 저장하는 것은 중요한 과제이다. 중량 기준으로 볼 때 수소는 휘발유의 에너지 함량의 거의 세 배에 달한다(수소의 경우 120 MJ/kg, 휘발유의 경우 44 MJ/kg). 그러나 부피 기준으로 보면 상황은 반대이다(액화 수소의 경우 8 MJ/L, 휘발유의 경우 32 MJ/L). 경량 차량의 전체 플랫폼을 포괄하려면 5~13 kg 범위의 H_2의 온보드 수소 저장이 필요하다. 수소는 다양한 방법으로 저장될 수 있지만, 수소가 자동차의 경쟁력 있는 연료가 되려면 수소 자동차가 기존 탄화수소 연료 자동차와 비슷한 거리를 이동할 수 있어야 한다. 수소는 물리적으로 기체나 액체로 저장될 수 있다. 가스로 저장하려면 일반적으로 고압 탱크(5,000~10,000 psi 탱크 압력)가 필요하다. 수소를 액체로 저장하려면 1기압에서 수소의 끓는점이 –252.8°C이기 때문에 극저온이 필요하다. 수소는 고체 표면에(흡착에 의해) 저장되거나 고체 내에(흡수에 의해) 저장될 수도 있다. 흡착에서 수소는 수소 분자 또는 수소 원자로 물질 표면에 부착된다. 흡수 과정에서 수소는 H 원자로 해리된 다음 수소 원자가 고체 격자 구조에 통합된다. 고체에 수소를 저장하면 낮은 압력과 실온에 가까운 온도에서 더 적은 부피로 많은 양의 수소를 저장할 수 있다. 수소 분자가 금속 수소화물 격자 구조 내에서 원자 수소로 해리되기 때문에 액체 수소보다 더 큰 부피 저장 밀도를 달성하는 것도 가능하다. 마지막으로, 수소 함유 물질과 물(또는 알코올과 같은 다른 화합물)의 반응을 통해 수소를 저장할 수 있다. 이 경우 수소는 물질과 물 모두에 효과적으로 저장된다. 이러한 형태의 수소 저장을 설명하기 위해 '화학적 수소 저장' 또는 화학적 수소화물이라는 용어가 사용된다. 액체와 고체의 화학 구조에 수소를 저장하는 것도 가능하다.

> **알아두기**
>
> 수소 연료 전지 자동차(FCV)는 가솔린 구동 내연기관(ICE)을 사용하는 자동차와 마일당 거의 동일한 양의 물을 배출한다.

수소 연료 전지의 작동 원리

기본 연료 전지(그림 13.1 참조)는 수소의 화학 에너지를 사용하여 물과 열을 부산물로 사용하여 깨끗하고 효율적으로 전기를 생산하는 전기 화학 장치이다. 연료 전지는 잠재적인 응용 분야가 다양하다는 점에서 독특하다. 이는 유틸리티 발전소만큼 큰 시스템과 랩톱 컴퓨터만큼 작은 시스템에 에너지를 제공할 수 있다. 연료 전지는 현재 많은 발전소와 승용차에 사용되는 기존의 연소 기반 기술에 비해 여러 가지 이점을 가지고 있다. 연료 전지는 훨씬 적은 양의 온실 가스를 생성하며, 스모그를 생성하고 건강 문제를 야기하는 대기 오염 물질을 전혀 생성하지 않는다. 순수 수소를 연료로 사용하면 연료 전지는 부산물로 열과 물만 배출한다.

수소 연료 전지는 수소(또는 수소가 풍부한 연료)와 산소를 사용하여 전기 화학적 과정을 통해 전기를 생성하는 장치이다. 단일 연료 전지는 전해질과 두 개의 촉매 코팅 전극(다공성 양극 및 음극)으로 구성된다. 다양한 연료 전지 유형이 있지만 모든 연료 전지는 비슷하게 작동한다.

- 수소 또는 수소가 풍부한 연료는 촉매가 수소의 음전하 전자를 양전하 이온(양성자)에서 분리하는 양극으로 공급된다.

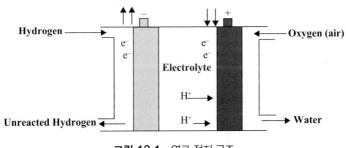

그림 13.1 연료 전지 구조

- 음극에서 산소는 전자와 결합하고, 경우에 따라 양성자나 물과 같은 종류와 결합하여 각각 물 또는 수산화물 이온을 생성한다.
- 고분자 전해질 막과 인산 연료 전지의 경우 양성자는 전해질을 통해 음극으로 이동하여 산소 및 전자와 결합하여 물과 열을 생성한다.
- 알칼리성, 용융 탄산염 및 고체 산화물 연료 전지의 경우 음이온은 전해질을 통해 양극으로 이동하여 수소와 결합하여 물과 전자를 생성한다.
- 양극의 전자는 전해질을 통해 양극으로 충전된 음극으로 전달될 수 없다. 세포의 반대편에 도달하려면 전기 회로를 통해 주위를 이동해야 한다. 이러한 전자의 움직임은 전류이다.

수소는 고유한 물리적, 화학적 특성을 갖고 있으며, 이는 연료로 성공적으로 널리 채택되는 데 이점과 과제를 제시한다. 수소는 우주에서 가장 가볍고 작은 원소이다. 수소는 공기보다 14배 가벼우며 천연 가스보다 6배 빠른 거의 20 m/s의 속도로 상승한다. 즉, 방출되면 빠르게 상승하고 분산된다. 또한 수소는 무취, 무색, 무미하여 인간의 감각으로 감지할 수 없다. 이러한 이유로 수소 시스템은 환기 및 누출 감지 기능을 갖추고 설계되었다. 천연 가스 역시 무취, 무색, 무미이지만 황을 함유한 취기제를 첨가해 사람이 감지할 수 있도록 한다. 동일한 분산 속도로 수소와 함께 '이동'할 만큼 충분한 냄새 물질이 알려져 있지 않으므로, 감지 방법을 제공하는 데 냄새 물질이 사용되지 않는다. 많은 취기제가 연료 전지를 오염시킬 수도 있다.

다른 유형의 연료 전지[2] Other Types of Fuel Cells

연료 전지에는 수소 연료 전지 외에도 다른 종류의 연료 전지가 있다. 이러한 다른 유형은 주로 사용하는 전해질의 종류에 따라 분류된다. 분류에 따라 전지에서 일어나는 전기 화학 반응의 종류, 필요한 촉매의 종류, 전지가 작동하는 온도 범위, 필요한 연료 및 기타 요인이 결정된다. 이러한 특성은 결국 이러한 셀이 가장 적합한 응용 분야에 영향을 미친다. 현재 개발 중인 연료 전지에는 여러 유형이 있다. 현재 가장 유망한 사항은 아래에서 논의된다.

직접 메탄올 연료 전지

대부분의 연료 전지는 수소로 구동되며, 수소는 연료 전지 시스템에 직접 공급되거나

---

[2] From USDOE (2015) Types of Fuel Cells. United States Department of Energy. Accessed 7/7/22 @http://energy.gov/eere/fuelcells/types-fuel-cells

메탄올, 에탄올, 탄화수소 연료와 같은 수소가 풍부한 연료를 개질하여 연료 전지 시스템 내에서 생성될 수 있다. 그러나 직접 메탄올 연료 전지(DMFC)는 일반적으로 물과 혼합되어 연료 전지 양극에 직접 공급되는 순수 메탄올로 구동된다.

직접 메탄올 연료 전지는 일부 연료 전지 시스템에서 흔히 볼 수 있는 연료 저장 문제가 많지 않다. 왜냐하면 메탄올은 가솔린이나 디젤 연료보다는 적지만 수소보다 에너지 밀도가 높기 때문이다. 메탄올은 휘발유와 같은 액체이기 때문에 현재 인프라를 사용하여 대중에게 운송하고 공급하기가 더 쉽다. DMFC는 휴대폰이나 랩톱 컴퓨터와 같은 휴대용 연료 전지 응용 제품에 전력을 공급하는 데 자주 사용된다.

알칼리성 연료 전지

알칼리성 연료 전지(AFC)는 개발된 최초의 연료 전지 기술 중 하나였으며 우주선 내에서 전기 에너지와 물을 생산하기 위해 미국 우주 프로그램에서 널리 사용된 최초의 유형이었다. 이러한 연료 전지는 물에 용해된 수산화칼륨 용액을 전해질로 사용하고, 양극과 음극에서는 다양한 비귀금속을 촉매로 사용할 수 있다. 고온 AFC는 100~250°C(212~482°F) 사이의 온도에서 작동한다. 그러나 최신 AFC 설계는 약 23~70°C(74~158°F)의 더 낮은 온도에서 작동했다. 최근에는 고분자 막을 전해질로 사용하는 새로운 AFC가 개발되었다. 이러한 연료 전지는 산성 막 대신 알칼리 막을 사용한다는 점을 제외하면 기존 PEM 연료 전지와 밀접한 관련이 있다. AFC의 고성능은 전지에서 전기 화학 반응이 일어나는 속도에 기인한다. 또한 우주 응용 분야에서도 60% 이상의 효율성을 입증하였다.

이 연료 전지 방식의 단점은 이산화탄소(CO_2)에 쉽게 중독된다는 점이다. 실제로 공기 중의 적은 양의 CO_2도 이 전지의 작동에 영향을 미칠 수 있으므로 전지에 사용되는 수소와 산소를 모두 정화해야 한다. 이 정제 과정은 비용이 많이 든다. 중독에 대한 민감성은 셀의 수명(교체해야 하는 기간)에도 영향을 미쳐 비용을 더욱 증가시킨다. 알칼리성 막 전지는 액체 전해질 AFC보다 CO_2 중독에 대한 민감도가 낮지만, 막에 용해되는 CO_2로 인해 성능이 여전히 저하된다.

우주나 바다 밑과 같은 원격 위치에서는 비용이 덜 중요하다. 그러나 대부분의 주요 상업 시장에서 효과적으로 경쟁하려면 이러한 연료 전지가 더욱 비용효율적이 되어야 한다. 대규모 유틸리티 애플리케이션에서 경제적으로 실행 가능하려면 AFC가 40,000 시간을 초과하는 작동 시간에 도달해야 하는데 이는 재료 내구성 문제로 인해 아직 달성되지 않았다. 이는 아마도 연료 전지 기술을 상용화하는 데 가장 큰 장애물일 것이다.

인산 연료 전지

인산 연료 전지(PAFC)는 액체 인산을 전해질로 사용한다. 이 산은 테플론 결합 탄화규소 매트릭스에 포함되어 있으며, 백금 촉매가 포함된 다공성 탄소 전극을 사용한다.

PAFC는 현대 연료 전지의 '1세대'로 간주된다. 이는 가장 발전한 셀 유형 중 하나이며 최초로 상업적으로 사용되었다. 이러한 유형의 연료 전지는 일반적으로 고정식 전력 생성에 사용되지만, 일부 PAFC는 시내버스 등 대형 차량의 전력 공급에 사용되고 있다.

PAFC는 PEM 전지보다 수소로 개질된 화석연료의 불순물에 더 잘 견딘다. PEM 전지는 일산화탄소가 양극에서 백금 촉매와 결합하여 연료 전지의 효율을 감소시키기 때문에 일산화탄소에 쉽게 중독된다. PAFC는 전기와 열의 공동 생산에 사용될 때 85% 이상의 효율을 갖지만, 전기만 생산할 경우에는 효율성이 떨어진다(37~42%). PAFC 효율은 일반적으로 약 33% 효율로 작동하는 연소 기반 발전소의 효율보다 약간 더 높다. PAFC는 무게와 부피가 동일할 때 다른 연료 전지보다 성능이 떨어진다. 결과적으로 이러한 연료 전지는 일반적으로 크고 무겁다. 또한 PAFC는 비싸다. 다른 종류의 연료 전지에 비해 고가의 백금 촉매를 훨씬 더 많이 탑재해야 하므로 비용이 상승한다.

용융 탄산염 연료 전지

용융 탄산염 연료 전지(MCFC)는 현재 전기 유틸리티, 산업 및 군사 응용 분야를 위한 천연 가스 및 석탄 기반 발전소용으로 개발되고 있다. MCFC는 다공성, 화학적으로 불활성인 세라믹 리튬 알루미늄 산화물 매트릭스에 부유된 용융 탄산염 혼합물로 구성된 전해질을 사용하는 고온 연료 전지이다. 650°C(약 1,200°F)의 고온에서 작동하기 때문에, 비귀금속을 양극과 음극에서 촉매로 사용할 수 있어 비용을 절감할 수 있다.

향상된 효율성은 MCFC가 인산 연료 전지에 비해 상당한 비용 절감을 제공하는 또 다른 이유이다. 용융 탄산염 연료 전지를 터빈과 결합하면 65%에 가까운 효율에 도달할 수 있는데, 이는 인산 연료 전지 공장의 37~42% 효율보다 상당히 높은 수치이다. 물의 열을 포착하여 사용하면 전체 연료 효율이 85% 이상일 수 있다.

알칼리성, 인산, PEM 연료 전지와 달리 MCFC는 천연 가스, 바이오 가스 등의 연료를 수소로 변환하기 위해 외부 개질기가 필요치 않다. MCFC가 작동하는 고온에서 이러한 연료에 포함된 메탄 및 기타 경질 탄화수소는 내부 개질이라는 과정을 통해 연료 전지 자체 내에서 수소로 변환된다.

현재 MCFC 기술의 주요 단점은 내구성이다. 이러한 셀이 작동하는 높은 온도 및 사용되는 부식성 전해질은 구성 요소 파손 및 부식을 가속화하여 셀 수명을 단축시킨다. 과학자들은 현재 성능 저하 없이 전지 수명을 현재 40,000시간(약 5년)에서 두 배로 늘리는 연료 전지 설계뿐만 아니라 부품용 내식성 재료를 연구하고 있다.

고체 산화물 연료 전지

고체 산화물 연료 전지(SOFC)는 단단한 비다공성 세라믹 화합물을 전해질로 사용한다. SOFC는 시스템의 폐열(열병합 발전)을 포착하고 활용하도록 설계된 응용 분야에서 연료를 전기로 변환하는 데 약 60% 효율적이며, 전체 연료 사용 효율성은 최대 85%에 달할 수 있다.

SOFC는 최대 1,000°C(1,830°F)의 매우 높은 온도에서 작동한다. 고온 작동으로 인해 귀금속 촉매가 필요 없으므로 비용이 절감된다. 또한 SOFC가 내부적으로 연료를 개질할 수 있으므로 다양한 연료를 사용할 수 있고, 시스템에 개질기를 추가하는 데 드는 비용이 절감된다.

SOFC는 또한 가장 황에 강한 연료 전지 유형이다. 그들은 다른 셀 유형보다 훨씬 더 많은 황을 견딜 수 있다. 또한 일산화탄소에 중독되지 않아 연료로도 사용할 수 있다. 이 특성을 통해 SOFC는 천연 가스, 바이오 가스, 석탄으로 만든 가스를 사용할 수 있다. 고온 작동에는 단점이 있다. 이로 인해 시동 속도가 느려지고, 열을 유지하고 인력을 보호하기 위해 상당한 열 차폐가 필요하다. 이는 유틸리티 애플리케이션에는 허용될 수 있지만 운송에는 허용되지 않는다. 높은 작동 온도로 인해 재료에 대한 내구성 요구 사항도 엄격해졌다. 전지 작동 온도에서 내구성이 높은 저가형 재료의 개발은 이 기술이 직면한 핵심적인 기술 과제이다.

과학자들은 현재 내구성 문제가 적고 비용이 적게 드는 700°C 이하에서 작동하는 저온 SOFC의 개발 가능성을 모색하고 있다. 그러나 저온 SOFC는 아직 고온 시스템의 성능과 일치하지 않으며, 이 저온 범위에서 기능할 스택 재료는 아직 개발 중이다.

가역적 연료 전지

가역적 연료 전지는 다른 연료 전지와 마찬가지로 수소와 산소로부터 전기를 생산하고 부산물로 열과 물을 생성한다. 그러나 가역적 연료 전지 시스템은 태양광 발전, 풍력 또는 기타 공급원의 전기를 사용하여 전기 분해라는 과정을 통해 물을 산소와 수소 연료로 분리할 수도 있다. 가역적 연료 전지는 필요할 때 전력을 공급할 수 있지만, 다른 기술을 통해 고출력을 생산하는 동안(예: 강풍으로 인해 사용 가능한 풍력이 초과되는 경우) 가역적 연료 전지는 초과 에너지를 수소 형태로 저장할 수 있다. 이러한 에너지 저장 기능은 간헐적 재생에너지 기술의 핵심 원동력이 될 수 있다.

고분자 전해질 막(PEM) 연료 전지

양성자 교환 막이라고도 불리는 고분자 전해질 막(PEM) 연료 전지는 높은 전력 밀도를 제공하고 다른 연료 전지에 비해 무게와 부피가 가볍다는 장점을 제공한다. PEM 연료 전지는 고체 폴리머를 전해질로 사용하고, 다공성 탄소 전극에는 백금 또는 백금 합금 촉매가 포함되어 있다. 작동하려면 수소, 공기 중의 산소, 물만 있으면 된다. 일반적으로 저장 탱크나 개질기에서 공급되는 순수 수소를 연료로 사용한다. PEM 연료 전지는 약 80℃(176℉)의 상대적으로 낮은 온도에서 작동한다. 저온 작동을 통해 빠르게 시동할 수 있으며(예열 시간이 짧아 PEM 연료 전지가 특히 승용차에 사용하기에 적합함) 시스템 구성 요소의 마모가 적어 내구성이 향상된다. 그러나 수소의 전자와 양성자를 분리하려면 귀금속 촉매(일반적으로 백금)를 사용해야 하므로 시스템 비용이 추가된다. 백금 촉매는 또한 일산화탄소 중독에 매우 민감하므로, 수소가 탄화수소 연료에서 파생되는 경우 연료 가스에서 일산화탄소를 줄이기 위해 추가 반응기를 사용해야 한다. 이 원자로는 비용도 추가된다. PEM 연료 전지는 주로 일부 고정 응용 분야 및 운송 응용 분야에 사용된다.

PEM 연료 전지의 부품[3]

연료 전지 차량 애플리케이션, 즉 차량에 대한 연구는 방금 언급한 PEM 연료 전지에 대해 현재 초점을 맞추고 있다. PEM 셀은 다양한 재료의 여러 층으로 만들어진다.

고분자 전해질 막 연료 전지의 주요 부품은 양성자 교환 막이라고도 불리는 **고분자 전해질 막(PEM)**이다. 연료 전지는 높은 전력 밀도를 제공하고 다른 연료 전지에 비해 무게와 부피가 가볍다는 장점을 제공한다. PEM 연료 전지는 고체 폴리머를 전해질로 사용하고 다공성 탄소 전극에는 백금 또는 백금 합금 촉매가 포함되어 있다. 작동하려면 수소, 공기 중의 산소, 물만 있으면 된다. 일반적으로 저장 탱크나 개질기에서 공급되는 순수 수소를 연료로 사용한다. PEM 연료 전지는 약 80℃(176℉)의 상대적으로 낮은 온도에서 작동한다. 저온 작동을 통해 빠르게 시동할 수 있으며(예열 시간이 짧아 PEM 연료 전지가 특히 승용차에 사용하기에 적합함) 시스템 구성 요소의 마모가 적어 내구성이 향상된다. 그러나 수소의 전자와 양성자를 분리하려면 귀금속 촉매(일반적으로 백금)를 사용해야 하므로 시스템 비용이 추가된다. 백금 촉매는 또한 일산화탄소 중독에 매우 민감하므로 수소가 탄화수소 연료에서 파생되는 경우 연료 가스에서 일산화탄소를 줄이기 위해 추가 반응기를 사용해야 한다. 이 원자로는 비용도 추가된다. PEM

---

[3] This section is based on EERE (2022) Parts of a Fuel Cell. Accessed 7/7/22 @ https://www.energy.gov/eere/feulecells/parts-fuel-cell.

연료 전지는 주로 일부 고정 응용 분야 및 운송 응용 분야에 사용된다. PEM 연료 전지는 다양한 재료의 여러 층으로 만들어진다. PEM 연료 전지의 핵심은 멤브레인, 촉매층, 가스 확산층(GDL)을 포함하는 멤브레인 전극 접합체(MEA)이다. PEM 연료 전지의 이들 부품 및 기타 부품은 아래에 설명되어 있다. 이러한 다른 부품에는 가스 리그를 방지하기 위해 MEA 주위에 밀봉을 제공하는 개스킷과 개별 PEM 연료 전지를 연료 전지 스택에 조립하고 기체 연료 및 공기에 대한 채널을 제공하는 데 사용되는 양극판을 동반한 하드웨어 구성 요소가 포함된다.

막 전극 조립체

PEM 연료 전지의 막 전극 접합체(MEA)는 막, 촉매층(양극 및 음극), 확산 매체로 구성된다.

고분자 전해질 막

주방용 랩처럼 보이는 고분자 전해질 막, 즉 PEM(양성자 교환 막이라고도 함)은 양전하를 띤 이온만 전도하고 전자는 차단하는 특수 처리된 소재이다. 양극과 음극 사이에 필요한 이온만 통과하도록 허용해야 하기 때문에 PEM은 연료 전지 기술의 핵심이다. 다른 물질이 전해질을 통과하도록 허용하면 화학 반응이 중단될 수 있다. 멤브레인은 운송 용도로 사용하기 위해 얇게(경우에 따라 20미크론 미만) 제조된다.

촉매층

막의 양쪽 면에 촉매층이 추가된다(즉, 양극 층 측과 음극 층 측). 기존의 촉매층은 표면적이 큰 탄소 지지체 위에 분산된 나노미터 크기의 백금 입자를 포함한다. 지지된 백금 촉매는 이온 전도성 이오노머 폴리머(공유 부분의 펜던트 그룹으로서 백본에 공유 결합된 전기적 중성 반복 유닛과 이온화된 유닛의 반복 유닛으로 구성됨)와 혼합되어, 멤브레인과 GDL(가스 확산층) 사이에 끼이게 된다. 양극 측에서 백금 촉매는 수소 분자를 양성자와 전자로 분리할 수 있게 해 준다. 이제 반대편인 음극 측 백금 촉매는 양극에서 생성된 양성자와 반응하여 물을 생성함으로써 산소 환원을 가능하게 한다. 양성자가 이러한 층을 통과할 수 있도록 하는 것은 촉매층에 혼합된 이오노머이다.

가스 확산층(GDL)

촉매층 외부에는 반응물이 촉매층으로 이동할 뿐만 아니라 생성된 물이 제거되는 것을 촉진하는 GDL이 있다. 일반적으로 탄소 섬유가 부분적으로 폴리테트라플루오로에틸렌(PTFE)으로 코팅된 탄소 종이 시트로 구성되는 것이 구조적으로 GDL의 전부이다.

이 구조는 가스가 CDL의 기공을 통해 빠르게 확산되도록 한다. 이러한 기공은 소수성 PTFE(즉, 물을 밀어내는 것)에 의해 열린 상태로 유지되어 많은 경우에 과도한 물 축적을 방지한다. GDL의 내부 표면은 PRFE(미세 다공성 층)와 혼합된 표면적이 큰 탄소의 얇은 층으로 코팅된다. 이는 모두 수분 보유(막 전도성을 유지하는 데 필요함)와 수분 방출(수소와 산소가 전극으로 확산될 수 있도록 기공을 열어 두는 데 필요함)에 관한 것이다.

하드웨어 구성 요소

MEA는 연료 전지의 핵심이자 전력이 생산되는 곳이지만 단독으로 기능하지는 않는다. 효과적인 MEA 작동을 위해서는 하드웨어 구성 요소가 필요하다. 우리가 관심을 갖는 하드웨어 구성 요소는 양극판과 개스킷이다.

양극판

정상적인 작동 조건에서 개별 MEA는 1 V 미만을 생성한다. 문제는 MEA가 사용되는 대부분의 애플리케이션에 더 높은 전압이 필요하다는 것이다. 따라서 핵심은 MEA를 쌓는 것이다. 직렬로 연결된 MEA를 서로 적층하면 사용 가능한 출력 전압이 제공된다. 두 개의 양극판 사이의 스택에 각 셀을 끼워서 인접한 셀과 분리하는 문제이다. 금속, 탄소 또는 복합재로 만들어진 이러한 플레이트는 셀 사이의 전기 전도를 제공할 뿐만 아니라 스택에 물리적 강도를 제공한다. 플레이트에는 유동장이 삽입된다. 이는 가스가 MEA 위로 흐를 수 있도록 플레이트에 가공되거나 스탬핑되는 일련의 채널이다. 각 플레이트 내부의 추가 채널을 사용하여 액체 냉각제를 순환시킬 수 있다.

양극판의 적층은 다음 절에서 논의된다.

개스킷

연료 전지 스택의 각 MEA에는 개스킷이 필요하므로 개스킷은 두 개의 양극판 사이에 끼어 있다. 기밀 실(seal)을 만들기 위해 개스킷은 MEA의 가장자리 주변에 필요하다. 이러한 개스킷은 일반적으로 고무질 폴리머로 만들어진다.

연료 전지 시스템 Fuel Cell Systems

연료 전지 시스템의 설계는 복잡하며 전지 유형 및 응용 분야에 따라 크게 달라질 수 있다. 그러나 이 논의에서는 연료 전지 스택과 연료 처리기(fuel processor)에 중점을 둔다.

연료 전지 스택

앞서 언급한 바와 같이 연료 전지 스택은 연료 전지 전력 시스템의 핵심이다. 연료 전지 내의 전기 화학적 반응은 직류(DC) 전기를 생성한다. 단일 셀은 1 V 미만을 생산하기 때문에 대부분의 애플리케이션에는 충분치 않다. 따라서 개별 연료 전지는 일반적으로 연료 전지 스택에 직렬로 결합된다. 실제로 일반적인 연료 전지 스택은 수백 개의 연료 전지로 구성될 수 있다. 그렇다면 연료 전지 스택은 얼마나 많은 전력을 생산할 수 있을까? 물론 이는 연료 전지 유형, 전지 크기, 작동 온도, 전지에 공급되는 가스 압력과 같은 여러 요인에 따라 달라진다.

연료 처리기

많은 연료 전지 시스템에서 발견되는 또 다른 중요한 구성 요소는 연료 처리기이다. 이 구성 요소는 연료를 연료 전지에서 사용할 수 있는 형태로 변환한다. 사용되는 연료 처리기의 유형은 연료 유형과 연료 전지 유형에 따라 다르며, 불순물을 제거하기 위한 흡착제 베드처럼 여러 반응기와 흡착제를 결합한 간단한 형태일 수도 있다.

시스템이 메탄올, 가솔린, 디젤 또는 가스화 석탄과 같이 수소가 풍부한 기존 연료로 구동되는 경우, 개질기라는 장치를 사용하여 탄화수소를 '개질유'(가솔린 혼합 원료)라고 하는 수소와 탄소 화합물의 가스 혼합물로 변환하는 데 종종 사용된다. 일부 시스템에서는 개질유가 일련의 반응기로 보내져 일산화탄소를 이산화탄소로 변환하고, 남아 있는 미량의 일산화탄소를 제거하고 연료 전지 스택으로 보내기 전의 황 화합물 등 기타 불순물을 제거하기 위한 흡착층을 마련한다. 이 공정은 가스 중의 불순물이 연료 전지 촉매와 결합하는 것을 방지한다. 이러한 결합 과정은 연료 전지의 효율성과 기대 수명을 감소시키기 때문에 '중독'이라고 불린다.

용융 탄산염 및 고체 산화물 연료 전지는 연료 전지 자체에서 연료를 개질할 수 있을 만큼 충분히 높은 온도에서 작동한다. 이 과정을 내부 개질이라고 한다. 내부 개질을 사용하는 연료 전지에는 개질되지 않은 연료가 연료 전지에 도달하기 전에 불순물을 제거하기 위한 트랩이 여전히 필요하다. 내부 및 외부 개질 모두에서 이산화탄소가 방출된다. 그러나 연료 전지는 효율이 높기 때문에 휘발유 자동차 등 내연기관에 비해 이산화탄소 배출량이 적다.

14 경제성과 주행거리
Economy and Range

서론 Introduction

전기자동차 또는 연료전지 자동차 구매 시 주요 판매 포인트 중 하나는 경제성(인식이든 혹은 실제든), 즉 연료(하이브리드)와 비용을 절약하는 것이다. 전기자동차나 연료전지 자동차 구매를 제한하는 요인 중 하나는 주행거리이다. 전기자동차는 재충전해야 하기 때문에 장거리 여행에는 불편하고 시간이 많이 소요되는 반면, 휘발유 자동차는 길에서 편리하고 비교적 쉽게 연료를 채우고 돌아올 수 있다.

따라서 지금 여기서 필요한 것은 전기자동차의 장점과 단점을 제공하는 것이다.

먼저 전기자동차의 장점부터 살펴보자. 첫째, 전기자동차는 기존 자동차처럼 공기를 오염시키지 않으므로 환경친화적이다. 둘째, 전기자동차는 재생가능 에너지로 작동한다. 기존 자동차는 화석연료를 연소하면서 작동하므로 지구상의 화석연료 매장량을 소진시키게 될 것이다. 셋째, 가격이 자주 인상되는 휘발유나 디젤과 같은 연료보다 전기가 훨씬 저렴하기 때문에 (현재로서는) 비용효율적이다. (익숙한가?) 집에서 태양광 발전이나 풍력 발전을 사용하는 경우 배터리를 재충전하는 것이 비용효율적이다. 넷째, 전기자동차는 움직이는 부품이 적어서 기존 자동차 부품에 비해 마모가 적다. 더욱이 현재로서는 수리 작업이 연소 엔진에 비해 간단하고 비용도 저렴하다. 다섯째, 전기자동차는 훨씬 부드러운 운전 경험을 제공한다. 빠르게 움직이는 부품이 없기 때문에 소음 발생이 적어 훨씬 더 조용하다. 마지막으로, 다양한 국가의 정부들은 친환경 계획으로서 사람들이 전기자동차를 구매하고 사용하도록 장려하기 위해 인센티브로서 세금 공제를 제공하고 있다.

전기자동차의 단점은 먼저 높은 초기 비용에서 시작된다. 많은 소비자들은 전기자동차가 여전히 매우 비싸다고 생각한다. 둘째, 차량 충전소를 찾아보았는가? 찾고 있다면 행운을 빈다. 사실 사람들은 장거리를 운전해야 할 때, 여행 중에 때맞춰 충전소를 찾을 수 있을지 걱정하고, 현재 이용할 수 있는 충전소가 많지 않은 실정이다. 셋째, 연료를 보충하는 데 기존 자동차는 몇 분 정도면 되는 반면 전기자동차를 충전하려면 훨씬 더 많은 시간이 소요된다(일반적으로 몇 시간). 넷째, 현재 외관, 디자인 또는 맞춤형 버전과 관련하여 선택할 수 있는 전기 모델이 매우 적다. 마지막으로, 전기차는 주행거리가 짧다는 점 또한 구매자들이 구매를 꺼리는 이유 중 하나이다. 현재 전기자동차의 주행거리는 기존 자동차에 비해 짧은 것으로 알려져 있다. 전기자동차는 일상적인 여행에는 적합하지만 장거리 여행에는 문제가 될 수 있다.

장점과 단점을 검토한 후 분명히 다음과 같은 질문이 생길 수 있다. "어떻게 전기자동차의 단점을 극복하거나 수정하거나 또는 제거할 수 있을까?"

좋은 질문이며 해결이 복잡하긴 하지만 불가능하지는 않다. 모든 문제나 단점에는 해결책이 있다. 전기자동차의 주행거리 문제에 대한 해결책은 복잡하지만, 이 장 후반부에서 두 가지 '겸손한 제안'이 주행거리 문제에 대한 잠재적인 해결책을 제공한다. 그러나 현재로서는 순수 전기자동차, 연료전지 자동차, 플러그인 하이브리드 자동차, 에탄올 유연 연료 자동차(즉, 휘발유 또는 85% 에탄올-가솔린 혼합물 연료로 주행할 수 있는 자동차)의 연비와 범위에 대해 자세히 논의할 필요가 있다. 이 정보의 출처는 미국 환경 보호국(USEPA)과 미국 에너지부(DoE) 연비 가이드(2022)이며 웹 사이트는 fueleconomy.gov이다. (주: 표 14.1은 이 출처를 바탕으로 작성되었다.)

완전전기자동차 All-Electric Vehicles

앞서 언급한 바와 같이 완전전기자동차(EV)는 충전식 배터리로 구동되는 한 개 이상의 전기 모터에 의해 작동된다. EV는 에너지효율적이며 배기관 오염 물질을 배출하지 않지만, 전기를 생산하는 발전소는 오염 물질을 배출할 수 있다는 점을 알아 두기 바란다.

전기 모터에는 여러 가지 성능상의 장점이 있다. 조용하고 빠른 가속을 위한 즉각적인 토크를 제공하며, 회생 제동이 가능하고, 내연기관보다 유지관리가 덜 필요하다.

현재 EV(예: 2022년)는 일반적으로 동급 휘발유 또는 하이브리드 차량보다 주행거리가 짧으며, 주행거리는 운전 스타일, 운전 조건, 액세서리 사용에 더 민감하다. 배터리를 완전히 재충전하는 데는 몇 시간이 걸릴 수 있지만, 80% 용량까지 '고속 충전' 하는 데는 30분 정도 걸린다. 현재 실외에서의 충전 옵션이 확대되고 있으며, 2022년 현재 43,000개 이상의 공공 충전소와 1,000개 이상의 직장 충전소를 이용할 수 있다. 현재 EV는 대형 배터리 비용으로 인해 동급의 기존 차량 및 하이브리드 차량에 비해 가격이 더 비싸다. 연구자들이 차량 동력 혁신을 개발하고 제조업체들이 지속적으로 주행거리를 개선하고 이러한 차량의 비용을 절감함에 따라 더 많은 소비자들에게 더욱 실용적이고 저렴한 가격으로 제공되고 있다.

표 14.1에 다양한 EV들의 연비(도심 및 고속도로 주행을 합침), 주행거리, 240 V에서의 충전시간 매개변수들을 수록하였다.

표 **14.1** 선택된 EV 모델 및 연비/주행/충전 매개변수

Model	Motor	Fuel Economy (MPGe)	Driving Range (comb city/ hwy)	Charge Time (hrs @ 240V)
Two-Seater Cars	820 kW AC	NA	NA	NA
Subcompact Cars				
BMW	250 kW EESM	109	301	10
Compact Cars				
Porsche Taycan	150/270 kW	79/79/80	199	9.5
Midsize Cars				
Audi e-tron GT	175 kW Asynchron	82/81.83	238	10
Mazda MX-30	81 kW AC PMSM	92/98/85	100	5.3
Nissan Leaf 40 kW	110 kW DCPM	111/123/99	149	8
Porsche 4 Cross	175 and 320 kW ACPM	76/76/77	215	10.5
TESLA 3 long range	98/165 kW AC-3 phase	131/134/126	358	9.6/11.5[a]
Large Cars				
Hyundai Ioniq 5 AWD	74/165 kW PMSM	98/110/87	256	8.5
TESLA S	247/247 kW AC 3-phase	120/124/115	405	8.3/15[a]
Small Station Wagon				
Chevrolet Bolt EUV	150 kW ACPM	115/125/104	247	7.5
KIA EV6 AWD	74/165 kW PMSM	105/116/94	274	8.4
Standard Pickup Truck 2WD				
Ford F-150 BEV 4x2	NA	NA	NA	NA
Standard Pickup Truck 4WD				
Ford 150 Lightning	358 kW AC PMSM	68/76/61	230	10
Small Sport Utility Vehicles 2WD				
Ford Mustang MACH-E	216 kW AC PMSM	101/108/94	314	10.1
Hyundai Kona e	150 kW AC PMSM	120/132/108	258	9.5
TELSA Model Y RWD	209 kW AC 3-phase	129/140/119	244	4.4/8[c]
Volkswagen ID-4	150 kW AC 3-phase	107/116/98	275	7.5
Small Sport Utility Vehicles 4WD				
Ford AWD Mustang Mach-E	198/198 kW AC PMSM	93/99/86	224	8

(계속)

표 14.1 선택된 EV 모델 및 연비/주행/충전 매개변수(계속)

Model	Motor	Fuel Economy (MPGe)	Driving Range (comb city/hwy)	Charge Time (hrs @ 240V)
Mercedes-Benz EQB 300 4M	396 V AC1 ASM 1	NA	NA	NA
TESLA Model Y	91/200 kW AC	123/129/116	279	9.4
Volkswagen ID.4 AWD Pro	80/150 kW AC	101/106/96	251	7.5
Volvo C40	150/150 kW AC	87/94/80	226	8
Standard Sport Utility Vehicles 4WD				
Audi e-tron quattro	141/172 kW Asynchron	78/78/77	222	10
BMW iX50 20in wheels	190/230 kW EESM	86/86/87	324	12
Rivian R15	162/163 kW AC	69/73/65	316	13
TESLA Model X	243/248 kW AC	102/107/97	348	8/14[b]

ACPM, 교류 영구자석 모터; DCPM, 직류 영구자석 모터; EESM, 외부 여자 동기 기계; PMSM, 영구자석 동기 모터

[a] 시내/고속도로가 합쳐진 주행 범위(시내 55%, 고속도로 45%)
[b] 첫 번째 값은 48 A 고전력 옵션에 필요한 시간; 두 번째 값은 표준 충전기를 사용한 시간
[c] 첫 번째 값은 72 A 고전력 충전기 옵션에 필요한 시간; 두 번째 값은 표준 충전기를 사용한 시간

연료전지 자동차 Fuel Cell Vehicles

연료전지 차량(FCV)은 아직 시장에 출시될 준비가 안 되어 있으며, 미국 전역에 연료 보급소도 충분치 않다. 그러나 일부 연료전지 차량은 주로 캘리포니아를 비롯한 일부 시장에서 임대 및 판매가 가능하다. FCV는 수소의 화학 에너지로부터 전기를 생산하는 연료전지로 구동되는 전기 모터에 의해 추진된다. 효율성 측면에서 연료전지 기술은 내연기관보다 효율적이고 환경적으로 더 깨끗하다. 수소연료전지 자동차의 유일한 부산물은 물이다. 현재 문제는 수소연료전지 자동차가 여전히 기술을 개발하는 과정에 있으며, 해결해야 할 몇 가지 과제가 있다는 것이다. 표 14.2에는 사용된 연료 및 주행 거리와 함께 연료전지로 추진되는 현재 연료전지 자동차 모델 중 몇 가지가 나열되어 있다.

플러그인 하이브리드 차량 Plug-In Hybrid Vehicle

플러그인 하이브리드 전기자동차(PHEV)는 충전소나 콘센트에 꽂아 충전할 수 있는

표 14.2 선택된 연료전지 자동차

Model (miles)	Fuel Cell Type	Fuel Type	Driving Range
		Compact Cars	
Toyota			
Miral LE	PEFC	Hydrogen	330
Miral Limited	PEM	Hydrogen	357
Miral XLE	PEFC	Hydrogen	402
		Small Sport Utility Vehicles 2WD	
Hyundai			
Nexo	PEM	Hydrogen	354
Nexo Blue	PEM	Hydrogen	380

PEFC, 고분자 전해질 연료전지; PEM, 양성자 교환막

하이브리드 자동차이다. 일반적인 주행 조건에서 플러그인 하이브리드는 전력망에서 충분한 전기를 저장하여 휘발유 소비를 크게 줄일 수 있다. 두 가지 기본 플러그인 하이브리드 구성이 있으며 다음과 같다.

- **주행거리 연장형 전기자동차(EREV)라고도 불리는 직렬형 PHEV**—이러한 차량의 전기 모터는 바퀴를 회전시키는 유일한 동력원이다. 가솔린 엔진은 전기만 생산한다. 직렬형 PHEV는 배터리를 재충전해야 할 때까지 전기로만 주행할 수 있다. 그 다음으로 가솔린 엔진은 전기 모터에 동력을 공급하는 데 필요한 전기를 생성한다. 이 차량은 짧은 여행 동안 휘발유를 사용하지 않을 수 있다.
- **병렬형 또는 혼합형 PHEV**—엔진과 전기 모터가 모두 바퀴에 기계적으로 연결되어 있으며 둘 다 차량을 구동할 수 있다. 차량은 전기와 휘발유를 동시에 사용하거나, 휘발유만 사용하거나, 전기만 사용하여 작동할 수 있다.

또한 플러그인 하이브리드는 배터리 용량이 다르기 때문에, 일부는 다른 것보다 전기로 더 멀리 이동할 수 있다. 그러나 EV와 마찬가지로 운전 스타일, 운전 조건, 액세서리 사용은 작동 이외에 주행거리에도 영향을 미칠 수 있다. 순수 전기 작동 모드에서 PHEV는 배기관 오염 물질이 없지만, 전기를 생산하는 발전소에서 오염 물질이 배출될 수 있다.

PHEV 배터리를 충전하는 데는 보통 몇 시간이 걸린다. 가정이나 점점 더 많은 직장이나 공공 장소에서 충전할 수 있다. 기존 하이브리드처럼 운전자의 선택이나 필요에 따라 휘발유로만 연료를 공급할 수 있다. 그러나 최대 주행거리나 연비를 달성하려면 충전이 필요하다.

결론: 플러그인 하이브리드는 기존 하이브리드보다 휘발유를 덜 사용하고 연료비가 덜 들지만 구입 비용이 더 비싸다. 표 14.3에 선택된 플러그인 하이브리드 차량들과 주요 매개변수를 나타내었다.

에탄올 플렉시블 연료 차량 Ethanol Flexible Fuel Vehicles

에탄올 플렉시블 연료 차량(FFV)은 가솔린, E85, 또는 두 연료의 혼합물로 작동하도록 설계되었다. 에탄올 가격은 지역에 따라 매우 다양하다. 에탄올은 미국 중서부 및 더 위의 지역에서 일반적으로 사용된다. 표 14.3에는 연료와 주행거리가 나와 있다. FFV가 두 연료의 혼합물을 사용하여 작동하는 경우, 연료를 번갈아 사용할 때와 같이 주행거리와 연비 값은 두 연료에 대해 나열된 값 사이에 있을 가능성이 높다. 이는 탱크 내 휘발유와 E85의 실제 비율에 따라 달라진다. 표 14.4에는 모델, 연료, 주행거리가 나열되어 있다.

겸손한 제안 #1 Modest Proposal #1

겸손한 제안 1번에서 나는 비전통적인 순수 전기자동차의 가장 큰 문제는 주행거리에 관한 것임을 제안하고, 권장하고, 옹호하고, 조언합니다. 이것은 로켓 과학이 아닙니다. 많은 운전자가 지연 없이 장거리 주행하는 것을 좋아합니다. 물론 주행거리는 제한 요소입니다. 비전통적인 차량이 재충전 없이 200마일을 주행하든 400마일을 주행하든, 연료가 부족할 때 간단히 주유소에 들러 연료를 채운 다음 몇 분 만에 다시 고속도로를 달릴 수 있는 전통적인 차량과 비교할 수 없기 때문입니다. 순수 전기차로는 그렇게 할 수 없습니다.

그렇다면 순수 전기차의 전력 공급과 주행거리 확장에 대한 제안, 권고, 조언이란 무엇인가요?

좋은 질문입니다.

내 제안은 배터리 크기를 길이 4피트, 직경 6인치의 원통형으로 줄이는 방법을 찾는 것부터 시작됩니다. 현재 전기자동차의 배터리는 크기가 크고 전기자동차 하부 구조의 거의 전체 영역을 차지합니다. 따라서 이러한 크기의 배터리는 차량에서 쉽게 분리되지 않으며, 새 배터리를 장착하는 것도 매력적이지 않습니다.

그러면 여기서 요점은 무엇일까요? 요점은 미국, 캐나다 및 기타 지역의 표준 주유소에 가서 완전히 충전된 배터리로 교체할 수 있다면, 이는 마치 주유소에서 주유를 하는 대신에 완전히 충전된 새 배터리로 빠르게 교체한 후 여행을 계속하는 것과 같습니

표 14.3 선택된 플러그인 하이브리드 차량

Model	Fuel	Range (Rounded to Nearest 10 miles)	Charge Time
Two-Seater Cars			
Ferrari			
296 GTB	Electricity + Gasoline	350	2.5
SF90 Spider	Electricity + Gasoline	330	2.5
SF90 Stradale	Electricity + Gasoline	330	2.5
Compact Cars			
BMW			
330e Sedan	Electricity + Gasoline	320	3
350e xDrive Sedan	Electricity + Gasoline	290	3
530e Sedan	Electricity + Gasoline	340	3
Volvo			
S60 T8 AWD	Electricity + Gasoline	510	3
S60 T8 AWD Extended Range	Electricity + Gasoline	530	5
Midsize Cars			
Audi			
A7 TFSI e quattro	Electricity + Gasoline	410	3
Bentley			
Flying Spur Hybrid	Electricity + Gasoline	430	3
Hyundai			
Ioniq Plug-in Hybrid	Electricity + Gasoline	620	2.2
Mini			
Cooper SE Countryman AII4	Electricity + Gasoline	300	2
Toyota			
Prius Prime	Electricity + Gasoline	640	2
Volvo			
S90 T8 AWD Recharge	Electricity + Gasoline	490	3
S 90 T8 AWD Recharge ext. Range	Electricity + Gasoline	500	5
Large Cars			
BMW 745e X Drive	Electricity + Gasoline	290	4
Porsche			
Panamera 4 E-Hybrid/ Exec/ST	Electricity + Gasoline	480	3
Panamera 4S E-hybrid/ Exec/ST	Electricity + Gasoline	480	3

(계속)

표 14.3 선택된 플러그인 하이브리드 차량(계속)

Model	Fuel	Range (Rounded to Nearest 10 miles)	Charge Time
Small Station Wagons			
KIA			
Niro Plug-in Hybrid	Electricity + Gasoline	560	2.2
Volvo			
V-60 T8AWD Recharge	Electricity + Gasoline	530	3
Minivans 2WD			
Chrysler			
Pacifica Hybrid	Electricity + Gasoline	520	2
Small Sport Utility Vehicles 2WD			
Ford			
Escape FWD PHEV	Electricity + Gasoline	520	3.3
Small Sport Utility Vehicles 4WD			
AUDI			
Q5 TFSI e Quattro	Electricity + Gasoline	390	3
Hyundai			
Santa Fe Plug-in Hybrid	Electricity + Gasoline	440	3.4
Tucson Plug-in Hybrid	Electricity + Gasoline	420	1.7
Jeep			
Wrangler 4dr 4xe	Electricity + Gasoline	370	2.4
KIA			
Sorento Plug-in Hybrid	Electricity + Gasoline	460	3.4
LEXUS			
NX 450h Plus AWD	Electricity + Gasoline	550	4.5
Lincoln			
Corsair AWD PHEV	Electricity + Gasoline	430	3.5
Mitsubishi			
Outlander PHEV	Electricity + Gasoline	320	4
Toyota			
RAV 4 Prime 4WD	Electricity + Gasoline	600	4.5
Volvo			
XC60 T8 AWD Recharge	Electricity + Gasoline	500	3
Standard Sport Utility Vehicles 4WD			
BMW			
X5 xDrive45e	Electricity + Gasoline	400	5
Jeep			

(계속)

표 14.3 선택된 플러그인 하이브리드 차량(계속)

Model	Fuel	Range (Rounded to Nearest 10 miles)	Charge Time
Grand Cherokee 4xe	Electricity + Gasoline	470	3.4
Land Rover			
Range Rover Sport PHEV	Electricity + Gasoline	480	3
Lincoln			
Aviator PHEV AWD	Electricity + Gasoline	460	3.5
Porsche			
Cayenne Turbo S/ Coupe E-Hybrid	Electricity + Gasoline	430	3
Volvo			
XC90 T8 AWD Recharge	Electricity + Gasoline	520	3

표 14.4 에탄올 플렉시블 연료 차량의 연료 및 주행거리

Model	Fuel	Driving Range
Two-Seater Cars		
Koenigsegg Automobile AB (mid-engine sports car)		
Jesko	NA	NA
Standard Pickup Trucks 2WD		
Chevrolet		
Silverado 2WD	Gas/E85	384/288
Ford		
F150 Pickup 2WD FFV	Gas/E85	503/383
GMC		
Sierra 2WD	Gas/E85	384/288
Standard Pickup Trucks 4WD		
Chevrolet		
Silverado 4WD	Gas/E85	384/288
Silverado Mud Terrain Tires 4WD	Gas/E85	360/264
Ford		
F150 Pickup 4WD FFV A-S10, 3.3L6cyl	Gas/E85	478/358
A-S10, 5.0L, 8cyl	Gas/E85	454/513

(계속)

표 14.4   에탄올 플렉시블 연료 차량의 연료 및 주행거리(계속)

Model	Fuel	Driving Range
GMC		
Sierra 4WD	Gas/E85	384/288
Sierra Mud Terrain Tires 4WD	Gas/E85	360/264
Vans, Passenger Type		
Ford		
Transit T150 Wagon 2WD FFV	Gas/E85	420/296
Transit T150 Wagon 4WD FFV	Gas/E85	395/300
Special Purpose Vehicles 2WD		
Ford		
Transit Connect Van FFV	Gas/E85	395/300
Transit Connect Wagon LWB FFV	Gas/E85	411/284
Standard Sport Utility Vehicles 4WD		
Ford		
Explorer AWD FFV	Gas/E85	Na/Na
Explorer FFV AWD	Gas/E85	414/283

다. 주행거리뿐만 아니라 편의성도 중요합니다. 배터리를 교체하고 시간 낭비 없이 여행을 계속할 수 있다는 점은 특히 장거리 운전의 경우 매우 중요합니다.

네, 그럼 설명해 주세요.

중요한 것은 이렇습니다. 기존의 자동차에 휘발유를 채우는 것처럼 순수 전기자동차용 배터리를 쉽게 교체할 수 있게 만들 수 있다면, 운전자들이 순수 전기자동차를 구매하려는 경향이 더 커질 것이기 때문에 시장은 폭발적으로 커질 것입니다. 이는 모두 편의성과 관련이 있습니다.

좋습니다. 가장 중요한 요소인 주행거리는 어떻습니까?

주유소/배터리 주유소에 정차하여 배터리 교체를 할 수 있으면 주행 가능 거리는 무제한입니다. 또한 원통형 배터리는 제대로 구성되어 있으면 피기백(piggy-back) 방식으로 삽입할 수도 있습니다. 이것이 의미하는 바는 차량의 주행 가능 거리가 두 배 또는 그 이상으로 늘어날 수 있다는 것입니다. 예를 들어 세미 트럭 피기백이 트럭 한쪽에 두 개, 반대쪽에 두 개가 더 있으면 주행거리와 범위가 크게 늘어날 수 있습니다.

겸손한 제안 #2   Modest Proposal #2

모든 차량에 장착할 수 있는 원통형 배터리를 제안하고, 이 배터리는 향후 모든 주유소/배터리 교체 스테이션에서 쉽게 교체할 수 있어야 한다는 것 외에 더 언급할 사항은 무엇이 있나요?

음, 또 다른 좋은 질문입니다.

제안은 다음과 같습니다. 차량용 배터리를 언제라도 충전할 수 있는 방법을 찾으세요.

언제나요?

예.

어떻게요? 고속도로를 주행할 때에도 차량이 항상 전력망에 연결되어 있어야 합니까?

아니오, 정확히 그렇지는 않습니다. 이 제안서에서 나는 새롭게 개발될 초광감지 태양전지(일명 전기 생산 광전지) 조합이 태양광 및 다른 광원(예: 주차장 조명)과 반응하는 방법을 연구자들이 찾아야 한다고 제안하고 있습니다. 이상적인 상황에서(현재의 희망적인 생각을 넘어) 우리는 태양광(일광)에 반응할 뿐만 아니라 초광감지 셀에 흡수되어 차량 견인 모터의 전원 공급용 전기로 변환되는 백열등이나 형광등에도 반응하는 광 셀을 개발할 것입니다.

좋은 것 같네요. 하지만 해가 져서 햇빛도 없고 어둠이 깔리면 어떻게 충전하나요?

또 다른 좋은 질문이네요.

좋습니다. 밤에 햇빛이 없는 도로(또는 다른 곳)에서 운전할 때 재충전의 해결책은 차량의 헤드라이트입니다. 초고감도 태양광 감지기를 거울이 포함된 헤드라이트 수납 칸에 배치하면 헤드라이트에서 나오는 빛이 배터리를 충전하는 데 사용됩니다.

이러한 주야간 충전 과정에서 새로운 원통 모양의 4피트 길이의 슬라이드인 및 슬라이드아웃 배터리는 교체가 이루어지기까지 주행거리를 최소 10,000마일까지 늘리는 데 얼마나 걸리나요?

또 다른 좋은 질문입니다.

전기자동차 배터리를 유지하기 위해 전기가 계속 흐를 수 있도록 하는 세류 충전 기능을 통해, 거의 모든 상황에서 계속해서 차량을 충전하는 차량 충전 시스템을 구축할 수 있다면(우리는 가능합니다), 고객들은 이러한 차량 중 하나를 구입하기 위해 대리점으로 모여들 것입니다.

전기자동차의 핵심은 모두 주행거리에 대한 것입니다. 주행거리를 늘리면 해당 차량의 후속 구매가 기하급수적으로 증가할 수 있습니다.

15 전기차의 미래
The Future of Electric Vehicles

서론 Introduction

차량 작동에 대한 걱정이나 여기저기 이동하는 추진 시스템에 대한 걱정 없이 고속도로를 주행하는 것은 우리 모두가 원하는 것이다. 이에 대해 다음과 같은 질문이 있다. "전기 구동 차량이 이를 달성할 수 있을까?"

좋은 질문이다.

그렇다. 전기자동차는 장래성이 있다. 문제는 현재 발전 중에 있지만 정확히 현재가 아니라는 것이다. 즉, 어디에서나 전기자동차를 표준으로 만들려면 여전히 기술 개발과 발전이 필요하다.

모든 것이 결국 바퀴 구동 전기자동차를 구매할 것인지 여부를 결정하는 것이다. 이는 각 구매자가 직면해야 하는 고려 사항이다.

그렇다면 전기차를 구매할지 결정하는 데 필요한 고려 사항은 무엇일까?

전기자동차를 구매할 때 구매자는 특정한 걱정이나 질문을 직면해야 한다. 이러한 질문들은 다음에서 언급되겠지만, 주의할 점은 논의된 문제들이 정보가 많은 차량 구매자가 가질 수 있는 유일한 고민들은 아니라는 것이다.

몇 마일 더 For a Few Miles More

앞서 전기자동차를 거래하는 잠재 구매자들이 가장 크게 관심을 두는 관심사는 주행거리라고 한 바 있다. 특히 전기자동차 구매자의 가장 중요한 관심사는 자신의 필요에 따른 차량의 주행 가능 거리이다. 즉, 구매자는 차량 배터리를 재충전하기 위해 멈추지 않고 100마일에서 300마일이 조금 넘는 주행거리에 만족할 것인가? 버지니아주의 노퍽과 버지니아비치 지역에서 100명이 넘는 차량 통근자(대부분 현역 군인)를 대상으로 설문조사를 실시한 비과학적인 연구에서 나는 먼저 각 설문 대상자에게 매일 출퇴근 시간 동안 이동해야 하는 왕복 통근 거리에 대해 물었는데 대략적으로 평균 30~35마일인 것으로 나타났다. 응답자들에게 던진 다음 질문은 "매일 집에서 직장으로 통근하기 위해 전기자동차를 구입하는 것이 편할 것이라고 생각하는가?"였다. 응답자 104명 중 72명(대부분 현역 군인)이 순수 전기차를 원하지 않는다고 답한 것으로 나타났다.

하지만 이 그룹의 약 절반은 하이브리드를 구매할 것이라고 밝혔고, 응답자 중 12명은 이미 하이브리드 차량을 운전하고 있었다. 12대의 하이브리드 주행 차량 중 모두 차량 작동 및 주행가능 거리에 만족한다고 밝혔다. 전기자동차 주행거리와 관련하여 응답자들에게 던진 그다음 질문은 자동차 제조업체가 홍보하는 주행거리가 정확하다고 그들이 실제로 믿고 있는지 여부였다. 재충전 전 차량의 주행가능 거리가 200마일이라고 광고한다면 반드시 정확해야 되는데 과연 사실일까? 하이브리드 소유자(현재 순수 전기자동차를 소유한 사람은 없음)를 포함한 거의 모든 응답자는 제조업체의 주행거리 범위를 믿지 않는다고 말했다.

이 마지막 대답이 나를 놀라게 했을까? 그렇지 않았다. 나는 실제로 지역(버지니아주 타이드워터나 햄프턴로드)의 여러 자동차 매장을 방문했기 때문에 응답자들의 의견에 동의했다. 그리고 전기 및/또는 하이브리드 자동차를 판매하는 네 곳의 햄프턴로드 대리점에 있을 때(구경만 하고 구매는 하지 않음) 나는 매번 판매원에게 며칠간 순수 전기차 또는 하이브리드를 운전해 보고 구매 여부를 결정하겠다고 말했다.

당연히 받아들여졌다. 나는 그 차들 중 몇 대를 시승했고, 가능한 한 멀리까지 운전했다. 모든 경우에서 제조업체의 주행가능 거리에 대한 설명은 틀렸다. 한 특정 사례에서는 3일 동안 전기자동차를 운전(시운전)했는데 최소 200마일의 추정 주행거리가 정확하지 않다는 것을 발견했다. 또 다른 사례에서는 고속도로에서 배터리가 완전히 방전되어 주행거리 140마일 지점에서 말 그대로 길가에 멈춰 있었다.

그렇다면 차량 제조업체와 대리점들이 주행가능 거리에 대해 거짓말을 하고 있는 걸까?

그렇지 않다. 주행거리는 제조업체, 공식 관찰자, 그리고 기타 기록 작성자 들이 수행하는 테스트 단계에서 통제된 방식으로 결정되었으며 결과는 추정치에 불과하다.

다양한 운전자들이 다양한 운전 기술을 사용하여 고속도로를 운전하는 것은 다른 실험 테스트 기능과 확실히 다르며 추정치를 충족시키지 못하는 경우가 많다.

기본적으로 다양한 운전자들과 함께 도로, 고속도로, 또는 주간고속도로에서 운전하는 것은 통제된 실험실 테스트와 다르다.

그리고 이것이 나의 조사 결과이다. 다시 말하지만, 내가 아는 한 비과학적이지만 현실적이다.

몇 달러만 더 내면 For a Few Dollars More

버지니아주 햄프턴로드 지역의 다양한 운전자를 대상으로 비과학적인 설문조사를 실시했을 때 주행거리뿐만 아니라 가격도 문제라는 말을 들었다. (내가 판단한) 보통 사람은 합리적인 가격의 신뢰할 수 있는 차량을 찾고 있었고 지금도 찾고 있다.

그렇다면 합리적인 가격이란 무엇을 의미하는가? 내가 비과학적 설문조사를 하는 동안 이야기를 나눈 사람들에게서 알게 된 것은, 대부분의 잠재적인 전기자동차 구매자들은 어떤 차량에 대해 60,000달러를 지불하는 것에 조심스럽다는 사실이다. 간단히 말하면, 전기자동차의 주행거리와 함께 스티커 가격이 가장 중요한 고려 사항이다. 더 간단하게 말하면, 평균적인 사람은 60,000달러 정도의 가격대에 있는 차량을 구매하거나 결제하기를 원하지 않는다. 그러나 사실을 말하자면, 2022년 가장 저렴한 전기자동차가 30,000달러 정도의 가격대에 있으며, 일부 고급 모델은 훨씬 더 높은 가격에 판매된다. 하지만 대부분의 전기자동차는 일회성으로 7,500달러의 연방 세금 공제를 받을 수 있으며, 이로 인해 가격이 그만큼 낮아진다. 테슬라 및 쉐보레 볼트 전기자동차와 같은 다른 모델은 점차 폐지되고 있는 더 적은 연방 세금 공제만 받을 수 있다. 문제는 기다림이다.

기다림?

그렇다. 기다림은 구매자의 세금이 환불되거나 공제될 때까지 기다려야 하는 시간이다. 현재 추세는 중고 모델을 구입하는 것 같다. 이는 많은 소비자의 총 비용을 절감한다. 다시 전기자동차에 대한 나의 비과학적인 연구를 바탕으로 나는 전기자동차가 중고 시장에서 훨씬 더 저렴하다는 것을 발견했다.

프리미엄급 객실과 화물 공간 Room and Cargo Space at a Premium

전기자동차의 주행가능 거리와 가격에 대해 궁금해 하는 것 외에도 내가 실시한 비과학적인 설문조사에 참여한 많은 응답자들은 실내와 화물 공간이 주요 관심사라고 답했다. 많은 사람들은 키가 큰 운전자에게는 실내가 너무 비좁다고 말했다. 또한 여러 사람을 태울 때 뒷좌석 다리 공간과 머리 공간이 문제였다. 내가 가장 자주 들었던 관심사는 아이들이 편하게 탈 수 있는 충분한 공간과 장바구니를 넣을 수 있는 트렁크 공간에 대한 것이었다. 전기자동차를 살펴본(구경한) 응답자들 중 다수는 세단이 제공하는 화물 공간에 만족하지 않았다.

운전하기 쉬운가, 그렇지 않은가? Easy to Drive or Not?

새로운 바퀴 구동 차량의 시운전은 중요하며 거의 항상 잠재적 구매자에 의해 수행되며 특히 구매자가 판매 명세서에 서명하기 전에 완료된다. 전기자동차를 운전하는 것은 일반 자동차를 운전하는 것과는 다소 다른 경험이다. 전기자동차를 시운전할 때 운전자가 알아차릴 첫 번째 차이점은 소음이 없다는 것이다. 가스나 디젤 엔진이 없고 배기가스도 없고 조용할 뿐이다. 전기자동차는 최대 출력을 제공하고 익숙해지는 데 시간이 걸리기 때문에 시운전에서는 가속 페달을 사용하는 방법도 배워야 한다. 전기자동차 운전자가 익숙해져야 할 또 다른 새로운 운전 감각은 일부 차량의 회생 제동 시스템이다. 고에너지 제동은 운전자를 불편하게 만들 수 있다.

킬로와트가 낮음

바퀴 구동 전기자동차를 구매하기 전에 구매자는 충전 옵션에 대해 생각해 봐야 한다. 앞서 플러그인 차량의 충전은 세 가지 가능성(현시점)을 중심으로 이루어진다는 것을 언급한 바 있는데, 기술이 발전하여 배터리 크기가 획기적으로 줄어들고 햇빛이나 인공조명에의 노출을 통해 지속적으로 충전이 가능한 수준까지 발전하더라도 차량 소유자는 충전 소스에 연결하여 충전하고 싶을 수도 있다.

따라서 이 모든 것을 말한 후에는 이어지는 자료를 설명하기 위해 약간의 중복이 필요하다. 아래는 플러그인 전기차 충전 수준에 대해 반복적으로 안내되는 내용이다.

- 레벨 1(저속) 충전(L1)─모든 EV에는 모든 표준 접지 120 V 콘센트에 연결할 수 있는 범용 호환 L1 충전 케이블이 함께 제공된다. L1 충전기의 전력 사양은 최고 2.4 kW이며, 충전 시간당 약 5~8마일, 8시간마다 약 40마일을 주행 전력을 충전한다. 많은 운전자가 L1 충전 케이블을 세류 충전기 또는 비상 충전기라고 부른다. L1 충전기는 장거리 통근자나 장거리 운전자에게는 적합하지 않다.
- 레벨 2(고속) 충전(L2)─이 충전기는 더 높은 입력 전압인 240 V에서 동작하며 일반적으로 J-플러그 커넥터와 함께 사용할 수 있는 차도 또는 차고의 전용 240 V 회로이다. 주거용으로 가장 많이 사용되는 충전시스템으로 상업용 시설에서도 찾아볼 수 있다. 이 충전기는 최대 12 kW이며, 시간당 최대 12~25마일, 8시간마다 약 100마일의 주행 전력을 충전한다.
- 레벨 3(급속) 충전(L3)─사용 가능한 가장 빠른 EV 충전기. 30분 안에 배터리를 80%까지 충전한 다음(480 V 회로 사용) 배터리 과열을 방지하기 위해 속도를 늦춘다. CHAdeMO 및 SAE CCS 커넥터가 모두 사용된다.

먼저 레벨 1 플러그인 전기차 배터리 충전에 대해 좀 더 자세히 살펴보자. 많은 EV 소유자는 집에 있는 레벨 1 장비에 연결하고 밤새 충전하기만 하면 일상적인 운전 요구사항을 충족할 수 있다. 이 레벨 1 충전은 집에서 추가 비용이 필요하지 않다. 물론 이는 전원 콘센트가 제공되거나 집이나 주차 장소에 전용 분기 회로를 사용할 수 있는 경우에만 해당된다.

그러면 고객이 플러그인 전기자동차를 충전하는 데 비용이 얼마나 들까? 전기자동차의 연비는 100마일당 킬로와트시(kWh)로 측정될 수 있다는 점을 기억하라. 전기자동차의 마일당 비용을 계산하려면 전기 비용(kWh당 달러 단위)과 차량 효율성(100마일을 이동하는 데 사용되는 전기량)을 알아야 한다. https://www.usa.gov에서 제공되는 **대체 연료 데이터 센터**(2022)의 미국 에너지부 에너지효율 및 재생에너지(Energy Efficiency and Renewable Energy, EERE)는 재충전 비용에 대한 다음 예를 제공한다.

전기 요금이 kWh당 10.7센트이고 차량이 100마일을 이동하는 데 27 kWh를 소비한다면 마일당 비용은 약 0.03달러이다. 이제 전기 비용이 kWh당 10.7센트라면 200마일 범위의 전기자동차를 충전하는 경우(완전히 방전된 54 kWh 배터리를 가정) 완전 충전에 도달하는 데 약 6달러가 든다.

따라서 요점은 전기자동차 충전의 경우 가정용 전기 요금의 안정성과 계획상의 이점이 기존 교통수단에 비해 매력적인 대안을 제공한다는 것이다.

충전소 Charging Stations

앞에서 나는 기술이 발전함에 따라 전기자동차 배터리가 더 작고 원통형이 되어 완전히 충전된 배터리나 배터리 세트로 쉽게 교체할 수 있는 지점에 도달해야 한다는 점을 지적한 바 있다. 뿐만 아니라 이러한 교체 배터리는 주행거리가 최소 10,000마일이 될 것이다(정상적인 조건과 운전 방법 기준). 이 10,000마일 배터리는 차량이 햇빛 및 인공조명에 노출될 때마다 조금씩 충전될 것이며, 밤에는 차량이 이동하는 동안 헤드라이트가 배터리를 충전하는 데 필요한 빛을 제공할 것이다.

이것은 꿈같은 일이다. 그런데 우리에게 수두와 소아마비에 대한 치료법은 있었던가? 우리가 자연선택에 의한 진화론을 생각해 낸 것은 어떤가? (나는 갈라파고스에서 다윈의 핀치새를 공부했을 때 이것이 사실임을 스스로 증명했다.) 엑스레이의 발견은? 상대성이론을 생각해 낸 것은? DNA의 발견은? 전기와 그것을 사용하는 방법을 알아낸 것은? 중력에 대해 알게 된 것은? 코페르니쿠스와 그의 태양중심설 이론은 어떤가? 지문의 고유성을 알아낸 것은? 아, 그리고 우리는 그중 가장 중요한 발견 중 하나인 바퀴를 발견했는가?

당신은 방금 전의 질문이 바보 같거나 우스꽝스럽다고 생각할 수도 있고, 아니면 이 모든 기념비적인 발견에 대해 우리가 완전히 알지 못하는 것은 완전히 알지 못한다고 말할 수도 있으며 물론 당신의 말이 옳을 것이다. 하지만 우리는 충분히 알고 있고 지금은 그것만으로도 충분하다. 요점은 전기자동차가 기술 발전의 초기 단계에 있다는 것이다. 그리고 성능과 주행거리를 개선하는 방법에 대한 더 심오한 발견들이 있다. 우리는 그것을 찾기만 하면 된다.

모든 문제에는 해결책이 있다는 것을 기억하라.

현재 전기자동차는 인기가 높아지고 있으며 주문량도 증가하고 있다. 고객들은 전기자동차가 휘발유 자동차보다 훨씬 비싸고, 연료절감 효과가 고려되더라도 많은 구매자들이 쉽게 감당할 수 없는 가격이라는 것을 알고 있다. 그러나 많은 구매자들은 점점 더 높아지는 전기자동차 구매 추세를 보고 느끼고 있으며, 이들 구매자 중 많은 사람들은 청정에너지를 향한 움직임이 중요하고 성장하고 있다고 느끼고 있다.

그것이 결론이다.

수소 연료 전지가 환경에 미치는 영향
Environmental Impact of Hydrogen Fuel Cells

연료 전지의 수소 누출은 수소 순환에 큰 영향을 미칠 수 있고, 성층권에서 산화되면 성층권을 냉각시키고 더 많은 구름을 만들어 극지방의 극 소용돌이의 붕괴를 지연시켜 오존층의 구멍을 더 크고 오래 지속시킬 수 있다는 예상 외에도 수소 누출이 환경에 어떤 영향을 줄지에 대해서는 거의 알려진 것이 없다. 예를 들어 대기 중 수소의 토양 흡수에 대해 수소 배출이 미치는 영향의 정도에 대해서는 많은 불확실성이 존재한다. 이 개념 또는 원리는 우리가 연료 전지에 막대한 양의 수소를 사용한다면 토양에 의한 수소 흡수는 가능한 모든 인위적 배출에 대한 보상 효과를 가질 수 있기 때문에 중요하다.

수소 누출이 환경에 어떤 영향을 미칠지에 대해서는 알려진 바가 거의 없다. 다시 말하지만, 우리는 수소 전지가 환경에 미치는 영향에 대해 모르는 것이 무엇인지 모른다.

용어 설명[1]

가스(Gas)—천연 가스, 희석되지 않은 액화 석유 가스(증기 상만이 해당됨), 액화 석유 가스-공기 혼합물, 또는 이들 가스의 혼합물과 같은 연료 가스.

- **천연 가스(Natural Gas)**—주로 기체 형태의 메탄(CH_4)으로 구성된 탄화수소 가스와 증기의 혼합물이다.
- **액화 석유 가스(Liquefied Petroleum Gases, LPG)**—프로판, 프로필렌, 부탄(일반 부탄 또는 이소부탄) 및 부틸렌과 같은 탄화수소 또는 이들의 혼합물로 주로 구성된 물질이다.
- **액화 석유 가스-공기 혼합물(Liquefied Petroleum Gas-Air Mixture)**—액화 석유 가스는 원하는 발열량과 활용 특성을 생성하기 위해 공기로 희석되어 상대적으로 낮은 압력과 일반 대기 온도에서 분포된다.

가스 확산(Gas Diffusion)—무작위 분자 운동으로 인해 발생하는 두 가지 가스의 혼합. 가스는 매우 빠르게 확산되고, 액체는 훨씬 더 느리게 확산되며, 고체는 매우 느린(그러나 종종 측정 가능한) 속도로 확산된다. 분자 충돌은 액체와 고체에서 확산을 느리게 만든다.

개질 휘발유(Reformulated Gasoline)—혼합된 연료(가솔린)로 기존 휘발유에 비해 평균적으로 휘발성 유기 화합물과 유독성 대기 배출을 크게 줄인다.

개질(Reforming)—수소 함유 연료가 증기, 산소 또는 둘 다와 반응하여 수소가 풍부한 가스 흐름을 생성하는 화학 공정.

개질기(Reformer)—연료 전지에 사용하기 위해 천연 가스, 프로판, 가솔린, 메탄올, 에탄올 같은 연료에서 수소를 생성하는 데 사용되는 장치.

개질유(Reformate)—연료 전지에 사용하기 위해 수소 및 기타 제품으로 가공된 탄화수소 연료.

갤런당 마일(Miles Per Gallon Equivalent, MPGE)—1갤런(114,320 Btu)에 해당하는

---

1 Based on *U.S. Energy Efficiency & Renewable Energy—Hydrogen and Fuel Cell Technologies Office* (2022). Washington, DC: US Department of Energy; USDOE (2022) *Vehicle Technologies Program Westie Glossary*. Washington, DC: U.S. Department of Energy.

에너지 함량.

고분자 전해질 막 연료 전지(Polymer Electrolyte Membrane Fuel Cell, PEMFC 또는 PEFC)—적절한 산이 함침된 고체 수성 막을 통해 양극에서 음극으로 양성자 (H^+)가 이동하는 산성 기반 연료 전지의 한 유형이다. 전해질은 고분자 전해질 막 (PEM)이라 불린다. 연료 전지는 일반적으로 낮은 온도($< 100°C$)에서 작동한다.

고분자 전해질 막(Polymer Electrolyte Membrane, PEM)—전해질로 사용되는 고체 고분자 막을 통합한 연료 전지이다. 양성자(H^+)는 양극에서 음극으로 이동한다. 작동 온도 범위는 일반적으로 $60 \sim 100°C$이다.

고분자(Polymer)—단순 분자의 반복된 연결로 구성된 천연 또는 합성 화합물.

고체 산화물 연료 전지(Solid Oxide Fuel Cell, SOFC)—전해질이 고체, 비다공성 금속 산화물, 일반적으로 Y_2O_3 및 O^{-2}로 처리된 산화지르코늄(ZrO_2)인 연료 전지의 일종으로, 음극에서 양극으로 이동된다. 개질 가스에 포함된 모든 CO는 양극에서 CO_2로 산화된다. 작동 온도는 일반적으로 $800°C$에서 $1,000°C$ 사이이다.

공기(Air)—산소, 질소 및 다른 기체들의 혼합물로, 다양한 양의 수증기와 결합하여 지구의 대기를 형성한다.

교류 전류(Alternating Current, AC)—동일한 전도체에서 양극에서 음극으로, 그리고 음극에서 양극으로 흐르는 전류 유형이다.

극저온 액화(Cryogenic Liquefaction)—질소, 수소, 헬륨 및 천연 가스와 같은 가스가 매우 낮은 온도의 압력하에서 액화되는 과정.

기계 에너지(Mechanical Energy)—기계적 형태의 에너지.

기술 검증(Technology Validation)—주어진 기술의 기술적 목표가 달성되었음을 확인하는 것.

나피온(Nafion®)—일반적으로 PEM 연료 전지의 전해질인 고체 폴리머 형태의 설폰산이다.

내연기관(Internal Combustion Engine, ICE)—연료를 연소하여 엔진 내부의 연료에 포함된 에너지를 운동으로 변환하는 엔진이다. 연소 엔진은 연소 생성물 가스의 팽창으로 생성된 압력을 사용하여 기계적 작업을 수행한다.

대기압(Atmospheric Pressure)—대기 중 공기의 움직임으로 인해 가해지는 힘을 나타내며, 일반적으로 힘당 면적 단위로 측정된다. 연료 전지에서는 대기압이 주로 대기로부터 시스템에 가해지는 유일한 압력 작용을 나타내는 데 사용되며, 외부 압력이 적용되지 않은 상태를 말한다.

대체 연료(Alternative Fuel)—원유에서 전통적인 방식으로 생산되지 않은 휘발유 또는 디젤 연료에 대한 대안이다. 예시로는 압축된 천연가스(CNG), 액화된 천연가스(LNG), 에탄올, 메탄올, 수소 등이 있다.

메가와트(Megawatt, MW) — 전력의 단위. 1와트(W)의 100만 배 또는 1,000킬로와트(kW)와 같다.

메탄올(Methanol, CH_3OH) — 탄소 원자 하나를 함유하는 알코올. 이는 일부 고급 알코올과 함께 고옥탄가 가솔린 성분으로 사용되며 유용한 자동차 연료이다.

멤브레인(Membrane, 막) — 연료 전지의 양극 및 음극 구획에서 가스를 분리하는 배리어 필름뿐만 아니라 전해질(이온 교환기) 역할을 하는 연료 전지의 분리 층이다.

물(Water, H_2O) — 수소와 산소의 무색, 투명, 무취, 무미의 액체 화합물. 증기와 얼음의 액체 상태이다. 대기압에서의 담수는 액체의 상대 밀도, 액체 용량 및 유체 유동의 표준으로 사용된다. 물의 녹는점과 끓는점은 섭씨 온도 시스템의 기준이다. 물은 수소와 산소의 결합의 유일한 부산물로, 탄화수소의 연소 중에 생성된다. 물은 가열뿐만 아니라 동결 시에도 팽창하는 물질이며, 4℃에서 최대 밀도를 갖는 유일한 물질이다.

미터(Meter, m) — 3.28피트, 1.09야드 또는 33.37인치와 같은 길이의 기본적인 미터법 단위. 관련 단위로는 1미터의 10분의 1인 데시미터(dm), 1미터의 100분의 1인 센티미터(cm), 1미터의 1,000분의 1인 밀리미터(mm), 1미터의 1,000배인 1킬로미터(km)가 있다.

밀도(Density) — 단위체적당 질량을 나타내는 양으로, 온도와 압력에 따라 변할 수 있다.

밀리미터(Millimeter, mm) — 0.04인치와 같은 길이의 미터법 단위. 1인치는 25밀리미터, 1미터는 1,000밀리미터이다.

밀리와트(Milliwatt, mW) — 1와트의 1,000분의 1에 해당하는 전력의 단위.

반응기(Reactor) — 화학 반응(예: 연료 전지의 촉매 작용)이 일어나는 장치 또는 공정 용기.

반응물(Reactant) — 화학 반응이 시작될 때 존재하는 화학 물질.

발열(Exothermic) — 열을 방출하는 화학 반응.

발열량(Heating Value)(전체) — 연소 생성물이 가스와 공기의 초기 온도로 냉각될 때, 연소 중에 생성된 수증기가 응축될 때, 그리고 필요한 모든 보정이 적용되었을 때, 일정한 압력에서 1 ft^3 가스가 연소되어 생성된 영국 열 단위(Btu)의 수.

- **상한**(Higher Heating Value, HHV): 모든 연소 생성물을 원래 온도로 되돌리고 연소로 형성된 모든 수증기를 응축시켜 측정한 연료의 연소열 값이다. 이 값은

물의 기화열을 고려한 것이다.

- **하한**(Lower Heating Value, LHV): 모든 연소 생성물을 기체 상태로 유지하여 측정한 연료의 연소열 값이다. 이 측정 방법은 물의 기화에 투입되는 열에너지 (기화열)를 고려하지 않은 것이다.

배터리(Battery)—화학 작용을 통해 전기를 생산하는 에너지 저장 장치이다. 하나 이상의 전지 셀로 구성되어 있으며, 각 셀은 전기 전류를 생성하는 데 필요한 모든 화합물과 부품을 갖추고 있다.

복합재(Composite)—정해진 특징과 성질을 얻기 위해 거시적 규모에서 구성이나 형태가 다른 재료를 결합하여 만든 재료. 구성 요소들은 그들의 고유성을 유지한다. 물리적으로 식별할 수 있으며 서로 간에 상호작용을 나타낸다.

부분 산화(Partial Oxidation)—연료가 이산화탄소와 물로 완전히 산화되는 대신 부분적으로 일산화탄소와 수소로 산화되는 연료 개질 반응이다. 이는 개질기 이전에 연료 흐름에 공기를 주입함으로써 달성된다. 연료의 증기 개질에 비해 부분 산화의 장점은 흡열 반응이 아닌 발열 반응이므로 자체 열을 생성한다는 것이다.

분산(Dispersion)—어떤 영역이나 부피에 흩어져 있는 공간적 특성을 나타낸다.

불순물(Impurities)—순수한 물질 또는 혼합물에 포함된 바람직하지 않은 이물질.

산소(Oxygen, O_2)—공기의 약 21%를 구성하는 무색, 무미, 무취의 이원자 가스.

산화(Oxidation)—원자, 분자 또는 이온에 의해 하나 이상의 전자가 손실되는 현상.

산화제(Oxidant)—산소와 같이 전기화학 반응에서 전자를 소모하는 화학 물질이다.

섭씨(Celsius)—미터법적인 온도 척도이자 온도의 단위(°C)이다. 스웨덴의 천문학자 안데르스 셀시우스(Anders Celsius, 1701~1744)의 이름에서 따 왔는데, 그가 1743년에 제안한 온도계는 물의 어는점을 100°C로, 끓는점을 0°C로 표시했지만, 현대의 섭씨 척도에서는 그 반대이다. '센티그레이드 척도'라고도 불린다.

센티미터(Centimeter, cm)—미터법의 선형 측정 단위이다. 1센티미터는 약 0.4인치이며, 1인치는 약 2.5센티미터이다. 1피트는 대략 30센티미터에 해당한다.

수소(Hydrogen, H_2)—수소(H)는 우주에서 가장 풍부한 원소이지만 일반적으로 다른 원소와 결합되어 있다. 수소 가스(H_2)는 두 개의 수소 원자로 구성된 이원자 가스로 무색, 무취이다. 수소는 광범위한 농도에서 산소와 혼합될 때 가연성이 있다.

수소가 풍부한 연료(Hydrogen-Rich Fuel)—휘발유, 디젤 연료, 메탄올(CH_3OH), 에탄올(CH_3CH_2OH), 천연 가스, 석탄 등 상당한 양의 수소를 함유한 연료이다.

수소화물(Hydrides)—수소 가스가 금속과 반응하여 형성되는 화학 화합물. 수소 가스를 저장하는 데 사용된다.

수착(Sorption) ─ 한 물질이 다른 물질을 흡수하거나 보유하는 과정.

알칼리성 연료 전지(Alkaline Fuel Cell, AFC) ─ 전해질이 농축된 수산화칼륨(KOH)이고 수산화 이온(OH^-)이 음극에서 양극으로 운반되는 일종의 수소/산소 연료 전지이다.

압축 수소 가스(Compressed Hydrogen Gas, CHG) ─ 고압으로 압축되어 상온에서 저장되는 수소 가스.

압축 천연 가스(Compressed Natural Gas, CNG) ─ 주로 압축된 가스 형태의 메탄으로 구성된 탄화수소 가스와 증기의 혼합물이다.

압축기(Compressor) ─ 가스의 압력과 밀도를 높이는 데 사용되는 장치이다.

액체(Liquid) ─ 고체와는 달리 쉽게 흐르지만 기체와는 달리 무한정 팽창하는 경향이 없는 물질이다.

액화 석유 가스(Liquefied Petroleum Gas, LPG) ─ 주로 프로판, 프로필렌, 노르말 부탄, 이소부틸렌, 부틸렌과 같은 탄화수소 또는 탄화수소 혼합물로 구성된 모든 물질이다. LPG는 일반적으로 혼합물을 액체 상태로 유지하기 위해 압력을 가하여 저장된다.

액화 수소(Liquefied Hydrogen, LH_2) ─ 액체 형태의 수소. 수소는 액체 상태로 존재할 수 있지만 극저온에서만 존재할 수 있다. 액체 수소는 일반적으로 $-253°C(-423°F)$에서 보관해야 한다. 액체 수소 저장을 위한 온도 요구 사항은 수소를 액체 상태로 압축하고 냉각하기 위해 에너지를 소비해야 한다.

액화 천연 가스(Liquefied Natural Gas, LNG) ─ 액체 형태의 천연 가스. 대기압에서 $-162°C(-259°F)$의 액체 상태인 천연 가스이다.

양극(Anode) ─ 산화(전자 손실)가 일어나는 전극이다. 연료 전지 및 기타 갈바니 전지의 경우 양극이 음극 단자이다. 전해 전지(전기 분해가 일어나는 곳)의 경우 양극은 양극 단자이다.

양극판(Bipolar Plates) ─ 한 셀의 노드 역할과 인접 셀의 음극 역할을 하는 연료 전지 스택의 전도성 판이다. 플레이트는 금속 또는 전도성 폴리머(탄소 충전 복합재일 수 있음)로 만들어질 수 있다. 플레이트에는 일반적으로 유체 공급을 위한 흐름 채널이 포함되어 있으며 열 전달을 위한 도관도 포함될 수 있다.

양성자(Proton) ─ 양전하를 띠고 전기적 수단으로 이동되지 않는 원자핵 안의 아원자 입자이다.

양이온(Cation) ─ 양전하를 띤 이온.

에너지 밀도(Energy Density) ─ 주어진 연료 측정에서 잠재적 에너지의 양.

에너지 함량(Energy Content)—주어진 연료 중량에 대한 에너지 양.

에너지(Energy)—시스템이나 물질이 수행할 수 있는 일의 양을 나타낸다. 일반적으로 영국 열 단위(Btu)나 줄(Joule)로 측정된다.

에탄올(Ethanol, CH_3CH_2OH)—두 개의 탄소 원자를 포함하는 알코올이다. 에탄올은 무색의 투명한 액체이며 맥주, 와인, 위스키에서 발견되는 것과 동일한 알코올이다. 에탄올은 셀룰로오스 물질로부터 생산되거나 효모로 설탕 용액을 발효시켜 생산될 수 있다.

연료 전지 스택(Fuel Cell Stack)—직렬로 연결된 개별 연료 전지. 연료 전지는 전압을 높이기 위해 적층된다. 전압은 압력이며 전기회로에 흐르지 않는다. 전류가 흐른다는 것을 기억할 것.

연료 전지 중독(Fuel Cell Poisoning)—촉매에 결합된 연료의 불순물로 인해 연료 전지 효율이 저하되는 현상.

연료 전지(Fuel Cell)—일반적으로 수소와 산소로부터 전기 화학 공정을 통해 전기를 생산하는 장치이다.

연료 프로세서(Fuel Processor)—연료 전지에 사용하기 위해 천연 가스, 프로판, 가솔린, 메탄올, 에탄올과 같은 연료로부터 수소를 생성하는 데 사용되는 장치이다.

연료(Fuel)—연소 또는 전기 화학과 같은 과정에서 변환을 통해 열이나 전력을 생성하는 데 사용되는 재료.

연소(Combustion)—연료, 열, 산소의 적절한 조합에 의해 생성되는 타는 불. 엔진에서는 연소실에서 발생하는 공기-연료 혼합물의 급속한 연소이다.

연소실(Combustion Chamber)—내연 기관에서 공기-연료 혼합물이 연소되는 피스톤 상단과 실린더 헤드 사이의 공간.

열 교환기(Heat Exchanger)—통과하는 뜨거운 냉각제의 열을 팬에 의해 통과하는 공기로 전달하도록 설계된 장치(예: 라디에이터).

영국 열 단위(British Thermal Unit, Btu)—평균적인 영국 열 단위는 32°F에서 212°F로 1파운드(1 lb)의 물 온도를 일정한 대기압에서 올리는 데 필요한 열의 1/180이다. Btu는 1°F에 1파운드(1 lb)의 물을 데우는 데 필요한 열의 양과 동일하다.

온도(Temperature)—열적 내용의 측정.

온실 가스(Greenhouse Gas, GHG)—온실 효과에 기여하는 지구 대기의 가스.

온실 효과(Greenhouse Effect)—태양 복사(가시광선, 자외선)가 지구 대기에 도달할 수 있지만 방출된 적외선 복사가 지구 대기 밖으로 다시 전달되는 것을 허용하지 않는 대기 가스로 인해 지구 대기가 온난화되는 현상.

와트(Watt, W)―초당 수행되는 1줄(J)의 일에 상응하는 전력의 단위. 746와트는 1마력에 해당한다. 와트(W)는 스코틀랜드의 엔지니어이자 증기기관 설계의 선구자인 제임스 와트(James Watt, 1736~1819)의 이름에서 따온 것이다.

용융 탄산염 연료 전지(Molten Carbonate Fuel Cell, MCFC)―용융 탄산염 전해질을 포함하는 연료 전지 유형이다. 탄산 이온(CC_3^{-2})은 음극에서 양극으로 이동한다. 작동 온도는 일반적으로 650℃에 가깝다.

원자(Atom)―화학 원소의 가장 작은 물리적 단위로, 해당 원소의 물리적 및 화학적 특성을 여전히 유지할 수 있는 단위를 나타낸다. 원자들은 분자를 형성하며, 그 자체로 여러 종류의 더 작은 입자를 포함하고 있다. 원자는 양전하를 가진 입자인 양성 입자(양성자)와 중성 입자(중성자)로 이루어진 밀집한 중심부(핵)를 가지고 있다. 음전하를 가진 입자인 전자들은 이 핵 주위의 상대적으로 큰 공간에 분산되어 있으며, 극히 높은 속도로 원자 주위를 궤도 패턴으로 움직인다. 원자는 양성자와 전자의 수가 동일하므로 전기적으로 중립(비충전)되어 대부분의 상황에서 안정적이다.

음극(Cathode)―환원(전자 획득)이 일어나는 전극이다. 연료 전지 및 기타 갈바니 전지의 경우 음극이 양극 단자이다. 전해 전지(전기 분해가 발생하는 곳)의 경우 음극은 음극 단자이다.

음이온(Anion)―음으로 하전된 이온(양극에 끌리는 이온)

이산화탄소(Carbon Dioxide, CO_2)―무색, 무취, 불연성 가스로, 공기보다 약 1.5배 이상 밀도가 높으며 −78.5℃ 이하에서는 고체(드라이아이스)로 변한다. 유기 물질의 분해 및 생물의 호흡으로 인해 대기 중에 존재하며 목재, 석탄, 코크, 석유, 천연가스 또는 탄소를 포함하는 기타 연료의 연소로 생산된다.

이온(Ion)―전자의 손실 또는 획득으로 인해 양전하 또는 음전하를 띠는 원자 또는 분자이다.

인산 연료 전지(Phosphoric Acid Fuel Cell, PAFC)―전해질이 농축 인산(H_3PO_4)으로 구성된 연료 전지 유형. 양성자(H^+)는 양극에서 음극으로 이동한다. 작동 온도 범위는 일반적으로 160℃에서 220℃ 사이이다.

인화성 한계(Flammability Limits)―가스의 인화성 범위는 인화성 하한계(LFL)와 인화성 상한계(UFL)로 정의된다. 두 한계 사이에는 점화 시 연소할 수 있는 가스와 공기의 비율이 적절한 가연성 범위가 있다. 인화성 하한계 이하에서는 연소할 연료가 충분치 않다. 인화성 상한계를 초과하면 연소를 지원할 공기가 충분하지 않다.

인화점(Flashpoint) — 물질이 연소되기 시작하는 매우 특정한 조건에서 가장 낮은 온도.

일산화탄소(Carbon Monoxide, CO) — 무색, 무미, 무취의 독성 가스로, 탄소와 산소의 불완전한 연소로 발생한다.

재생 가능 에너지(Renewable Energy) — 자연에 의해 재생되기 때문에 고갈되지 않는 에너지의 한 형태(예: 풍력, 태양 복사, 수력).

재생 연료 전지(Regenerative Fuel Cell) — 수소와 산소로부터 전기를 생산하고 태양열이나 다른 공급원의 전기를 사용하여 여분의 물을 산소와 수소 연료로 나누어 연료 전지에서 재사용할 수 있는 연료 전지.

전극(Electrode) — 전자가 전해질에 들어오거나 나가는 전도체이다. 배터리와 연료 전지에는 음극(양극)과 양극(음극)이 있다.

전기 분해(Electrolysis) — 화학 결합을 깨는 반응을 일으키기 위해 전기를 사용하고 다른 적절한 매질의 전해액을 통과하는 과정(예: 물을 전기분해하여 수소와 산소를 생성함).

전류 수집기(Current Collector) — 전자를 수집(양극 측)하거나 전자를 분산(음극 측)하는 연료 전지의 전도성 물질이다. 전류 수집기는 미세 다공성(유체가 통과할 수 있도록)이며 촉매/전해질 표면과 양극판 사이에 위치한다.

전자(Electron) — 안정된 원자 입자로서 음전하를 가지고 있다. 물질을 통한 전자의 흐름이 전기를 형성한다.

전해질(Electrolyte) — 연료 전지, 배터리 또는 전해조의 한 전극에서 다른 전극으로 하전된 이온을 전도하는 물질이다.

주변 공기(Ambient Air) — 주어진 물체 또는 시스템의 주변 환경을 나타낸다.

주변 온도(Ambient Temperature) — 일반적으로 구조물이 위치한 공기의 온도 또는 기기가 작동하는 환경의 온도를 나타내는 말이다.

중량 에너지 밀도(Gravimetric Energy Density) — 주어진 연료 중량의 위치에너지.

중량퍼센트(weight percent, wt.%) — 중량%라는 용어는 중량 기준으로 저장된 수소의 양을 나타내기 위해 수소 저장 연구에서 널리 사용되며, 질량%라는 용어도 가끔 사용된다. 이 용어는 수소를 저장하는 물질 또는 전체 저장 시스템(예: 물질 또는 압축/액체 수소는 물론 단열재, 밸브, 조절기 등과 같이 수소를 담기 위해 필요한 탱크 및 기타 장비)에 사용될 수 있다. 예를 들어 시스템 기준으로 6 wt.%는 전체 시스템 중량의 6%가 수소라는 의미이다. 재료 기준으로 중량%는 수소의 질량을 재료의 질량과 수소의 질량으로 나눈 값이다.

증기 개질(Steam Reforming) — 천연 가스와 같은 탄화수소 연료를 증기와 반응시켜 제품으로서의 수소를 생산하는 프로세스이다. 이는 대량 수소 생산을 위한 일반적인 방법이다.

직접 메탄올 연료 전지(Direct Methanol Fuel Cell, DMFC) — 연료가 기체 또는 액체 형태의 메탄올(CH_3OH)인 연료 전지의 한 유형이다. 메탄올은 수소를 생산하기 위해 먼저 개질되는 대신 양극에서 직접 산화된다. 전해질은 일반적으로 PEM이다.

질소(Nitrogen, N_2) — 대기의 78%를 차지하는 무색, 무미, 무취의 이원자 가스이다.

질소산화물(Nitrogen Oxides, NO_x) — 질소와 산소의 모든 화합물. 질소산화물은 연소 과정에서 자동차 엔진 및 기타 발전소 연소실의 높은 온도와 압력으로 인해 발생한다. 햇빛이 있는 상태에서 탄화수소와 결합하면 질소산화물이 스모그를 형성한다. 질소산화물은 기본적인 대기 오염 물질이다. 자동차 배기가스 배출 수준의 질소산화물은 법으로 규제된다.

천연 가스(Natural Gas) — 연료로 사용되는 단순 탄화수소 성분(주로 메탄)의 자연 발생 가스 혼합물이다.

체적 에너지 밀도(Volumetric Energy Density) — 주어진 연료량의 위치에너지.

촉매 중독(Catalyst Poisoning) — 불순물이 연료 전지의 촉매에 결합하는 과정(연료 전지 중독)으로, 원하는 화학 반응을 촉진하는 촉매의 능력이 저하된다.

촉매(Catalyst) — 소모되지 않고 반응 속도를 높이는 화학 물질. 반응 후에는 반응 혼합물로부터 잠재적으로 회수될 수 있으며 화학적으로 변하지 않는다. 촉매는 필요한 활성화 에너지를 낮추어 반응이 더 빠르게 또는 더 낮은 온도에서 진행될 수 있도록 한다. 연료 전지에서 촉매는 산소와 수소의 반응을 촉진한다. 보통 백금 분말을 카본지나 천에 아주 얇게 코팅하여 만들어진다. 촉매는 거칠고 다공성이므로 백금의 최대 표면적이 수소나 산소에 노출될 수 있다. 촉매의 백금 코팅된 면은 연료 전지의 멤브레인을 향한다.

킬로그램(Kilogram, kg) — 약 2.2파운드에 해당하는 질량 또는 무게의 미터법 단위. 관련 단위로는 1 kg의 100만분의 1인 밀리그램(mg)과 1 kg의 1,000배인 미터톤(t)이 있다.

킬로와트(Kilowatt, kW) — 약 1.34마력(hp) 또는 1,000와트(W)에 해당하는 전력의 단위.

탄소(Carbon, C) — 수소탄화물 연료의 주 원자이자 주요 성분이다. 연료의 연소로 인해 탄소는 피스톤, 링, 밸브 등 엔진 부품에 흔히 검은 침전물로 남는다.

탄화수소(Hydrocarbon, HC) — 탄소와 수소를 함유한 유기 화합물로, 일반적으로 석유, 천연 가스, 석탄과 같은 화석연료에서 파생된다.

터보압축기(Turbocompressor) ― 반응물 압력과 농도를 높이기 위해 공기나 기타 유체를 압축하는 기계(연료 전지 시스템에 공급되면 반응함).

터보차저(Turbocharger) ― 배기가스에서 에너지를 추출하는 터빈으로 구동되는 압축기를 사용하여 연료 전지 발전소에 들어가는 유체의 압력과 밀도를 높이는 데 사용되는 장치.

터빈(Turbine) ― 유체 흐름의 에너지로부터 회전 기계 동력을 생성하는 기계이다. 원래 열 또는 압력 에너지 형태의 에너지는 터빈의 고정 및 이동 블레이드 시스템을 통과하여 속도 에너지로 변환된다.

투자율(Permeability) ― 얼마나 쉽게 자기장이 재료를 통과하는지에 대한 척도.

파스칼(Pascal, Pa) ― 파스칼은 국제단위계(SI)에서 파생된 압력 또는 응력 단위이다. 단위면적당 수직력을 측정한 것이다. 이는 평방미터당 1뉴턴과 같다.

플렉시블 연료 차량(Flexible Fuel Vehicle, FFV) ― 동일한 연료 탱크에 넣을 수 있는 다양한 연료 혼합물(예: 휘발유와 알코올 혼합물)로 작동할 수 있는 차량.

하이브리드 전기자동차(Hybrid Electric Vehicle, HEV) ― 배터리 구동 전기 모터와 기존 내연기관을 결합한 자동차이다. 차량은 성능 목표에 따라 배터리나 엔진 중 하나 또는 동시에 두 가지 모두로 작동할 수 있다.

합금(Alloy) ― 대부분 금속으로 이루어진 혼합물을 말한다. 예를 들어 황동은 구리와 아연의 합금이고, 강은 철과 다른 금속들 그리고 탄소를 포함하고 있다.

화씨(Fahrenheit) ― 독일의 물리학자 다니엘 가브리엘 파렌하이트(Daniel Gabriel Fahrenheit, 1686~1736)의 이름에서 따 온 온도 척도 및 온도 단위(℉)이다. 그는 1714년에 수은을 온도계로 사용한 첫 번째 사람이었다.

흑연(Graphite) ― 부드럽고 검은색이며 광택이 있고 기름진 느낌을 주는 탄소 형태로 구성된 광물이다. 흑연은 연필, 도가니, 윤활제, 페인트 및 광택제에 사용된다.

흡열(Endothermic) ― 에너지(보통 열 형태)를 흡수하거나 필요로 하는 화학 반응이다.

흡착(Adsorption) ― 기체, 용해 물질 또는 액체 분자들이 접촉한 고체나 액체의 표면에 부착되는 현상.

흡착제(Sorbent) ― 다른 물질을 흡수하거나 흡착하는 경향이 있는 물질.

AC 발전기(AC Generator, 교류 발전기) ― 초당 여러 번 전류의 방향을 바꾸는 전기 장치. 동기 발전기라고도 불린다.

찾아보기